中国社会科学院文库
经济研究系列
The Selected Works of CASS
Economics

中国社会科学院创新工程学术出版资助项目

中国社会科学院文库 · **经济研究系列**
The Selected Works of CASS · **Economics**

中国农村工业及污染问题研究

A STUDY OF THE INDUSTRY AND INDUSTRIAL POLLUTION IN THE RURAL AREAS OF CHINA

李玉红 著

中国社会科学出版社

图书在版编目（CIP）数据

中国农村工业及污染问题研究／李玉红著 . —北京：中国社会科学
出版社，2020.5

（中国社会科学院文库）

ISBN 978 – 7 – 5203 – 6455 – 3

Ⅰ.①中…　Ⅱ.①李…　Ⅲ.①农村—工业污染防治—
研究—中国　Ⅳ.①X322.2

中国版本图书馆 CIP 数据核字（2020）第 077198 号

出 版 人	赵剑英
责任编辑	黄 晗
责任校对	李 莉
责任印制	王 超

出　　版	中国社会科学出版社
社　　址	北京鼓楼西大街甲 158 号
邮　　编	100720
网　　址	http://www.csspw.cn
发 行 部	010 – 84083685
门 市 部	010 – 84029450
经　　销	新华书店及其他书店

印　　刷	北京君升印刷有限公司
装　　订	廊坊市广阳区广增装订厂
版　　次	2020 年 5 月第 1 版
印　　次	2020 年 5 月第 1 次印刷

开　　本	710×1000　1/16
印　　张	16.75
插　　页	2
字　　数	284 千字
定　　价	96.00 元

《中国社会科学院文库》出版说明

　　《中国社会科学院文库》（全称为《中国社会科学院重点研究课题成果文库》）是中国社会科学院组织出版的系列学术丛书。组织出版《中国社会科学院文库》，是我院进一步加强课题成果管理和学术成果出版的规范化、制度化建设的重要举措。

　　建院以来，我院广大科研人员坚持以马克思主义为指导，在中国特色社会主义理论和实践的双重探索中做出了重要贡献，在推进马克思主义理论创新、为建设中国特色社会主义提供智力支持和各学科基础建设方面，推出了大量的研究成果，其中每年完成的专著类成果就有三四百种之多。从现在起，我们经过一定的鉴定、结项、评审程序，逐年从中选出一批通过各类别课题研究工作而完成的具有较高学术水平和一定代表性的著作，编入《中国社会科学院文库》集中出版。我们希望这能够从一个侧面展示我院整体科研状况和学术成就，同时为优秀学术成果的面世创造更好的条件。

　　《中国社会科学院文库》分设马克思主义研究、文学语言研究、历史考古研究、哲学宗教研究、经济研究、法学社会学研究、国际问题研究七个系列，选收范围包括专著、研究报告集、学术资料、古籍整理、译著、工具书等。

中国社会科学院科研局

2006 年 11 月

序 言 一

　　看到李玉红的《中国农村工业及污染问题研究》的书稿，首先打动我的是下面一段话"虽然大量的农村企业没有出现在官方统计中，但是它以各种污染事故的形式，频繁出现在法学、社会学和新闻报道的案例当中。它造成的污染事故和环境抗争时时提醒着人们它的客观存在。农村环境污染凸显的情况已经隐隐约约勾勒出农村工业的庞大轮廓"。

一　揭下"隐身衣"

　　中国农村工业污染是一个老问题，关于它的故事虽多，全貌却很少。尤其是乡镇企业 20 年前改制后，对农村工业污染的统计也没有了①。我自己也关心它，但总没有摆脱"只见树木，不见森林"的感觉，难怪作者形容这个庞大的工业群体不时搞出污染事故，自身却穿着"隐身衣"！

　　本书列为第一个要回答的问题就是：农村地区到底有多少工业企业？这个问题是如此简洁直白，但回答它的过程复杂曲折。勾勒中国农村工业的总貌用了五章的篇幅——作者不得不把这一过程扼要地交代清楚，因为正值城乡、企业分类等格局剧烈变动时期，统计口径的变动、数据中断带来的麻烦、无奈很多，作者在众多机构、名称、术语之间做了繁杂的"统计考古"，加上在各类数据之间穿针引线的两个"诀窍"，居然将那个"隐身衣"撕开了！

二　见到森林

　　"隐身衣"揭去，农村工业全貌展现：其体量之庞大、发展态势之稳

---

　　①　这是随着管理体系变化而中断的，注意国家环保局（现国家生态环境部）20 世纪 90 年代对我国乡镇企业污染状况曾做过大规模调研，产生了积极的影响。

定、所含的重化工企业之多……令人印象深刻、甚至意外。较之前身乡镇企业，现在的农村工业的高度复杂性、多样性、变化性也令人刮目——这是一个庞大的、混合着不同性质成分的、不断演化着的集合群体：稳定性与过渡性同在，老格局与新因素共存。可以看到，农村工业果然不是等闲之辈，不能轻视它的影响。

三　"突破笼统"的利器——"城乡二分法"

学界对中国环境管理"重城市轻农村"的共识一直没转变为宏观统计层面的验证与描述，这影响了对其深化研究。当作者将混同在工业统计数据中的农村工业识别并分离出来以后，建立一个包含城乡两维的分析框架就成为可能。

"一个（整体）环境，两个（管理）世界"——作者构建了一个"二元"的理论框架及其模型。它首先就被用来回答了一个令人困惑的问题：21 世纪初以来，环保部公布的京津冀地区颗粒物排放量逐年下降，与区域日益恶化的灰霾污染现实相悖，直到 2013 年爆发大范围灰霾污染。结果正如作者预计：原来是农村地区大量企业违法排放的颗粒物被忽视了，它没有在现有的污染物排放核算框架下得到反映。进而作者估算了真实排放量。作者发现一旦考虑企业违法排污的情况，京津冀地区一次颗粒物的实际排放量要远远超过环保部公布的排放量。结论是：环保部门对颗粒物排放量的低估掩盖了颗粒物排放的真实来源，从而对灰霾治理产生了误导。

总之，城乡二分法突破了以传统的城市为中心的"画地为牢"的局限，不仅增加了解释变量，还有助于研究者以更大视野观察环境整体分布的变化，如第十章作者注意到：华北地区灰霾污染呈现大面积范围而不是"点状"分布的现象，城区和乡村灰霾污染出现"均匀化趋势"。

有趣的是，这个被作者称为"城乡二分法"的分析框架，其出发点是"合"，即整体地考虑问题；"二分"正是为追问"农村视角"被淹没的实情。"二分"意在凸显"弱者"，其核心是区分大城市城区与县域乡村这两类不同地域类型。现实世界不绝对，但是强弱、重点非重点等之间确是事物的两方面。我觉得本书提出的"城乡二分法"的意义不仅是一种矫正严重误差或误会的手段，它体现并代表着一种新的、更求实的治理理念，一种重视平衡的理念。

四　一个重要的判断

依据实例、更多是依据宏观数据分析，作者做出的判断是：（1）中国工业污染转移到农村地区的积累后果已经显现：农村地区在分散的企业污染与工业集聚区污染叠加基础上而呈现出污染扩散与恶化趋势。（2）但无论是政府环境管理机构设置、农村新旧工业集聚区的环保意识，还是在乡村的社会环保力量……都严重滞后，甚至还停留在上一个历史阶段水平。更可怕的是管理的漏洞造成严重的家底不清，形成实际排放增加但宏观账面显示减少的情况，模糊了问题的严重性。对此，作者有一系列政策建议，其中第一个是：中国工业污染防治重点应从城镇向农村工业集聚区转移。

我想如果这个"重点转移"的建议得以全面实践——作者强调这将涉及整个经济、社会发展模式的调整——意义深远。

五　一个环境问题的演化机制

作者在第十二章和第十三章分别比较了地方政府常规性执法与中央政府专项执法的关系。作者对这两种环境保护执法方式的实践特征及其效果的比较，对两者交替、互补的关系的描述与分析，极具启发力：中国很大程度上是不断依靠突击式行动来补救环境规制不平衡性。（1）普遍存在的不平衡性的客观原因是地方环保部门工作的窘迫性、被动性等因素，使其常规执法中含有对某些违法行为的执行不力。（2）但是不平衡的代价迟早要暴露出来。（3）有些特别尖锐的问题被专项整治行动化解或暂时解决。（4）还有一些问题可能逐渐演变成为更深的问题或难以逆转的格局。不难看出，这正揭示了中国环境问题及其治理的现状与演化的内在逻辑或机制。

我认为本书实际上提出了一个有解释力的分析框架，或这个框架的雏形。这是一个值得注意的贡献。因为它可能会更方便解释中国或一些发展中国家面临的某些问题：它面对的是政府规制问题，但是并没有将视野局限于政府，它期望指向一个政府规制能力与更加健全的法制的相辅相成的局面，同时重视调动社会环保力量，重视农村工业与城镇化有机结合后更加活跃的发展背景。此外，作者强调城市与农村因全面差距而"脱钩"的不现实性，以环境的视角阐述了在一个利益共同体中，发达的一方难以

"独善其身"的道理。这些想法在本书中多有说明或流露，难以尽数，让人感到这些或许是我们期待的一个更加平衡的环境治理的制度。

结　语

我感觉《中国农村工业及污染问题研究》将这个事实上很重要但学术上像"鸡肋"的问题激活了。作者凭借巧用技术跨越了"无米（数据）之炊"的关口，但其背后的决心与毅力不难发现。农村工业是一个充满复杂、混杂、自我矛盾、过渡、不伦不类、"落后"的研究对象，几乎与"纯粹"二字绝缘。也没有现成的理论可套。爱因斯坦不喜欢的"在薄板子上钻孔"的做法在许多环境里是理性的，这我们知道。但作者是在不断"自疑"中坚持探索、不断突破笼统、绝不自欺。

郑易生

中国社会科学院环境与发展研究中心

2020 年 5 月

序 言 二

一　中国最大的问题之一是发展的不均衡

中国的城乡差别事实存在，且尤为突出。这既缘于历史沿革与欠账，也有制度安排的缺失。以环境监测为例，国家生态环境部监测网络包括338 个地级及以上城市的 1436 个城市环境空气质量监测点位，471 个市（区、县）（含 338 个地级及以上城市和部分县级城市）的约 1000 个降水监测点位……338 个地级及以上城市的 906 个集中式饮用水水源监测断面（点位）……338 个地级及以上城市的约 80000 个城市声环境监测点位。① 这里之所以罗列这些数字，是希望读者体察，在大气、降水、饮用水、噪声等方面，中国的环境监测点均设立在城市，而忽略了农村。对于这一点，许多生活在城市的人们，不仅认为是理所应当，甚至还会列举出许多冠冕堂皇的理由，来说明如此理所应当是正确的；更会有一些经济学者从经济成本、经济效率的视角，引经据典论证这种监测的制度安排的正确性。我们应当让生态环境保护最基础、也是最关键的环节—环境监测，更具公平公正性。

中国的农村、农业、农民为中国社会发展做出了巨大贡献，改革开放的政策设计，显然需要对农村进行倾斜，对农民进行回报和补偿。令人鼓舞的是，从 1982—1986 年连续五年、从 2004—2019 年连续十六年，其间，中共中央每年发布的"一号文件"，都与"三农"问题有关，涉及面之广，政策力度之大，超过了其他任何领域的改革。作为农村改革政策红利的标志性成果之一，农民收入较之改革开放前，有了显著提高。统计数据显示，2012 年农村居民家庭人均纯收入约为 1999 年的 4 倍；按统计新口径，虽然在绝对量上农村居民的人均可支配收入还远低于城镇（2013 年

---

① 《2018 中国生态环境状况公报》：http：//www.mee.gov.cn/。

城镇约为农村的 2.8 倍，2018 年约为 2.7 倍），但年度增长率，自 2014 年起，连续四年超过了城镇（2014 年：11.2∶9；2017 年 8.6∶8.3）[①]。显然，农民的增收在很大程度上得益于农村工业的发展。仅考察就业方面，就有惊人发现：本书第五章的分析表明，农村工业从业人数占全国工业从业人数总量比重，1978 年为 28.5%；2013 年为 50.9%。并且，自 20 世纪 90 年代初至 2018 年，农村工业从业人数便一直超越城镇工业。然而，自 20 世纪 80 年代中期至今，农村工业也成为导致农村地区环境质量恶化的重要因素之一，这引起了一批中国学者的深切关注和认真研究。李玉红博士所作本书，即是此类研究成果之一。

二　科学研究的任务是探究问题，而非解释政策

让我们回归常识吧！显而易见地，一个科研工作者最诚实的劳动应该是探究问题。探究问题或最终解决问题，首先，重要的是独立思考和独立判断，不唯上、不唯书、只唯实。治学态度决定了成果的格局和内涵、高度和深度。

其次，是弄清楚问题所在。这需要亲力亲为，进行辛苦甚至是艰难的实地调查、收集整理分析数据，进行定性或建立定量模型的分析。这些都是基础性工作，现在有些研究人员不想做（嫌费时费力）、不愿做（顾忌难出成果或少出成果）、不能做（资源被垄断），其背后的原因发人深省。现阶段中国学术研究量多质次，一些大项目成果甚至不堪卒读，很大程度上是缘于这一步的缺失和偷工减料。

最后，是找出问题背后的制度性因素。这考验着学者的积累、胆识、素养与能力。

令人欣喜的是，李玉红博士所作本书，在一个较为冷僻的、并非热点，但是却关乎中国宏观社会经济发展全局，特别是关乎生态环境保护整体的重要影响因素和薄弱环节——农村工业，进行了认真、细致的概念阐释和政策梳理，基于她自己整理建立的数据库和案例，得出了多方面卓有创建、高水平的分析结果。透过图表和文字，读者可以体会作者对现实问题的深刻思考、对庞杂而凌乱数据的把控以及深厚的环境经济学素养。希望本书能对同行和政策制定者有所启发，发挥应有的社会效果。毫无疑

---

① 国家统计局国家数据：http://data.stats.gov.cn/。

问，本书是她的精心之作、心血之作，是她严谨治学态度结出的硕果之一，是她学术研究登上更高台阶的标志性产出。而她的良好学风又与中国社会科学院环境与发展研究中心以及数量经济与技术经济研究所环境经济研究室的治学氛围不可分割。这个集体团结、合作、注重思想碰撞，特别提倡独立思考和独立判断，鼓励青年学者沿着选定的研究方向进行"钻井"式深入研究，因而，本书及其他成果的产生并非偶然。

三　面对处于变动之中的大千世界，学术研究要有新境界

19世纪末，清朝末年，工业革命来了、近代化来了、资本主义列强来了，李鸿章曾感叹，"此三千余年一大变局也"，可见世界的变化对当时有识之士的思想冲击之大。此时与彼时相比，世界变动速度之快、范围之广前所未有，技术革命令人眼花缭乱，国际关系更加错综复杂。因而，置身其中的学术研究，特别是社会科学研究，必须直面现实，以国际视野应对复杂度呈几何级数增长的问题。生态环境保护，不论城市还是乡村，都要考虑制度因素、法律因素、国际经济因素等方面的变动和交互影响，最好进行国际比较研究，如此才能多视角启发公众和决策者。对国外学者的方法应做批评式引进应用，特别要注意讨论其隐含的制度与政策假设前提，以及数量模型的适用性。相信只要坚持独立思考、坚持回归常识，中国学者也会在一些领域引领世界学术研究的潮流。

张　晓

中国社会科学院环境与发展研究中心

2020年2月

自　序

　　2008 年，我所在的环境技术经济研究室主任张晓研究员委派我做中国水环境研究，从此我开始接触农村环境问题。从中国水环境入手，我接触到农村面源污染、食品安全等有关"三农"的议题。在研究农村环境状况的过程中，农村企业污染事故的报道频繁出现。实际上，"十五"以来，中国环境污染事故进入高发期，而与 20 世纪 90 年代污染事故集中在城市不同的是，越来越多的环境污染事故发生在乡村地区，尤其是一例例触目惊心的血铅群体中毒事故，绝大多数发生在农村地区。这使我逐渐认识到，相对农业面源污染，农村工业污染更加不可忽视。

　　很多人对农村工业的认识依然停留在乡镇企业阶段。20 世纪末乡镇企业改制基本结束，但是，农村地区的工业企业并没有随着"乡镇企业"名称和所有制性质的改变而消失。作为物理个体，它们实际上依然存在，而且乡镇企业改制后，农村工业又增加了新的成员，那就是各级政府和部门设立的工业集聚区。20 世纪初中国开发区建设兴起新一轮高潮，除了国家级与省级开发区位于城郊外，省级以下开发区基本上都在县域农村。农村地区还有大量乡镇企业园区散落于乡间。根据第二次全国经济普查的结果，中国 40% 的行政村内都有工业企业。

　　然而，自乡镇企业改制后，农村工业似乎从主流经济学的视野中淡出。农村工业仿佛披上了一件神奇的隐身衣。农村工业污染事故更多的是以案例形式出现在新闻报道、法律和社会学文献，提醒着世人它们的客观存在。

　　研究农村工业最大的困难有两个，第一个是数据缺乏。在乡镇企业鼎盛时期，不仅有《中国乡镇企业年鉴》，而且最权威的《中国统计年鉴》在"农业"一章报告乡镇企业统计资料，这种情况持续到 1999 年。从 2000 年起，《中国统计年鉴》停止报告乡镇企业统计资料，《中国乡镇企业年鉴》坚持到 2013 年也停止报告。这说明"乡镇企业"已经在政府部门失去了统计的意义。由于博士阶段处理过中国工业企业数据,对这套数据非常熟悉,我感觉从企业角度挖掘污染企业的城乡分布是一个突破口。非常幸运,从 2004 年起中国工业企业数据库开始出现 12 位的行政区划代码,通过该代码就可以将企业定位到县、乡和村,从而部分解决了农村工业数据缺失的问题。

研究农村工业的第二个困难就是如何判断开发区或工业园区(统称为开发区)的城乡属性问题。开发区已成为当前工业企业空间布局的主要形式和趋势。20 世纪 80 年代,中国设立第一批以招商引资为目的的开发区。开发区设立的初衷是集约式利用土地,数量少、占地面积小。然而,在实际操作过程中,多次出现开发区建设热潮,各级政府审批了大量的开发区。同时,开发区不再局限在特定地域,而是向外扩张,覆盖整个行政区,甚至跨区连片,形成"开发带"。2000—2004 年,苏南开发区普遍进入大扩张时期,各市、各镇的开发区常连成一片,"无缝"对接[①]。国家级开发区一般在 10 平方千米以内,而许多县级市的开发区规划面积远超过 10 平方千米,动辄几十平方千米,远超过所在县市的建成区面积。这样的开发区,究竟是城还是乡,还是第三种类型?显然,开发区并没有改变城市和乡村作为人类聚居的方式而形成一种新的聚居类型。作为一种企业空间布局方式,它必然要与城乡发生联系。对于国家级开发区而言,大部分都已经与城镇连成一片,成为城市新区。但是,对于省级以下开发区和乡镇企业园区来说,大部分还没有发育出可提供公共产品和公共服务的城镇功能,处于工业化超前而城镇化滞后的状态。因而,把这些处于乡村工业集聚区的企业判断为农村工业是恰当的。

从事农村工业的研究已经有十多年,我时常问自己:农村工业的研究有什么价值,中小企业或者民营企业能否囊括农村企业的特点?为什么要从城乡地域属性来研究城镇工业和农村工业?这种城乡二分研究视角的价值何在?

从环境的角度看,企业在城乡受到不同程度的环境监管和监督从而表现出不同的行为特征。假如城市里有企业偷排有害废气,周边居民往往会采用各种方式投诉企业。企业在众多压力之下不敢偷排,形成了社会对企

---

① 阎川:《开发区蔓延反思及控制》,中国建筑工业出版社 2008 年版,第 117—120 页。

业的有效监督。王芳从社会学角度考察了上海市民如何维护自己的环境权益。在污染企业附近的市民通过信访举报、寻求人大代表和政协委员等代言人、求助新闻媒体、法律途径等方式,对工业污染企业形成了较大的压力,有的企业被迫治理污染,有的企业则迁址他处。工业污染问题逐步得到解决①。然而,对于刚刚解决温饱的绝大多数农民而言,事先不知道工业污染的危害,事后也不知道如何保护自己的环境权益。农民对于工业污染带来的危害往往在企业落地之后才能发现,而农民主张自身环境权益的手段和能力非常有限,只有污染对人体造成的危害显示出来、以群体性事件引起社会关注的时候,才能对当地政府形成一定的压力,从而督促企业进行污染治理。可以说,绝大部分农民在环境污染事故当中处于相对被动的弱势地位。

企业到农村选址有多方面的原因。然而,无论企业以何种原因来到农村,如果地方环保部门对企业排污行为缺乏有效监管和监督,企业往往会对周边村庄造成污染。所以,至少从环境污染治理的角度来看,农村工业依然具有研究的价值,农村企业的行为特点是不能由中小企业或者民营企业研究所囊括的。如果有一天,中国所有的企业能够受到相同程度的环境监管和监督,不会因为地处行政辖区不同而表现出不同的行为特征,那么,至少从环境角度来说,城乡视角失去了研究价值。

实际上,当前也出现了一些新的转机,在污染防治攻坚战当中,部分省市对乡镇大气污染的监测已经起步,这预示着农村大气污染已引起重视。希望能有更多同行加入对农村地区工业污染问题的研究,为尽早实现中国的生态文明和绿色发展而助力。

本书写作难免存在一些问题,恳请各位专家和同仁批评指正。

李玉红

2020 年 2 月

---

① 王芳:《环境社会学新视野—行动者、公共空间与城市环境问题》,上海人民出版社 2007 年版,第 103—117 页。

目　　录

第一章 导论

第一节 问题的提出：隐蔽的农村工业和凸显的农村污染

改革开放以来，中国工业增加值以年均两位数的速度增长。相比 1978 年，2018 年粗钢产量增长了 28 倍，水泥产量增长了 33 倍，发电量增长了 27 倍。中国多种工业产品产量位居世界第一，成为名副其实的世界工厂。2018 年，中国粗钢产量 9.28 亿吨，占世界产量的 51.3%，远远超过排名第二的印度和第三的日本。

工业快速发展必然导致对生态环境的污染和破坏。从国际经验来看，发达国家在工业化阶段都曾经造成不同程度的工业污染，历史上发生的大部分环境公害事件都与工业污染直接相关。与发达国家相比，中国工业化面临着人口多、时间短的巨大挑战。作为一个 14 亿人口大国，中国完成工业化意味着工业总量要远远超过以往任何一个工业国的体量，也因而产生前所未有的巨量污染物排放。美国成为世界工业强国的 1900 年，人口仅有 7600 万人，粗钢产量 1018 万吨；在成为世界霸主的 1950 年，人口为 1.51 亿人，粗钢产量 8785 万吨[①]。1957 年中国粗钢产量 535 万吨，工业化刚刚启动；1978 年中国粗钢产量 3000 万吨，工业化速度加快；2018 年中国粗钢产量已经达到 9 亿吨，人均粗钢产量 0.64 吨，已经超过美国人均水平，但工业化尚未结束。从工业革命算起，发达国家工业化时间长达两百多年，后起之秀德国和日本的工业化时间也长达一百多年，而中国工业化发生在短暂的 70 年，尤其是改革开放后的 40 多年内。较多的人口、

---

① U. S. Dept. of Commerce, Bureau of the Census. *Historical statistics of the United States*, *colonial times to* 1970. Kraus International Publications, 1989.

较短的工业化时间意味着达到相同的工业体量，中国工业污染物排放强度远远超过任何一个工业化国家。

改革开放以来，中国农村地区环境质量不断恶化。从土壤环境来看，根据首次全国土壤污染状况调查，中国土壤点位总超标率达到16.1%，其中，耕地点位超标率为19.4%，而工矿企业污染是造成土壤点位超标的首要原因①。从水环境质量来看，2015年根据环境保护部967个地表水国控断面数据，Ⅳ类—劣Ⅴ类水体比例合计达到35.5%②。根据水利部较为详细的资料，河流Ⅳ类以下水体比例为27.2%；湖泊Ⅳ类以下水体比例为67.8%；水库Ⅳ类以下水体比例为19.2%③。地下水水质状况更为严峻，根据国土资源部对220个地级市5118个地下水水质监测点的监测，较差和极差的比例分别为42.5%和18.8%，合计达到61.3%④。根据水利部对北方17个省份2071个地下水水质监测井的监测，较差和极差水质比例分别达到48.9%和35.9%，合计84.8%⑤。从大气环境来看，乡村大气能见度也趋于下降。县域环境空气质量也面临着恶化的趋势。

自2009年以来，中国先后出现了多起轰动全国的污染事件，一起是血铅超标引起的群体性事故，另一起是镉大米事故。这两起都是重金属超标引起的污染事故，其中，血铅⑥超标事故接连不断，仅2009年就有陕西凤翔、湖南武冈等6起引起全国反响的污染事故，引起上千名儿童血铅超标，造成了恶劣的社会影响。与以往的全国重特大环境污染事故不同的是，这些污染事故并没有发生在大城市或工业城市，而是发生在原本绿水青山、以农业为主的县域或农村地区。作者搜集了2006—2013年共21起

---

① 环境保护部、国土资源部：《全国土壤污染状况调查公报》，http://www.zhb.gov.cn/gkml/hbb/qt/201404/t20140417_270670.htm。

② 环境保护部：《中国环境状况公报（2015）》，http://www.mee.gov.cn/hjzl/zghjzkgb/lnzghjzkgb/201606/P020160602333160471955.pdf。

③ 水利部：《中国水资源公报（2014）》，http://www.mwr.gov.cn/sj/tjgb/szygb/201612/t20161222_776054.html。

④ 国土资源部：《中国国土资源公报（2015）》，http://www.mnr.gov.cn/sj/tjgb/201807/P020180704391909349188.pdf。

⑤ 水利部：《中国水资源公报（2014）》，http://www.mwr.gov.cn/sj/tjgb/szygb/2016 12/t20161222_776054.html。

⑥ 血铅指的是人体血液内铅元素的含量。中国国家血铅诊断标准是不低于100微克/升，为铅中毒。正常血铅水平为0—99微克/升。人体铅含量超标后，对神经系统、造血系统、心血管系统、消化系统、生殖泌尿系统、骨骼系统、免疫系统和内分泌系统都会产生危害，尤以儿童受害最大。对于儿童来说，由于容易吸收铅而不易排出，因而特别易于造成体内铅含量超标。

血铅污染事故，发现这些事故都有这样的特点：绝大多数肇事企业都在农村地区，其中，县域乡村居多，既有经济发展比较落后的农业县乡，也有经济相对发达的城市郊区。

农村环境质量的恶化和污染事故的增多与农村工业污染源增多有直接关系。20 世纪 80 年代中期，乡镇企业比较集中的大中城市郊区（县）已经显现出局部的环境污染问题①。当时，由于乡镇工业体量并不大，造成的工业污染程度较轻、范围较小。然而，中国加入世界贸易组织（WTO）后，工业生产发展迅速，根据第二次全国农业普查，2006 年中国农村地区 94.1% 的镇和 72.6% 的乡都有工业企业②。近几年，由于城镇产业结构转型升级以及环境污染治理压力，大批中心城区的工业企业"退城搬迁"，这也意味着工业污染源从城镇向城镇之外的广大农村地区蔓延。

中国乡镇企业曾经是中国工业化历史上浓墨重彩的一笔。出身民间的"草根经济"以一种意想不到的方式发展壮大，工业总产值"三分天下有其一"。然而，乡镇企业改制后，对农村工业的研究急遽减少，农业部逐渐取消了对农村工业的管理和统计。农村工业仿佛披上了隐身衣，不为世人所见。然而，它却以各种污染事故的形式，频繁出现在法学、社会学和新闻报道的案例当中。它造成的污染事故和引发的环境抗争时时提醒着人们它的客观存在。农村环境污染凸显的情况隐隐约约勾勒出农村工业的庞大轮廓。

那么，乡镇企业改制后时期农村地区到底有多少工业企业？农村工业形成的社会经济原因为何？城乡工业布局的改变对环境质量产生何种影响？这些问题并没有显而易见的答案，正是本书所要研究的问题。

第二节　研究意义

一　现实意义

改革开放以来，中国经过 40 年的快速发展，物质产品极大丰富。然

---

① 国家工业污染源调查办公室编：《全国工业污染源调查评价与研究（总论）》，中国环境科学出版社 1990 年版，第 6 页。

② 国务院第二次全国农业普查领导小组办公室、中华人民共和国国家统计局编：《中国第二次全国农业普查资料汇编（农村卷）》，中国统计出版社 2009 年版，第 15 页。

而，环境污染状况也不断恶化。进入 21 世纪以来，中国的发展逼近工业文明的生态红线、环境底线和资源上线，可持续发展挑战不断凸显①。2007 年，国家环保总局等八部委联合出台《关于加强农村环境保护工作的意见》，指出农村地区工业污染是要着力解决的农村突出环境问题，要"严格控制农村地区工业污染。加强对农村工业企业的监督管理，严格执行企业污染物达标排放和污染物排放总量控制制度，防治农村地区工业污染。采取有效措施，防止城市污染向农村地区转移、污染严重的企业向西部和落后农村地区转移。严格执行国家产业政策和环保标准，淘汰污染严重和落后的生产项目、工艺、设备，防止'十五小'和'新五小'等企业在农村地区死灰复燃"②。

自党的十八大以来，党中央和国务院高度重视环境污染问题，推进环境质量改善和"美丽中国"建设的生态文明战略③，污染治理力度之大、制度出台频度之密、监管执法尺度之严、环境质量改善速度之快前所未有④。中国先后实施"大气十条""水十条"和"土十条"。党的十九大报告指出，"中国社会主要矛盾已经转化为人民日益增长的美好生活需要和不平衡不充分的发展之间的矛盾"，环境污染就是其中重要表现。习近平同志指出，良好生态环境是最公平的公共产品，是最普惠的民生福祉。2018 年中央经济工作会议将污染防治作为三大攻坚战之一。这也从侧面反映出中国污染治理的严重性和紧迫性。

中国绝大部分国土空间都属于乡村地区。中国城市建成区、县城和建制镇建成区面积约有 10 万平方千米，除此之外的地域都属于乡村地区。农村地区发挥着农作物生产、水源地涵养和提供工业原材料等重要作用，担负着极其重要的社会、经济和生态功能。党的十九大报告提出乡村振兴战略，指出"生态宜居"是关键。保护好农村环境质量，不仅关系到农村的生态宜居，而且关乎整个国家的可持续发展。

---

① 潘家华：《新中国 70 年生态环境建设发展的艰难历程与辉煌成就》，《中国环境管理》2019 年第 4 期。

② 国务院办公厅：《转发环保总局等部门关于加强农村环境保护工作意见的通知（国办发〔2007〕63 号）》，http：//www. gov. cn/zwgk/2007 – 11/20/content_ 810780. htm。

③ 王金南、董战峰、蒋洪强、陆军：《中国环境保护战略政策 70 年历史变迁与改革方向》，《环境科学研究》2019 年第 10 期。

④ 张友国：《新时代生态文明建设的新作为》，《红旗文稿》2019 年第 5 期。

二　理论价值

本书所研究的农村工业，是乡镇企业改制后时期中国农村地域工业企业的集合体。乡镇企业曾经是产权改革的热点和焦点之一，引起了国内外学术界的关注。然而，乡镇企业改制后，乡镇集体所有企业减少到改革开放后历史低点[1]，对乡镇企业产权制度方面的研究逐渐从学术界淡出。有学者认为，乡镇企业改制后已经成为一般意义上的企业[2]，成为现代企业的一部分[3]，可以纳入中小企业或民营企业的概念范畴。农业部农产品加工局替代了原有的乡镇企业局，在官方统计里，原有的乡镇企业统计仅留下农产品加工业。

然而，从污染治理的角度看，乡镇企业改制后时期的农村工业依然具有研究的价值，其研究价值不再是产权制度，而是企业的排污行为。农村地区固然有一部分农产品加工企业，然而，除此之外还有大量的重化工企业和规模以上企业、形形色色的工业集聚区以及分散在各个乡镇村落的小微企业。无论企业以何种原因来到农村，客观上都增加了农村地区的排污量，而且企业缺乏来自政府和社会的有效监管和监督，往往还会偷排，偷排量远超过正常排放量。在城乡环境执法程度存在差异的情况下，农村工业企业行为特点具有独特性。农村工业的外延集合体既不与中小企业或民营企业完全重合，其行为特点也不能由中小企业或者民营企业所概括。因而，从城乡两分角度研究农村工业企业及其污染行为具有研究价值，如果有一天，中国城乡都能够实施同样严格的环境执法强度，那么，从环境角度来说城乡两分法才失去研究价值。

从城乡视角研究农村工业，可以更好地理解中国的工业污染问题。如统计上中国工业烟粉尘排放量在下降，但实际上多地出现大面积灰霾天气。其中的原因就在于城乡环境执法力度不同，工业烟粉尘排放量没有计入农村企业违法排放行为所产生的偷排量，所以导致账面上的污染物排放量减少，但实际环境质量在逐渐恶化。在"大气十条"实施期间，生态环

---

①　牛雷、王玉华、陈琛：《中国农村工业集体企业空间结构演变特征》，《世界地理研究》2015 年第 3 期。

②　周冰、谭庆刚：《社区性组织与过渡性制度安排——中国乡镇企业的制度属性探讨》，《南开经济研究》2006 年第 6 期。

③　姜春海：《乡镇企业内涵特征的变革及其法律思考》，《经济问题探索》2003 年第 8 期。

境部整治了京津冀及周边地区 6.2 万家"散乱污"企业，大气环境质量明显改善①，而这些企业排放量并没有计入官方统计。因而，城乡两分法对于现实的工业污染治理具有重要的指导意义。

第三节　研究内容

本书的研究对象是乡镇企业改制后的中国农村工业。本书主要分为两部分，第一部分是对农村工业整体状况研究，第二部分是专题性研究，探讨农村工业发展的内在机理，从城乡两分角度研究两个污染问题，一个是京津冀灰霾污染，另一个是重金属污染。

第一部分包括第二章到第七章。第二章回顾了乡镇企业改制前时期农村工业的发展，以此作为改制后时期农村工业发展的参考和对照。乡镇企业由社队企业发展而来，是社会主义农村集体经济的重要组成部分。乡镇企业改制后乡村两级集体经济衰落而私营经济兴起。

第三章提出农村工业的界定和农村地域的识别方法。改制后，农村企业所有制多元化，投资主体不再局限于农民，农村企业仅剩下"地处农村"这一共性特点。农村企业不再表示隶属关系，也不代表所有制关系，仅表示企业所在地域类型，以此与城镇企业相对应。本章提出了通过分析 12 位行政区划代码识别城乡地域的方法。

第四章对中国工业集聚区/开发区的城乡属性进行了分析。开发区作为转型经济增量改革的一部分，在国民经济中占有越来越重要的地位。本章对省级及以上开发区、省级以下开发区和乡镇企业园区三类工业集聚区进行了分析，提出根据建制标准划分城乡，即已经成为城镇建制的工业集聚区视为城镇地域，尚未发展为城镇建制的工业集聚区视为农村。

第五章是本书的重点，本章估算了改制后时期中国农村工业的规模及在全国的比重。该章采用各种统计口径数据，估算了中国农村工业的规模总量。以农业部口径统计的乡镇工业从业人数比重超过 50%，农村规模以上工业从业人数比重也从 2004 年的 40% 增加到 2013 年的 50%。根据本书提出的识别城乡地域方法，2004—2008 年农村工业从业人数比重为 46%。

---

① 李玉红：《违法排污视角下京津冀工业颗粒物排放研究》，《城市与环境研究》2019 年第 1 期。

总之，无论是采用普查资料还是年度资料都显示，2000 年以后中国农村工业并没有衰败，反而保持较为稳定的增长趋势。

第六章对中国农村工业的各种特征进行分析。从空间分布上看，农村企业分布既有"分散"，也有集聚；从农村工业地区分布来看，各地区农村工业经济处于不同的发展阶段。京津沪等大城市周边，农村逐渐转变为城镇；江苏、广东、浙江等的农村企业面临着产业转型升级的挑战；而河北、河南等工业欠发达地区则积极推动工业化。从农村工业产业结构看，农村工业不仅在农产品加工业保持优势，而且在建材、化学原料与化学制品和金属冶炼等污染密集型行业也占有优势，而在垄断和高技术等行业具有一定劣势。

第七章根据村庄经济结构对中国村庄进行分类。中国目前真正以农业为主的村庄约有 50%，主要分布在中西部。另外 50% 的村庄为兼业村，其中有 1 万多个村庄为经济强村。本章着重对其中的工业强村也就是半城市化村庄进行了分析。半城市化村庄就是村庄非农人口和非农产业发生集聚，但依然保留农村行政管理体制的一类村庄，是农村工业发展引发的非农人口和产业的集聚，但由于公共产品和公共服务等城镇建设配套不足，城镇化质量较低。

本书第二部分是专题性研究，由第八章到第十三章组成。第八章分析改制后时期农村污染密集型行业发展的驱动机制。农村建设用地的易获得性和低成本对污染密集型企业在农村选址起了关键性作用。一方面，城镇产业结构进行"退二进三"的调整，城区不可能提供面积较大的工业用地；另一方面，地方政府通过出让农村地区价格较低的工业用地吸引企业，因而用地需求量较高的重化工类污染密集型企业在农村工业结构中相对突出。环境规制对污染密集型企业选址行为也有显著的影响，但影响程度要小于土地成本的影响。

第九章研究京津冀城乡工业布局对区域灰霾形成的影响。环保部公布的京津冀地区颗粒物排放量逐年下降，与区域严重的灰霾污染现实相互矛盾，难以解释该地区重污染天气频发现象。在现有的污染物排放核算框架下，企业由于违法排污行为排放的颗粒物往往被忽略。本章将企业在城乡不同环境规制空间排污行为的差异性纳入污染物排放量核算体系，估算了京津冀地区大气污染行业一次颗粒物排放量。在考虑企业违法排污的情况下，京津冀地区一次颗粒物的实际排放量要远远超过环保部公布的排放量。

第十章分析京津冀城镇和乡村地区灰霾的时空变动趋势。通过对气象、环境和地理科学文献的分析,发现近40年京津冀大城市城区霾日先增加后减少,大气能见度有所改善;而县域乡村霾日增多,大气能见度趋于下降,与城区大气能见度的差距缩小。北京市远郊区细颗粒物污染程度加深,逐渐接近城区污染水平。石家庄县域霾日数甚至超过了城区。县域乡村细颗粒物污染区的增多,不仅能够解释区域灰霾污染加重的现象,而且也解释了华北地区灰霾污染呈现大面积范围而不是"点状"分布的现象。

第十一章研究农村地域重金属污染行业的发展机制。农村地区因工业发展造成的重金属污染非常严重。农村地区重金属污染企业数量多、增速快。根据第一次全国经济普查资料,中国重金属污染企业的74.1%分布在农村地区。农村地区规模以上重金属污染企业数以每年8.0%的速度递增。土壤重金属污染不可逆,恢复成本高昂,必须尽快扭转重金属污染扩散态势,将污染对耕地和农业的损害控制在最小范围内。

第十二章分析了环保专项整治对高污染密集型行业治理的效果。专项整治后行业短期盈利能力有所下降,但提升了行业效率,优化了行业结构与布局。整治促使企业空间布局趋向集中。总体来看,环境专项整治取得了较好的环境、经济和社会效果。

第十三章考察中国工业环境规制强度在城乡各地域空间的差异。学术界对中国环境管理"重城轻乡"已有共识,但是很少从统计上予以定量验证,而现有对环境规制定量分析采用的数据往往以区域整体为单位,不能区分城乡地域的空间差异。本章使用自上而下环境保护专项行动对污染企业的地毯式排查数据研究城乡差异,揭示出城区环境规制程度高于城郊和乡镇辖村,国家级开发区、省级开发区以及省级以下开发区环境规制程度依次减弱,工业集聚区环境规制普遍高于其他城乡类型。

第十四章是结论、对策和结束语。探讨了当前工业污染治理存在的困境,对未来进行展望。目前来看,农村工业污染的治理仅依靠环保部门难以得到根本解决,必须从国家整体角度,改变以往的工业增长模式,在习近平生态文明思想的指导下,探索一条与新型城镇化和乡村振兴相结合的新道路。

第四节　数据说明

一　数据来源

利用已有统计资料对城乡工业进行定量研究存在不少困难。1998 年之前，中国工业统计口径按照隶属关系，在此之后，统计口径改为企业规模，这种口径上的变化以及企业改制后隶属关系的变动使得 1998 年后缺少了统一口径下的城乡工业数据。本书主要使用下面两套数据进行计算。

第一套是农业部对乡镇企业的年度统计资料。这些资料在若干本年鉴中都有涉及，其中，最主要的是农业部乡镇企业局编纂的《中国乡镇企业及农产品加工年鉴》（原《中国乡镇企业年鉴》）。乡镇企业局是农业部主管乡镇企业的部门，自 1988 年开始出版《中国乡镇企业年鉴》，2007 年起改为《中国乡镇企业及农产品加工业年鉴》，2013 年停刊。2014 年更名为《中国农产品加工业年鉴》（宗锦耀主编），该年鉴（2014）报告了 2012 年和 2013 年乡镇企业的统计数据，其后仅对农产品加工业进行统计。因而，农业部公布的乡镇企业资料截至 2013 年。这套数据的优点是连续，口径相对一致，因而具有纵向可比性，缺点是口径较大，横向可比性较差。

其他资料来自《新中国农业 60 年统计资料》《中国农业统计资料》《中国农业年鉴》《中国统计年鉴》等，这些数据基本上都来自农业部。这些数据口径有两种，第一种是全部乡镇企业，但是行业分类为大类；第二种是规模以上乡镇企业，分地区、分两位数行业（农产品加工业更细）。

第二套资料来自企业年度财务指标调查（中国工业企业数据库）和部分年份的经济普查（包括工业普查）企业数据。企业年度财务指标调查从 1998 年到 2013 年。普查数据包括 1985 年、1995 年的第二次、第三次全国工业普查统计资料，2004 年和 2008 年第一次、第二次全国经济普查企业数据。1985 年，中国进行了改革开放之后首次工业普查，即第二次全国工业普查；1995 年进行了第三次全国工业普查；2004 年，工业普查与三产普查合并为第一次全国经济普查，并于 2008 年和 2013 年分别进行第二次、第三次全国经济普查。自 2004 年普查开始，统计数据中不再单列农村工业资料，需要根据其他信息进行推算。

与中国工业企业数据库相比，普查企业数据的优点是覆盖面广，包括全部规模以上和规模以下工业企业，更能反映出企业城乡分布的整体状况。如 2008 年，中国工业企业为 197.9 万家，分布在 31.1 万个社区/行政村，其中，规模以上工业企业仅占企业数量的 24.7%，所在社区/行政村数量占全国的 41.8%（见表 1 - 1）。为了对比农村工业在农村非农经济中的地位，第七章用到了第二次全国经济普查全部法人单位企业数据，共有非农产业法人单位 711 万个，从业人员 27143 万人。

表 1 - 1   普查数据与规模以上企业数据的对比

年份	全部工业企业数（万/家）	其中：规模以上企业所占比重（%）	有工业企业的社区/行政村数（个）	其中：有规模以上工业企业的社区/行政村（个）	有规模以上工业企业的社区/行政村所占比重（%）
2004	137.6	20.3	270516	95816	35.4
2008	197.9	24.7	311344	130173	41.8

注：2004 年规模以上工业企业的统计口径是全部国有和主营业务收入为 500 万元以上的非国有企业，2008 年规模以上企业的统计口径改为主营业务收入为 500 万元以上的企业。这里把两年里企业主营业务收入超过 500 万元的企业判断为规模以上企业，因此可能与统计局数据有微小差异。

资料来源：第一次、第二次全国经济普查企业数据。

二　主要指标说明

本书前七章主要采用从业人数作为度量工业企业规模的主要指标，其原因在于就业是衡量一国国民经济最为关键的指示器；从统计上说，就业量不存在价值量的价格平减问题，统计质量也相对较好。除了从业人数，也用到了工业总产值、主营业务收入和实收资本金等价值量，主要用于测算比重，从而避免了价格平减。

第十二章铅蓄电池企业数据来自 2011 年环保部网站"重点行业环境整治信息公开"专栏。其他章节的数据见各章内的说明。

规模以上工业企业的统计范围是：1998—2006 年为全部国有和主营业务收入为 500 万元以上非国有企业，2006—2010 年为主营业务收入为 500 万元以上的企业，2011 年改为主营业务收入在 2000 万元以上的企业。书中各章节不再做单独说明。

第五节　研究特色

一　新视角

习近平同志《在哲学社会科学工作座谈会上的讲话》指出：坚持问题导向是马克思主义的鲜明特点①。问题是创新的起点，也是创新的动力源。理论创新只能从问题开始。本书从现实的农村污染现象和农村污染事故出发，研究中国农村工业及其污染问题，研究问题具有创新性。

环境问题是发展的副产品，环境问题产生的最根本原因是发展模式。如果不深入分析发展模式，就环境谈环境便只是抓住细枝末节而非根本。中国区域差异较大，但无论是东西差异还是南北差异都比不过城乡差异之大。在中国，城乡之间的差异巨大以至于形成了一个异常稳固的二元结构。改革开放后，中国从计划向市场转型，劳动力和资金等生产要素都实现了城乡自由流动。然而，城乡行政管理体制改革滞后，至今仍存在着显著的城乡二元差异。城乡居民在社会保障体系、公共产品供给、市政设施建设、户籍以及土地所有等方面实行不同的制度。以市政建设为例，如果以城市人均建设维护支出为 1 来计，那么县城、镇、乡和村的居民分别为0.77、0.33、0.17 和 0.08②。类似，城乡环境保护投入、教育和医疗投入等都面临着从城市到乡村的递减。

农村工业是中国在城乡二元结构下工业发展模式的一面窗口。在乡镇企业改制后的 20 年，农村工业的形成机制及其污染程度已经与乡镇企业时期完全不同，揭示其内在的形成机制有助于从根本上认识和解决中国工业污染问题。本书从城乡两分的视角反思近 20 年中国农村工业发展模式及其对环境的影响，研究视角较为新颖。

二　新方法

本书提出了一套通过企业行政区划代码识别城乡地域的新方法。改革开放初期，企业的经济成分相对简单，通过企业的隶属关系可以判断企业

---

① 习近平：《在哲学社会科学工作座谈会上的讲话》，http：//cpc. people. com. cn/n1/2016/0519/c64094 - 28361550. html。

② 住房和城乡建设部：《中国城乡建设统计年鉴（2015）》，http：//www. mohurd. gov. cn/xytj/tjzljsxytjgb/jstjnj/。

所在城乡类型。如街道属或居委会属一般在城镇，而乡属和村委会属在乡村。然而，随着国有企业和乡镇企业改制，改制后不再隶属具体的行政部门，大量企业被归为"其他"类型企业，如2004年"其他"类型规模以上工业企业数占70%。也就是说，大部分企业难以根据隶属关系来判断企业所在的城乡类型。虽然农业部继续统计乡镇企业信息，但是由于缺乏对应的城镇工业统计，乡镇工业和城镇工业不能直接进行对比，从而限制了对改制后农村工业的研究。

中国工业企业数据库是信息量最为丰富的企业统计数据库。本书提出采用企业行政区划代码组合来划分城乡地域类型的方法，有效利用了现有的中国工业企业数据库和普查企业数据库的微观数据信息，从微观数据中汇总不同城乡地域类型的工业企业信息，从而能够得到在统一统计口径下可比较的城镇工业和农村工业规模，弥补了自改制之后城乡工业统计数据缺乏的不足。

三　进一步研究计划

本书的缺憾是没有获得第三次、第四次全国经济普查的企业数据，没有跟踪到最近几年中国工业城乡分布的变化。从近几年的情况来看，城区企业退城搬迁速度在加快，尤其是京津冀地区，污染企业退城搬迁已经列入多个地方政府的红头文件。因而可以判断，最近几年城乡工业变化趋势并没有发生根本性变化，本书所做的结论依然成立。未来可以对此进行验证和分析。

农村工业在国民经济中具有重要的作用，除了对环境质量有影响，对农村城镇化、对农民及农民工的收入水平、对社会群体的收入分配都有重要的影响。环境污染也与社会分配和社会正义有关。本书对上述议题都有所涉及，包括了一部分农村城镇化的内容，但因研究能力和研究范围所限，没有详细展开。这也是笔者未来进一步研究的方向。

第二章　乡镇企业的兴起和衰落

　　乡镇企业是中国农村工业史上一个浓墨重彩的发展阶段。农村改革的两大亮点是家庭联产承包责任制和乡镇企业。新中国成立以来，乡镇企业有三次发展浪潮。第一次是 1958 年"政社合一"基层组织创建的社队工业，第二次是 1970 年国务院北方工业会议提出的加快发展农业机械化之后，第三次是改革开放以后[①]。在 20 世纪最后 20 年，出身草根的乡镇企业取得了辉煌的成就。乡镇企业作为中国工业化的重要组成部分和主要推动力量，曾经"三分天下有其一"。从 20 世纪 90 年代中后期开始，乡镇企业的辉煌不再，乡镇集体经济以产权私有化而结束，"乡镇企业"偃旗息鼓，趋于沉寂。

　　改制后时期的农村工业与乡镇企业存在历史的传承和千丝万缕的关系。作为农村工业发展的一个阶段，本书将乡镇企业时期作为一个参照系，以此与改制后农村工业进行对比。

第一节　社队企业的发展

　　中国农村工业曾经与多个名称有关。人民公社之前叫作社办工业，人民公社初期叫作公社工业，20 世纪 60 年代到 1984 年叫作社队工业，1984 年 3 月开始叫乡镇企业（张毅、张颂颂，2001）[②]。这些名称反映了社会经济基础的演变，折射出主流意识形态对农村工业态度的转变。

　　乡镇企业的前身是社队企业，也就是人民公社和生产大队所举办的企

---

　　① 林青松：《民办乡镇企业的兴起及其面临的问题》，转引自林青松、威廉·伯德主编《中国农村工业：结构、发展与改革》，经济科学出版社 1989 年版。

　　② 张毅、张颂颂编著：《中国乡镇企业简史》，中国农业出版社 2001 年版，第 3—4 页。

业。社队企业则来源于农村的手工业。手工业在中国有相当长的历史。新中国成立后，农村手工业者从农业中分离出来，成立了手工业社、农业生产合作社，在社内组成副业队或副业组，进行手工业生产和农副产品加工。1952 年副业产值为 80.9 亿元，占农业总产值的 16.7%，是农民收入的一大来源①。

新中国成立后，在当时的国际环境下，中国走上优先发展重工业的工业化道路，也就是城市工业化道路。1953 年下半年，党中央确定了过渡时期的总路线，其主导思想就是优先发展重工业的工业化战略，虽然大大推动了国家工业化，但其实质上是城乡分治，农业为工业提供积累，农民不能参与和分享工业成果②。为此，中国建立了"一个体制、三个制度"，即计划经济体制，农产品统购统销制度、人民公社制度和城乡分割的二元户籍管理制度。

在当时城乡分割的大环境下，以毛泽东为代表的中央领导对人民公社和农村工业寄予了很大希望，认为人民公社是工、农、商、学、兵相结合的组织，而发展工业对于人民公社各项事业以及社员生活水平的提高和生活方式的改善具有基础性意义③。在城镇之外，人民公社被寄予了工业化和城镇化的希望。1959 年，中国乡村建成了 70 万个社办企业，工业总产值为 100 亿元，占全国工业总产值的 7%④。

> 由不完全的公社所有制走向完全的、单一的公社所有制，是一个把较穷的生产队提高到较富的生产队的生产水平的过程，又是一个扩大公社的积累，发展公社的工业，实现农业机械化、电气化，实现公社工业化和国家工业化的过程。目前公社直接所有的东西还不多，如社办企业，社办事业，由公社支配的公积金、公益金等。虽然如此，我们伟大的、光明灿烂的希望也就在这里。⑤

① 张毅、张颂颂编著：《中国乡镇企业简史》，中国农业出版社 2001 年版，第 7 页。
② 宗锦耀、陈建光：《历史不会忘记乡镇企业的重要贡献——为纪念我国改革开放四十周年而作》，http://www.moa.gov.cn/xw/bmdt/201807/t20180731_6154959.htm。
③ 徐俊忠：《探索基于中国国情的组织化农治战略——毛泽东农治思想与实践探索再思考》，《毛泽东邓小平理论研究》2019 年第 1 期。
④ 张毅、张颂颂编著：《中国乡镇企业简史》，中国农业出版社 2001 年版，第 246 页。
⑤ 毛泽东：《在郑州会议上的讲话》，转引自《建国以来毛泽东文稿》（第 8 册），中央文献出版社 1993 年版，第 65—75 页。

　　然而，由于人民公社在发展工业过程中，尤其是大炼钢铁造成了大量的无效投入和资源浪费，恰逢三年困难时期，导致人民公社主导的地方工业化遭遇政府的禁令而进入寒冬。1962 年 4 月 20 日，《中共中央关于批发一九六二年国民经济调整计划的指示》规定，"农村人民公社或大队举办的工业企业，凡不是为当地农业生产和农民生活直接服务的，不具备正常生产条件的应该一律停办"①。

　　1966 年毛泽东在"五七指示"中提出，"农民以农为主（包括林、牧、副、渔），也要兼学军事、政治、文化，在有条件的时候也要由集体办些小工厂"。1970 年，北方农业会议提出，大办地方农机厂、农具厂以及与农业有关的其他企业，这一指导方针给单纯靠种植农作物养活自己的各地农村注入了新的活力。据统计，1971 年，社队工业占农、林、牧、副、渔、工六业总产值的比重只有 6.9%，1976 年，比重提高到 16.9%，社队工业务工社员达到 1769.8 万人，约占农村劳动力的 6%②。1977 年，在改革开放前夕，社队企业有 139 万个，从业人员为 2328 万人，企业总产值达 435 亿元，其中工业总产值为 332 亿元，占全国工业总产值的 8.9%（如图 2－1、图 2－2 所示）。

　　汪海波认为，20 世纪 60 年代后期到 70 年代，社队工业的勃兴不是偶然的，而是农村经济发展的产物。1958 年社队工业的兴办和发展虽然也有这个因素，但更大的成分是"大跃进"年代"为钢铁翻番而战"的产物，而且一拥而上，丢了农业，缺乏扎实的基础。20 世纪 70 年代社队企业的兴起则不然，粮食生产已经得到恢复并有了新的发展，提供了社队工业发展的基础。社队工业快速发展的原因有以下三个：第一，它处于"两不管"的夹缝，身在农口，工业不管它，在农口又不务农，农口也管不了多少，这就使它得以享有比较完全的经营管理自主权；第二，计划部门没有它的户头，所以它一开始就同市场建立起密切的联系，具有较强的应变能力和竞争能力；第三，它同农业有着直接的联系，较早地吸收了农业管理的优点，实行了比较灵活的劳动制度和分配制度，没有城市工业"吃大锅饭"的弊病。所以，社队企业在装备程度较低的情况下，能够有较高的劳

　　①　中共中央文献研究室：《建国以来重要文献选编》（第 15 册），中央文献出版社 1995 年版，第 385 页。
　　②　汪海波：《中华人民共和国工业经济史》，山西经济出版社 1998 年版，第 462 页。

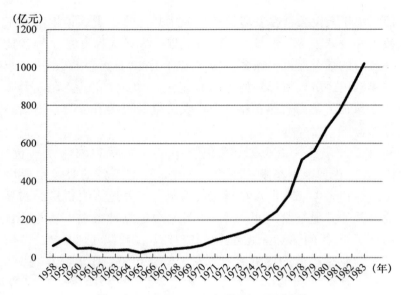

图 2 - 1　1958—1983 年社队工业总产值

资料来源：张毅、张颂颂编著：《中国乡镇企业简史》，中国农业出版社 2001 年版，第 246 页。

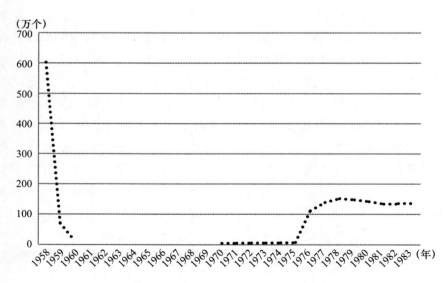

图 2 - 2　1958—1983 年社队企业数

注：1961—1969 年数据缺失。

资料来源：张毅、张颂颂编著：《中国乡镇企业简史》，中国农业出版社 2001 年版，第 246 页。

动生产率①。

第二节 乡镇企业内涵和外延的演变

一 乡镇企业名称的由来

社队企业带有计划经济的色彩。当人民公社和生产大队走下历史舞台的时候，社队企业这一名称也面临着改头换面的命运。"乡镇企业"这一说法最早出现在 1984 年中共中央 4 号文件，即《中共中央、国务院转发农牧渔业部和部党组关于开创社队企业新局面的报告的通知》。农牧渔业部报告的原文如下：

> 政社分设，原来的大队一般将建立农业合作社或经济联合社等组织，使大队企业有所归属。原来的公社，除了没有兴办企业的以外，也可建立必要的联合经济组织，使公社企业有所归属。鉴于公社、大队将逐步转化为乡、村合作经济组织，近年来又出现许多联户合办、跨区联办等形式的合作性质企业和各种联营、自营企业，并将逐步向小集镇集中。因此，以往所使用的"社队企业"这个名称，已经不能反映此类企业新的发展状况，建议改称"乡镇企业"，各级管理机构的名称也应作相应改变。②

中共中央和国务院同意这一提议，认为乡镇企业有四个组成部分，即"社（乡）队（村）举办的企业、部分社员联营的合作企业、其他形式的合作工业和个体企业"。

可以看出，乡镇企业取"乡"字，是由于公社和大队这种"政社合一"组织要逐步转化为乡、村组织，而"镇"字，根据文件的解释，是集镇的意思，而且当时的行政区划"镇"是城镇的一部分，并没有包含乡村成分。《辞海》中，集镇的解释是这样的：

---

① 汪海波：《中华人民共和国工业经济史》，山西经济出版社 1998 年版，第 461—462 页。

② 《中共中央、国务院转发农牧渔业部和部党组关于开创社队企业新局面的报告的通知》，http：//www. china. com. cn/guoqing/2012－09/12/content_ 26747631. htm。

集镇是指乡、民族乡人民政府所在地和经县级人民政府确认由集市发展而成的作为农村一定区域经济、文化和生活服务中心的非建制镇；是介于乡村与城市之间的过渡型居民点。集镇一般是指建制市镇以外的地方商业中心，既无行政上的含意，也无确定的人口标准。按照中国的情况，除市、县人民政府所在地以及其他设镇的地点之外，县以下的多数区、乡行政中心，具有一定的商业服务和文教卫生等公共设施，并有相应的腹地支持，习惯上均称为集镇。

不难看出，"乡镇企业"这一名称反映了当时官方和学术界对于农村企业向集镇集中以此发展小城镇的良好愿望。然而，诞生于1984年年底的"乡镇企业"这一名词，其含义并不精准，也并不恰当。首先，乡是一级行政区划，而集镇并无行政上的含义，二者很难构成并列或者对应的关系；其次，集镇与作为行政级别的"镇"容易混淆。集镇与镇都有明确的含义，且有显著的区别。在改革开放初期之前，镇是城镇的组成部分，镇并不包括村庄。1955年《国务院关于设置市、镇建制的决定》说明镇是县级国家机关所在地或者是工商业中心。

市、镇是工商业和手工业的集中地。镇，是属于县、自治县领导的行政单位。县级或者县级以上地方国家机关所在地，可以设置镇的建制。不是县级或者县级以上地方国家机关所在地，必须是聚居人口在2000人以上，有相当数量的工商业居民，并确有必要时方可设置镇的建制。少数民族地区如有相当数量的工商业居民，聚居人口虽不及2000人，确有必要时，亦得设置镇的建制。镇以下不再设乡。[①]

三年自然灾害期间，中央政府认为城镇人口增加过猛，市镇建制增加过多，超过了农业生产的负担能力，给社会主义建设带来不少困难，因此大幅度压缩城镇人口，并且撤销了一部分市，调高了设镇标准。1963年，中共中央、国务院《关于调整市镇建制、缩小城市郊区的指示》对镇的规定如下：

---

① 《国务院关于设置市、镇建制的决定》，转引自《中国人口年鉴》（1985），中国社会科学出版社1986年版，第91页。

工商业和手工业相当集中、聚居人口在 3000 人以上，其中非农业人口占 70% 以上，或者聚居人口在 2500 人以上不足 3000 人，其中非农业人口占 85% 以上，确有必要由县级国家机关领导的地方，可以设置镇的建制。少数民族地区的工商业和手工业集中地，聚居人口虽然不足 3000 人，或者非农业人口不足 70%，但是确有必要由县级国家机关领导的，也可以设置镇的建制。现有的镇建制，凡是不符合上述条件的，或者虽然符合上述人口条件，但是以改归乡村人民公社领导为有利的，都应该撤销；即使是县级或者县级以上地方国家机关所在地，也应该撤销。

现在由农村人民公社领导的集镇，凡是以保持原有领导关系更为有利的，即使符合设镇的人口条件，也不要设置镇的建制。在撤销了镇建制的地方，原镇属居民一律列为乡村人口。①

由于国家对镇的严格限制，镇的发展较慢。改革开放初期，镇的数量较少，1983 年仅有 2968 个，比 1962 年的 4219 个镇还少 1251 个（如图 2-3 所示）。与之相比，集镇数量相对较多。集镇是在农村集市基础上发展而来的地方商业中心，通常是人民公社或乡政府所在地，集镇并无行政级别。乡镇企业借用了"镇"这个具有明确含义的名称，来表示"集镇"，非常容易混淆。1984 年，中国开始整乡改镇，镇的数量迅速增加，1986 年突破 10000 个，2000 年超过了 20000 个。整乡改镇使原有的乡变为了镇，镇的行政区划当中有村庄，镇不再是城镇性质。乡镇企业这一概念变得更为复杂。原有的乡政府所有的集体企业成为镇政府所有的集体企业。所以，"乡镇"企业的统计口径变成了乡和镇级政府（城关镇除外）管辖地域内的企业。

二 乡镇企业内涵和外延的演变

随着乡镇企业的发展，乡镇企业的内涵也发生了变化。这里把乡镇企业从 1984 年到 2002 年的发展分为早、中、晚三个阶段，早期为 1984—1991 年，中期是 1992—1995 年，晚期是 1996—2002 年。

---

① 《中共中央、国务院关于调整市镇建制、缩小城市郊区的指示》，转引自《中国人口年鉴》(1985)，中国社会科学出版社 1986 年版，第 96—97 页。

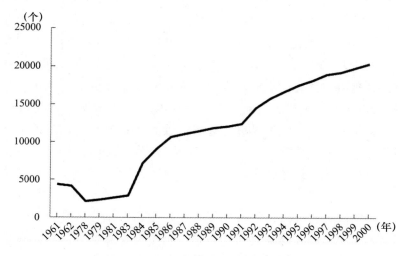

图 2 - 3　1961—2000 年中国建制镇的数量

资料来源：《中共中央、国务院关于调整市镇建制、缩小城市郊区的指示》，《中国民政统计年鉴》（2013）。

在乡镇企业早期，乡镇企业以集体企业为主体。乡镇企业从社队企业改换名称而来，社队企业原本就是集体企业。因而，在乡镇企业改制前，乡镇企业就是乡村集体企业的代名词。实际上，乡镇企业的内涵是"乡村"企业，即乡和村所办的集体企业，其英文翻译"township and village owned enterprises"，反映了其内涵。乡镇企业与农村地域在空间上基本上是吻合的，但也存在两种例外，一是在农村的国有商业企业不能算是乡镇企业，如供销社；二是农民集资在城区独立兴办的集体性质的工商业[①]。

在乡村企业中，乡级企业数量相对较少，但企业规模较大，人均总产值较高；村级企业数量多，企业规模较小。1985 年，全国乡村企业156.91 万个，其中，乡办企业41.95 万个，村办企业114.96 万个，而乡办每个企业的从业人员为50.33 人，而村办企业只有17.75 人；乡办企业平均收入24.77 万元，村办只有6.86 万元（见表 2 - 1）。经过 10 年的发展，乡村企业从业人数增长了46.0%。乡办企业数量略有减少，而村办企业增加了5.14 万家，成为乡村企业增量的主要来源。

---

① 汤鹏主：《中国乡镇企业兴衰变迁》，北京理工大学出版社 2013 年版，第 28 页。

表 2 - 1 1985、1995 年中国乡村企业经济指标

指标	1985 年			1995 年		
	乡办企业	村办企业	合计	乡办企业	村办企业	合计
企业数（万个）	41.95	114.96	156.91	41.70	120.10	161.80
企业人数（万人）	2111.36	2040.78	4152.14	3029.40	3031.10	6060.50
总收入（亿元）	1039.05	788.36	1827.41	21400.90	20310.40	41711.30
企业平均人数（人）	50.33	17.75	26.46	72.65	25.24	37.46
企业平均收入（万元）	24.77	6.86	11.65	513.21	169.11	257.80

资料来源：《中国统计年鉴》（1986）、（1996）。

随着乡镇企业所有制成分的多元化（1992—1995 年），乡镇企业的内涵增加了新的内容。1992 年，乡镇企业开始股份合作制试点，1993 年成立了 13.29 万家股份合作制企业（见表 2 - 2）。有专家认为，乡镇企业不是所有制概念，而是专指具有农民身份的人在农村地区兴办的以非农产业为主的一类企业群体。乡镇企业的共同特征是其社区属性，企业最大目标是提高本地农民的收入、解决就业。一个乡镇企业从创办的初始投资、土地征用到取得银行信用、处理经济纠纷等，都离不开乡镇政府的帮助（杜鹰，1995）[①]。可见，这是乡镇企业所有制多元化阶段，也就是说乡镇企业的投资主体不必是集体组织，只要是农民都可以，这为职工入股成立股份合作制企业奠定了理论基础。在这个阶段，股份合作制、私营、联营与合办企业都属于乡镇企业。按照这个定义，如果不具有农民身份的人在农村投资举办的企业，就不算是乡镇企业；或者说企业在农村地区没有承担社区义务，那这些企业也不算是乡镇企业。

可以说，农民或农民集体投资以及企业的社区属性是乡镇企业早期和中期阶段所具有的一种属性，这一属性也影响到《中华人民共和国乡镇企业法》（以下简称《乡镇企业法》）。《乡镇企业法》酝酿于 20 世纪 80 年代中期，1984 年 5 月，全国人大代表联名提案，建议制定《乡镇企业法》。农牧渔业部历经 3 年时间，1987 年将草案送审稿报送国务院，但有关部门认为时机不成熟而暂时搁浅[②]。1996 年《乡镇企业法》颁布，1997

---

① 杜鹰：《乡镇企业的形态特征与制度创新》，《中国农村观察》1995 年第 4 期。
② 张毅、张颂颂编著：《中国乡镇企业简史》，中国农业出版社 2001 年版，第 89—90 页。

年实施。《乡镇企业法》规定，乡镇企业是指"农村集体经济组织或者农民投资为主、在乡镇（包括所辖村）举办的承担支援农业义务的各类企业"。这有三层含义，第一，投资者、经营者和企业职工主要是农村集体经济组织和农民；第二，地处乡村；第三，承担支农义务①。

　　然而，《乡镇企业法》从 1984 年提案到 1996 年颁布这段时期，国内形势发生了很大变化。就在《乡镇企业法》颁布的同一时间，1996 年乡镇企业开始进行大规模改制，乡镇集体经济的萎缩成为不可逆转的趋势。2002 年，乡村集体企业仅剩余 40.08 万家，是 1995 年的 28.2%。股份合作制也"持续"改制，2002 年仅剩余 7.92 万家。除了私营企业数量翻倍，有限责任公司、股份有限公司、港澳台和外资企业数合计达到 22.24 万家，是 1995 年的 4.06 倍（见表 2-2）。从国内政治环境来看，对农村非集体经济禁止和打压的时代已经结束，私营企业获得了合法身份，非集体经济企业已不再需要集体企业的红帽子和乡镇政府的政治庇护。从乡镇企业的所有制形式来看，乡镇企业的投资主体不仅不必是集体经济组织，也不必是农民，任何经济组织和个人都可以在农村投资。这样来看，到乡镇企业全面改制后，乡镇企业的含义仅剩下"地处乡村"这一特性了。

表 2-2　　　　　　　1978—2002 年分所有制乡镇企业数　　　　　单位：万家

年份	企业个数合计	乡村集体	私营	股份合作制	有限责任公司	股份有限公司	港澳台	外资
1978	152.43	152.43						
1979	148.04	148.04						
1980	142.47	142.47						
1981	133.76	133.76						
1982	136.18	136.18						
1983	134.64	134.64						
1984	607.34	164.96	58.21					
1985	1222.46	144.03	140.20					
1986	1515.31	168.41	109.34					

---

　　① 于立、于左等：《中国乡镇企业产权治理结构研究》，经济管理出版社 2003 年版，第 262 页。

续表

年份	企业个数合计	乡村集体	私营	股份合作制	有限责任公司	股份有限公司	港澳台	外资
1987	1750.25	154.22	118.91					
1988	1888.16	154.67	119.99					
1989	1868.63	149.44	106.94					
1990	1873.44	141.56	97.88					
1991	1908.74	140.43	84.90					
1992	2091.62	148.35	90.18					
1993	2452.93	119.36	103.85	13.29			1.33	1.43
1994	2458.71	110.31	106.54	20.41			1.41	1.53
1995	2202.67	141.89	96.41	12.64	1.53	0.07	2.39	1.48
1996	2336.33	135.66	226.42	12.59	1.68	0.08	2.37	1.58
1997	2008.86	103.87	220.84	12.98	2.16	0.21	1.79	1.19
1998	2003.94	84.06	222.20	16.65	2.12	0.21	1.66	1.11
1999	2070.89	71.45	207.58	16.77	2.33	0.22	1.59	1.07
2000	2080.66	58.37	206.06	16.26	2.26	0.26	1.50	1.06
2001	2115.54	44.76	200.71	15.74	2.72	0.31	1.49	1.13
2002	2132.69	40.08	229.79	7.92	15.03	1.72	3.38	2.11

注：表格空白栏表示零。

资料来源：农业部编：《新中国农业 60 年统计资料》，中国农业出版社 2009 年版，第 47—48 页。

时至今日，虽然农业部依然采用"乡镇企业"这一名称，但是乡镇企业的内涵已经与历史上的社队企业和乡村企业大相径庭，学术界基本上已不再使用乡镇企业这一说法。

乡镇企业的管理机构也经历了较大的变动。1976 年，国务院批准农林部设立人民公社企业管理局[①]，1979 年改称为人民公社企业管理总局。1982 年改为社队企业管理局，1984 年改为乡镇企业管理局。2011 年，乡镇企业管理局改为农产品加工局，2018 年成立乡村产业发展司。

---

① 张毅、张颂颂编著：《中国乡镇企业简史》，中国农业出版社 2001 年版，第 217—225 页。

第三节　乡镇企业成功和衰落的原因

乡镇企业的成功可以归为多个原因，如基层政权在政治上的保护和经济上的扶持，企业预算约束相对硬化，短缺经济下市场空间较大[1]（周其仁、胡庄君，1987；蔡昉，1995；温铁军，1998；Chang and Wang，1994；Che and Qian，1998）。蔡昉（1995）[2] 归纳了乡镇企业成功发展的原因，第一是基层政府给予企业廉价的生产要素供给，如资金来自乡村集体积累以及银行贷款利率较低，劳动力价格低廉，土地使用无成本；第二，乡镇企业生产的低质廉价轻工产品满足了市场需求，正好填补了国有企业在轻工产品供给方面的短缺空白；第三，乡镇企业在市场中成长，适应市场机制。

在中国的经济领域，乡镇企业率先以市场为导向组织生产经营活动，生产要素从市场中来，产品到市场中去，形成了一套独具特色的灵活机制，包括：自主快速决策机制、能进能出的用工机制、能上能下的干部机制、酬效挂钩的分配机制、奖惩分明的激励机制、自负盈亏的约束机制、自我积累的发展机制等（林汉川，2002）[3]。相比国有企业的低效率，乡镇企业的高效率源于社区政府的董事会定位和自身的预算硬约束（洪银兴等，1997）[4]。刘小玄认为乡镇企业在市场经营决策权、管理决策权和剩余分配权等方面受到的限制少于国有企业和城镇集体企业，从而对经营者的激励更大、效率更高[5]。

---

[1]　周其仁、胡庄君：《中国乡镇工业企业的资产形成、营运特征及其宏观效应——对10省大型乡镇工业企业抽样调查的分析》，《中国社会科学》1987年第6期；温铁军：《乡镇企业资产的来源及其改制中的相关原则》，《浙江社会科学》1998年第3期；Chang, Chun and Wang, Yijiang, "The Nature of the Township-Village Enterprise", *Journal of Comparative Economics*, Vol. 19, 1994；Che, Jiahua, and QianYingyi, "Institutional Environment, Community Government, and Corporate Governance: Understanding China's Township-Village Enterprises", *Journal of Law, Economics, and Organization*, Vol. 14, No. 1, 1998。

[2]　蔡昉：《乡镇企业产权制度改革的逻辑与成功的条件——兼与国有企业改革比较》，《经济研究》1995年第10期。

[3]　林汉川：《中国乡镇企业发展的历史透视》，《中国乡镇企业》2002年第10期。

[4]　洪银兴、袁国良：《乡镇企业高效率的产权解释——与国有企业的比较研究》，《管理世界》1997年第4期。

[5]　刘小玄：《国有企业与非国有企业的产权结构及其对效率的影响》，《经济研究》1995年第7期。

对于乡镇企业人才的选拔，陈剑波认为有两个原因：第一，企业家人才世代祖居于社区之中，社区成员十分清楚他的行为能力和个人品德，因此他的行为是可预期的；第二，在社区中权威的获得，是由于他自身进行公共服务的精神和才能，甚至他祖辈的行为都为他的权威获得起着重要的作用。因此，创新者权威得自于个人的人力资本状况、经营才能等被市场检验的结果，而在企业家个人成为企业负责人之前，其个人的口碑甚至上溯数辈祖宗的行为都会直接影响其能否成为精英人物。在没有完整的资本市场检验投资的风险、没有完善的人才市场来鉴别经营人才之时，社区成员依据传统社会的规范和习俗来发现和识别精英人物（陈剑波，2000）[1]。也就是说，乡镇企业家的选拔机制源于熟人社会，依靠乡村规范和习俗来识别和选拔企业家。

潘维（2003）[2]认为，乡镇企业迅速发展与新中国成立以来农村集体形成的社会主义传统密切相关。基层政府作为农民与市场之间的中介，将农民组织起来形成乡村集体企业，为农民走向市场架起了桥梁，从而在市场大浪中保持一定的稳定性。

20 世纪 90 年代初期，乡镇集体企业发展达到巅峰。1992 年，乡村集体企业数为 148 万家，从业人数为 4714 万人，工业增加值为 2981 亿元，占乡镇企业增加值的 66.5%，占全国 GDP 的 11.2%。

表 2-3　　　　　　　　　　　社队企业扶植政策

时间	文件	内容
1971 年	党中央《关于农村人民公社分配问题的指示》	公社、大队如果举办企业、购买农业机械等，在不影响生产队扩大再生产的前提下，可以从生产队适当提取一部分公共积累
1972 年	《中华人民共和国工商税条例（草案）》	地方有权对当地的社队企业确定征税或减免税
1977 年	财政部《关于税收管理体制的规定》	凡属直接为农业生产服务的县办"五小"企业、社队企业和个别单位按照税法纳税有困难而确实需要减税免税的，由省市自治区审批

---

① 陈剑波：《制度变迁与乡村非正规制度——中国乡镇企业的财产形成与控制》，《经济研究》2000 年第 1 期。

② 潘维：《农民与市场》，商务印书馆 2003 年版，第 19 页。

续表

时间	文件	内容
1978 年	财政部《关于对农村社队办的小铁矿、小煤窑、小电站、小水泥厂免征工商税和所得税的通知》	社队办的小铁矿、小煤窑、小电站、小水泥厂的销售收入和利润，从 1978 年 1 月 1 日起至 1980 年 12 月 31 日止，免征工商税和所得税
1981 年	国务院《关于调整农村社队企业工商税收负担的若干规定》	直接为农业生产和为本队社员生活服务的业务收入，可免征工商税和工商所得税。取消现行社队企业在开办初期免征工商税和所得税二年至三年的规定，改为根据不同情况区别对待
1982 年	国务院《关于调整农村社队企业工商税收负担的补充规定》	社队生产的烟等产品一律按照统一税率征收；城市郊区的社队企业，以及开设在城市和县属镇的社队企业，其所得利润一律改按八级超额累进税率征收工商所得税
1983 年	国务院《关于调整农村社队企业和基层供销社缴纳工商所得税税率的规定》	对农村社队企业征收工商所得税，一律按照八级超额累进税率计征；取消原来对社队企业按照 20% 的比例税率和 3000 元的起征点征收所得税的规定

资料来源：张毅、张颂颂编著：《中国乡镇企业简史》，中国农业出版社 2001 年版，第 215—217 页。

截至 2002 年，乡镇企业共有 2000 多万家，企业数并没有大的变化，但是乡镇企业的所有制结构发生了巨大的改变。其中，乡村集体企业从 160 万家减少到 40 万家，而私营企业已经达到 229 万家。实际上，乡村集体企业从 1992 年开始推行股份合作制，1996 年私有化改革，数量不断减少，而私营企业数量则翻倍。

从乡村集体企业从业人数来看，1996 年是一个转折点，从业人数为 3350 万人，比 1995 年减少了 1500 万人；而私营企业从业人数从 1995 年的 874 万人增加到 1996 年的 2464 万人，完全改变了二者的力量对比。到 2000 年，私营企业从业人数已经超过了乡村集体企业，此后二者差距日益扩大。

对于乡村集体企业的衰败，很多研究认为乡镇企业衰落是企业产权不清导致效率低下造成的。杜鹰认为，乡镇企业的产权制度存在着明显的缺陷，这突出地表现在无论哪种类型的乡镇企业，都普遍存在财产关系模糊和财产责任不清的问题。例如乡村集体企业，集体是谁并不清楚，几乎无法认定它到底是属于社区全体居民的，是社区政府，还是企业自己的，而且农民并不清楚如何行使财产权利。产权虚置滋生出种种弊端，如地方政府对企业的行政干预、企业负责人私下转移企业财产、集体资产灰化等（杜鹰，1995）①。

也有研究认为产权不清所导致的效率低下这一解释存在问题，因为同样的产权结构支撑了乡镇企业的崛起。支兆华从地方政府角度解释乡镇企业改制（支兆华，2001）②，当政府的支持可以为企业带来可观收益时，它可以从集体企业中得到丰厚的回报，这时它就会大力支持乡镇企业的发展，而并不热心扶持私营经济。如果支持私营经济会给政府带来更多的收益，那么政府自然会把原来对集体经济的支持转移到对私营经济的支持上来，反映到实际中就是乡镇企业在政府主导下的大规模改制。

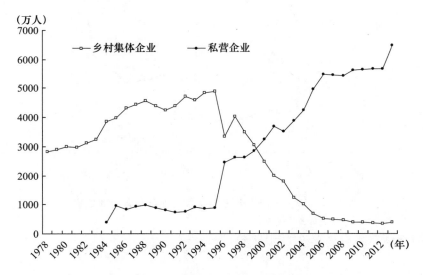

图2-4 1978—2013年乡村集体企业与私营企业从业人数
注：本图数字口径为全部乡镇企业。
资料来源：《新中国农业60年统计资料》《中国农业统计资料》（2014）。

然而，从现实的数据来看，1996年乡村集体企业改制并不是一个自发、渐进的过程，而是一个急剧、骤变的过程。20世纪80年代和90年代初期，乡村集体企业和私营企业数量变动并不明显，在1995年之前，私营企业无论是企业数还是从业人数都非常平稳，私营企业在100万家上

① 杜鹰：《乡镇企业的形态特征与制度创新》，《中国农村观察》1995年第4期。
② 支兆华：《乡镇企业改制的另一种解释》，《经济研究》2001年第3期。

下，从业人数为 800 万人左右；而同期乡村集体企业数稳定在 140 万家，从业人员还在增加，1995 年达到 4800 万人（如图 2－4、图 2－5 所示）。然而，1996 年，乡村集体企业从业人数减少了 1500 万人，而私营企业从业人数增加了 1500 万人。1996 年之后，乡村集体企业数量急剧减少，而私营企业数在 1996 年猛增到 226 万家，比 1995 年增加了 134.85%。

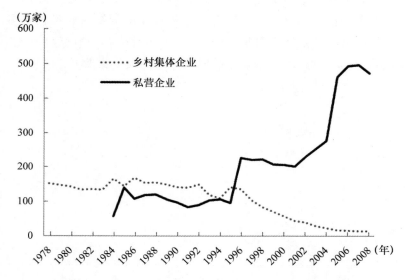

图 2－5　1978—2008 年乡村集体企业与私营企业数量

注：本图数字口径为全部乡镇企业。

资料来源：《新中国农业 60 年统计资料》。

　　潘维认为，乡镇集体企业的衰败是自上而下推行私有化的结果①。从统计数字的跳跃式变化来看，只有政府的强力干预才会造成农村工业所有制结构如此剧烈的变动，从而拉开了乡村集体企业衰落的序幕。

---

① 潘维：《农民与市场》，商务印书馆 2003 年版，第 21 页。

第三章　农村工业界定与农村
地域识别方法

乡镇企业改制后，企业所有制、隶属关系和企业组织形式均发生了改变。然而，这种改变并不意味着企业作为一个物理实体从农村地区消失了。同时，随着开发区建设的开展，农村乡镇出现了越来越多的工业集聚区。

第一节　农村工业的界定

一　农村工业的内涵

如果说乡镇企业改制前具有清晰的内涵和外延，那么，乡镇企业改制后，其原有的社区或集体属性已经荡然无存，乡镇企业名称已经名不副实。如何界定改制后在城镇以外的这些企业？这些企业共同的属性是什么？

学界和政府主要有两种提法，一类是农业部依然采用"乡镇企业"的说法，认为"乡镇企业的本质就是农民和返乡下乡新农民创办企业和经济实体，就是发展乡村产业"[①]。乡镇企业以农民投资为主、以农民就业为主、以办在农村为主的特征没有变[②]。这种提法强调乡镇企业与"三农"的关系，但是乡镇企业与乡村集体经济、支农义务已没有必然关系；另一类意见认为乡镇企业主体由过去的乡镇集体企业转变为个体和私有企业，与"三农"脱离关系，《乡镇企业法》所界定的乡镇企业的特征"农村集体经济组织或者农民投资为主、在乡镇（包括所辖村）举办的承担支援农

---

① 宗锦耀、陈建光：《历史不会忘记乡镇企业的重要贡献——为纪念我国改革开放四十周年而作》，http://www.moa.gov.cn/xw/bmdt/201807/t20180731_6154959.htm。

② 姜长云：《体制转型时期的乡镇企业融资问题研究》，博士学位论文，中国社会科学院研究生院，2000年。

业义务的各类企业"，仅有"在乡镇举办"还继续保留。乡镇企业已经演化为一般意义上的企业①，可纳入中小企业或民营企业范畴进行研究。

　　综合两种意见，概括这些企业的共同属性，可以发现，所有制是多元化的，投资主体以私营为主，而唯有农村地域这一特点是其最大的公约数。农村工业是对这类企业最准确的概括，即农村工业是农村地域范围内工业企业的总和。农村企业不再表示隶属关系，也不是所有制关系，仅表示企业所在地域的类型，以此与城镇企业相对应。这比较符合乡镇企业改制后时期的现实情况。

　　农村工业作为一个研究对象，是否具有单独研究的价值？换句话说，农村企业是否与一般意义上的企业或者中小企业或民营企业有区别？应当说，改制后农村企业在所有制和企业组织形式方面与一般企业没有差别，但是，农村企业所在地区的行政管理体制、企业与周边社区的联系还存在着与城镇企业本质的差别，这是农村工业所具有的值得单独研究的价值。

　　新中国成立后逐步建立起适应计划经济的城乡二元体系。改革开放后，中国从计划向市场转型，劳动力和资金等生产要素都实现了城乡自由流动。然而，城乡行政管理体制改革滞后，至今仍存在显著的城乡差异，城乡居民在群众自治组织、社会保障体系、公共产品供给、市政设施建设、户籍以及土地所有等方面实行不同的制度。这些制度对城镇企业和农村企业产生不同的作用，从而企业表现出不同的经营行为，对周边社区也产生不一样的影响。总而言之，农村企业具有独特的性质，它不等同于中小企业和民营企业，具有单独研究的价值。也许有一天，中国取消了户籍制度，城乡实行统一的社会保障制度、提供均等化的公共产品服务、实施同等强度的环境执法水平，农村企业就真正失去了单独研究的价值。

二　农村工业的度量问题

　　改革开放初期，企业经济成分相对简单，通过企业的隶属关系可以判断企业所在城乡类型。如街道属或居委会属一般在城镇，而乡属和村委会属在乡村。然而，随着国有企业和乡镇企业改制，改制后企业不再隶属具体的行政部门，而是全部归为"其他"类。这样就很难判断企业所在的城

────────────

① 于立、于左等：《中国乡镇企业产权治理结构研究》，经济管理出版社 2003 年版，第267 页。

乡地域类型。比如，2000 年乡属和村委会属规模以上企业分别约有 2.5 万家和 1.9 万家，2004 年合计约为 1 万家，县属和省市属规模以上企业也有不同程度的减少。与此同时，"其他"类企业数量猛增，2004 年接近 20 万家，比 2000 年增长了 8.1 倍，占 2004 年规模以上企业数的 70.7%（见表 3 - 1）。也就是说，大部分规模以上企业难以判断城乡类型。

表 3 - 1　　　　　　　　　按隶属关系分规模以上工业企业数　　　　　　单位：家

隶属关系	2000 年	2001 年	2002 年	2003 年	2004 年	2000—2004 年增长率（%）
中央属	4139	3570	3817	3514	4561	10.20
省（自治区、直辖市）属	10257	9387	9192	8573	9527	-7.12
市、地区属	22069	20102	18856	17643	16958	-23.16
县属	43735	36309	34121	30893	26194	-40.11
街道属	3087	3578	3703	4046	3275	6.09
镇属	13836	15864	16514	18894	10609	-23.32
乡属	24853	15880	14159	12132	3245	-86.94
居委会属	587	605	683	742	727	23.85
村委会属	18763	14396	14223	13384	6795	-63.79
其他	21557	49337	66288	86401	197208	814.82
合计	162883	169028	181556	196222	279099	71.35

资料来源：中国工业企业数据库。

除规模以上企业数据外，农村工业的另一个数据来源是农业部统计的乡镇企业。这套数据的优点是口径一致，有历史可比性。缺点是口径偏大，统计口径是所有乡镇，而且与城镇工业不在同一统计框架下，统计口径可能有重叠部分。

从农村工业是农村地域的工业企业总和的定义来看，首先要确定农村地域，其次再核算农村地域的企业。本章主要任务就是确定农村地域。

第二节　中国城乡划分历史沿革

在快速工业化和城镇化的驱动下，农村地域本身是一个动态变化的概念。党国英认为，中国目前界定城乡的标准比较含混，给相关政策的制定及政策操作带来不少问题，确定城乡概念的现实意义重大①。改革开放后，中国长三角、珠三角和一些大城市郊区等出现了一批"似城非城、似乡非乡"的村落，村庄土地用途、人口与产业结构基本已经非农化，与改革开放前以农业为主的田园风光大相径庭，原先同质化的村庄日益千差万别。费孝通先生对江苏农村的考察发现，"从南京沿新通车不久的沪宁高速公路去苏州，一路上看到沿路两旁装着阳台。阳台上摆满花卉的二三层的'洋楼'一幢接一幢绵延几里。可以说，这一带的农民在小城镇的发展中已经进入到现代化的城市化生活状态中"②。但是，中国许多非农化的村庄在行政区划上依然被当作农村，在行政管理、环境保护和财政支持方面"享受农村待遇"。

经济学、地理学和社会学分别从人口、产业、景观地貌和生活方式等角度界定城乡特征。归纳起来，城镇的本质特征是非农人口、产业集聚和具备公共设施③。然而，城镇的学术含义往往与政策部门在实际工作中的城乡划分不一致。新中国成立后到改革开放前，中国曾经用市镇建制来界定城乡，城镇的含义是指市和镇的辖区，乡村的含义是指县和乡的辖区。改革开放后，随着"整县设市"和"整乡设镇"的模式逐渐代替过去的"切块设市"和"切块设镇"模式，市镇辖区包括了过多的乡村地域，按市镇划分城乡越来越失去其实际意义，城乡行政区划与城乡实体相互脱节④。

本节首先梳理了中国城乡行政区划界定的演变，比较了各涉农机关对城乡划分的规定，提出一套根据行政区划代码来划分城乡的新方法。最后，根据这套方法，采用第二次全国经济普查企业数据对中国村庄进行分类。

一　中国城乡行政区划的演变

新中国成立初期至改革开放早期，城乡划分比较简单。根据 1955 年《国务院关于设置市、镇建制的决定》（以下简称《决定》）、1963 年《中共中央、国务院关于调整市镇建制、缩小城市郊区的指示》（以下简称

---

① 党国英：《城乡界定及其政策含义》，《学术月刊》2015 年第 6 期。
② 费孝通：《我看到的中国农村工业化和城市化道路》，《浙江社会科学》1998 年第 4 期。
③ 李玉红：《城市化的逻辑起点及中国存在半城镇化的原因》，《城市问题》2017 年第 2 期。
④ 周一星：《城市地理学》，商务印书馆 2012 年版，第 50 页。

《指示》），以及《中华人民共和国宪法》（以下简称《宪法》）（1982）和《地方各级人民代表大会和地方各级人民委员会组织法》（1982），中国属于城镇体系的行政区划有市（较大的市可以设区）和镇（包括县城所在地）。

然而，随着改革深入，中国市镇建制发生了较大变化。首先来看镇。《决定》和《指示》分别规定了聚居人口超过 2000 人和 3000 人的非县级政府所在地可以建镇。1984 年，中国调整了建镇标准，《国务院批转民政部关于调整建镇标准的报告的通知》规定的设镇条件如下：

一、凡县级地方国家机关所在地，均应设置镇的建制。

二、总人口在二万以下的乡，乡政府驻地非农业人口超过二千的，可以建镇；总人口在二万以上的乡，乡政府驻地非农业人口占全乡人口 10% 以上的，也可以建镇。

三、少数民族地区、人口稀少的边远地区、山区和小型工矿区、小港口、风景旅游、边境口岸等地，非农业人口虽不足二千，如确有必要，也可设置镇的建制。

四、凡具备建镇条件的乡，撤乡建镇后，实行镇管村的体制；暂时不具备设镇条件的集镇，应在乡人民政府中配备专人加以管理。

该通知与《决定》和《指示》显著不同的地方在于第二条和第四条，即镇的设立在地域上不再局限某一非农经济中心，而是包括整个行政区域，所谓的整乡改镇。这样，原来乡政府所辖的村都由镇政府来管理，形成了当前镇管村的局面，从而造成镇一级的行政区域包含大量的农村成分。

从市的设立标准来看，《决定》和《指示》都把聚居人口超过 10 万人作为建立市建制的主要条件。1986 年，中国调整了设市标准。《国务院批转民政部关于调整设市标准和市领导县条件报告的通知》规定如下：

一、非农业人口（含县属企事业单位聘用的农民合同工、长年临时工，经工商行政管理部门批准登记的有固定经营场所的镇、街、村和农民集资或独资兴办的第二、三产业从业人员，城镇中等以上学校招收的农村学生，以及驻镇部队等单位的人员，下同）六万以上，年国民生产总值二亿元以上，已成为该地经济中心的镇，可以设置市的建制。少数民族地区和边远地区的重要城镇，重要工矿科研基地，著名风景名胜区，交通枢纽，边境口岸，虽然非农业人口不足六万、年国民生产总值不足二亿元，如确有必要，也可设置市的建制。

二、总人口五十万以下的县，县人民政府驻地所在镇的非农业人口十万以上、常住人口中农业人口不超过40%、年国民生产总值三亿元以上，可以设市撤县。设市撤县后，原由县管辖的乡、镇由市管辖。

总人口五十万以上的县，县人民政府驻地所在镇的非农业人口一般在十二万以上、年国民生产总值四亿元以上，可以设市撤县。

自治州人民政府或地区（盟）行政公署驻地所在镇，非农业人口虽然不足十万、年国民生产总值不足三亿元，如确有必要，也可以设市撤县。

三、市区非农业人口二十五万以上、年国民生产总值十亿元以上的中等城市（即设区的市），已成为该地区政治、经济和科学、文化中心，并对周围各县有较强的辐射力和吸引力，可实行市领导县的体制。一个市领导多少县，要从实际出发，主要应根据城乡之间的经济联系状况，以及城市经济实力大小决定。

该通知第一条降低了《决定》和《指示》的设市人口门槛，从10万聚居人口降低到6万。第二条提出了整县改市标准，按照1963年的标准，如果镇人口超过10万，就将镇升为市，这是所谓的"切块设市"。根据新标准，镇所在的整个县改为市，原属于县的乡、镇由市管辖。这与以前的城乡划分不同，市不再完全是城镇成分。第三条提出了中等城市的市管县，这是对计划经济时期只有大城市才可以领导县这一规定的突破，从而出现了大量的市管县。在此通知颁布之前，中国一般不允许市管县，只有直辖市和较大的市可以领导郊区县，以供应城市所需蔬菜和副食。如1958年全国有28个市管辖了118个县，平均每市管辖4.21个县（高岩、浦善新，1986）[①]。后来随着县改市、县改区的进行，同时出现了市管市（地级市管县级市）、区管乡、镇的情况。市（区）这一行政区划也包括大面积

---

① 高岩、浦善新主编：《中华人民共和国行政区划手册》，光明日报出版社1986年版，第9—19页。

的农村地区和大量的农村人口。

如图3-1所示，总体来看，中国计划时期形成的城乡划分体系与行政区划有紧密的关系，市、镇和区等行政区划基本上代表了城镇体系。20世纪80年代中期开始调整了市镇设置标准之后，行政区划与城乡体系逐渐脱轨，原有的市、镇和区等行政区划包含了不同程度的乡村成分，如市管县、区管乡、镇管村。仅根据市镇行政区划已经难以辨别出城乡性质。

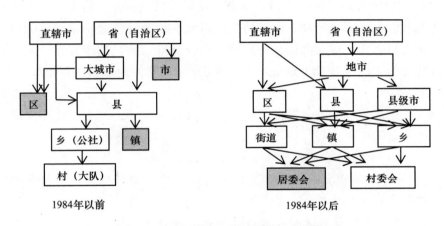

图3-1 中国行政区划的城乡划分示意图

注：1. 图中省略了自治州（盟）和自治县。自治县的情况类似于县，自治州（盟）分为县、自治县和市。

2. 阴影部分代表城镇体系。如果本级行政区划为城镇，就不再进行细分。

3. 村委会和居委会是基层群众自治组织，街道是市（区）政府派出机构，虽然不是一级行政区划，但实际上有类似行政区划的性质。

资料来源：笔者自制。

二 国家机关的城乡口径

1. 住建部。1984年以前，原有的市镇行政区划与城镇实体地域基本一致。由于整县改市、整乡改镇，市镇行政区划开始包含大量乡村成分，行政区划与实体地域相偏离[1]。住房和城乡建设部公布的城镇资料曾经有两个统计口径，一是包括乡村成分的市域口径，二是城镇建成区（built-up area）口径，即城市行政区域内实际已成片开发建设、市政公用设施和公

---

① 周一星、史育龙：《建立中国城市的实体地域概念》，《地理学报》1995年第4期。

共设施基本具备的地区，以与传统的城镇概念保持可比。目前，是否属于城镇建成区是政府划分城乡地理空间、从而确定城乡基础设施及公共服务供给等财政投资来源的主要依据。

2. 公安部。公安部采用户籍作为划分居民身份的手段，按户籍将人口分为"非农业"和"农业"。虽然户籍有利于总量人口统计，但是在城乡人口大流动的现实背景下，户籍人口难以达到充分反映城乡现状的效果。

3. 国家统计局。由于人口户籍难以反映人口城乡流动情况，出于人口普查的目的，国家统计局有专门的文件对城乡划分标准做出说明，如以往的六次人口普查，每次都调整新的城乡划分标准，而且趋于复杂。第六次人口普查的文件《统计上划分城乡的规定》（2008）对城镇的规定如下：

第五条　城区是指在市辖区和不设区的市中，经本规定划定的区域。城区包括：

（一）街道办事处所辖的居民委员会地域；

（二）城市公共设施、居住设施等连接到的其他居民委员会地域和村民委员会地域。

第六条　镇区是指在城区以外的镇和其他区域中，经本规定划定的区域。镇区包括：

（一）镇所辖的居民委员会地域；

（二）镇的公共设施、居住设施等连接到的村民委员会地域；

（三）常住人口在 3000 人以上独立的工矿区、开发区、科研单位、大专院校、农场、林场等特殊区域。

国家统计局标准比较接近住建部的建成区标准，由于包括与建成区相毗邻的城镇郊区，因而相比建成区标准，国家统计局统计口径偏大。在实际工作中，国家统计局的城乡划分方法仅作为统计方法而具有参考意义，并不作为城乡政策制定与指导实际工作的依据。

4. 农业农村部。农业农村部对乡村地理空间的统计口径较大，包括所有的乡镇、所有的村民委员会和涉农居民委员会。根据 2016 年第三次全国农业普查规定，普查对象包括农业经营户、居住在农村有确权（承包）土地或拥有农业生产资料的户、农业经营单位、村民委员会和乡镇人民政府。这是一个相当大的范围，不仅包括所有的村委会，而且即使村庄已经改成居委会，只要土地保持集体所有，依然被纳入农业普查范围。

从全国农业普查资料中，可以看出中国农村、农业和农民三者在地理空间上的分离。如 2016 年第三次农业普查显示，中国有 55.63 万个村民委员会和 4.02 万个涉农居民委员会，涉农居委会占 7%，这可以看作是农村建制城镇化的主要成果。农户为 2.30 亿户，农业经营户为 2.07 亿户，也就是说有 10% 的农户已经不再经营农业但依然保留农业户口。普查统计的农业经营人员为 3.14 亿人①，实际上，农村还有 1.12 亿从事非农产业的本地农民工和 1.69 亿外出农民工②，农村非农产业劳动力占 47.2%。总之，中国"三农"中，人的非农化程度最高，而农业户口和行政建制的非农化则远为滞后。

在各种统计口径中，农业农村部统计口径最大，2006 年农业普查得到的农户登记人数约 8.9 亿人（见表 3-2），比公安部统计的农业户口人数多 1600 万人。一个原因是农业普查对象是所有乡镇，还有一个原因是包括了涉农居委会。国家统计局采用的常住人口统计口径最小，因为国家统计局把"常住人口在 3000 人以上独立的工矿区、开发区、科研单位、大专院校、农场、林场等特殊区域"都统计为城镇。2016 年农村常住人口仅有 7.3 亿人，比农业户口人数少 1.4 亿人。

表 3-2　　　　　　　各统计口径的中国农村人口数量比较

年份	公安部	国家统计局	农业普查		
	农业户口（万人）	农村常住人口（万人）	行政村（居委会）人口（万人）	农户登记人口数（万人）	常住人口数（万人）
1978	81029	79014	—	—	—
1996	90407	85085	90522	87377	—
2006	87244	73160	81994	88879	74576
2016	—	58973	—	85335	—

注："—"表示数据缺失。

资料来源：《中国统计年鉴》，《中国人口和就业统计年鉴》（1997），（2007）；《中国第一次农业普查资料汇编》《中国第二次全国农业普查资料汇编》《中国第三次全国农业普查综合资料》。

---

① 国家统计局：《第三次全国农业普查主要数据公报》，http://www.stats.gov.cn/tjsj/tjgb/nypcgb/qgnypcgb/201712/t20171215_1563599.html。

② 国家统计局：《2016 年农民工监测调查报告》，http://www.stats.gov.cn/tjsj/zxfb/201704/t20170428_1489334.html。

第三节　农村地域的识别方法

村委会是群众基层组织。村委会是实行农村行政管理的标志。根据《宪法》，村民委员会是农村居民基层组织，居民委员会是城市居民基层组织。村委会属于农村行政管理体制，财政来源以自筹为主，土地为集体所有制，农民为农业户口。居委会实行的是城市管理体制，财政来源主要是政府拨款，土地一般属国有，居民委员会所辖人口以非农业户口为主。总之，以居委会和村委会为标准的简易划分体系将有利于在统计数据上反映城乡经济和社会发展的真实情况①。

在第一次全国经济普查中，中国第一次编制并使用 12 位行政区划代码（李皎，2007）②，一直使用至今。企业填写详细地址，统计部门负责填写企业的行政区划代码，因此代码可靠性很高。

在经济普查和以后的中国工业企业数据库中，每个企业都带有一个行政区划代码。该代码的 12 位数字分别表示企业所在位置的省、地、县、乡（镇/街道）、村（居委会），共 5 级行政区划。其中，前 6 位表示企业所在地所属的省、地和县级行政区划，接下来的 3 位表示街道、镇、乡和工矿区等（简称乡码），最后 3 位表示居民委员会、村民委员会和类似居委会或村委会（简称村码）。因此，12 位行政区划代码能够确认企业所在的村级单位。

　　县以下行政区划代码共有 12 位数字，分为三段。代码的第一段为 6 位数字，表示县及县以上的行政区划；第二段为 3 位数字，表示街道、镇和乡；第三段为 3 位数字，表示居民委员会和村民委员会。其具体格式为：

　　□□□□□□　　　　　　□□□　　　　　　　□□□
　　第一段　　　　　　　　第二段　　　　　　　第三段
　　第一段的 6 位代码统一使用《中华人民共和国行政区划代码》

---

① 黄中、钱亚畅等：《城乡划分标准的变迁》，《中国统计》2004 年第 2 期；张立：《城镇化新形势下的城乡（人口）划分标准探讨》，《城市规划学刊》2011 年第 2 期。

② 李皎：《对农村固定资产投资和新城乡划分代码情况的思考》，《中国统计》2007 年第 10 期。

（GB2260）国家标准。第1—2位表示省级行政区划，第3—4位表示地级行政区划，第5—6位表示县级行政区划。

第二段的3位代码按照国家标准GB10114–88《县以下行政区划代码编码规则》编制。其中的第一位数字为类别标识，以"0"表示街道，"1"表示镇，"2和3"表示乡，"4和5"表示政企合一的单位；其中的第二、三位数字为该代码段中各行政区划的顺序号。具体划分如下：

001—099表示街道的代码，应在本地区的范围内由小到大顺序编写；

100—199表示镇的代码，应在本地区的范围内由小到大顺序编写；

200—399表示乡的代码，应在本地区的范围内由小到大顺序编写；

400—599表示政企合一单位的代码，应在本地区的范围内由小到大顺序编写。

第三段的3位代码为居民委员会和村民委员会的代码，用3位顺序码表示，具体编码方法如下：

居民委员会的代码从001—199由小到大顺序编写；

村民委员会的代码从200—399由小到大顺序编写；

类似居民委员会代码从400—499由小到大顺序编写；

类似村民委员会代码从500—599由小到大顺序编写。

如110119203214表示北京市延庆区珍珠泉乡桃条沟村委会。①

本书主要以村委会和居委会作为划分城乡的主要标准，同时还要考察乡级行政，如果村委会在街道辖内，一般来说该村庄位于城镇郊区或城中村；如果村委会在镇或乡辖内，则该村庄属于农村。这一做法与国家统计局划分城乡的规定基本一致。

村委会并不一定代表乡村地区，比如城郊一般划为城镇。因此，必须同时考察乡级行政和村级行政单位类型。乡码和村码的组合，形成16种

---

① 国家统计局《关于统计上对全国行政区划代码编制、使用和管理的暂行规定》（国统办字〔1999〕105号）。

类型，见表3-3。对应于统计局的统计口径，城镇包括城区、城区郊区、城区开发区、镇区、镇区开发区；农村包括镇辖村委会、乡辖村委会、乡中心区、农村开发区。

表3-3   乡级区划和村级单位组合

村级单位 乡级单位	居委会	村委会	民政部门未确认的园区、工矿区、农场等类似居委会单位	民政部门未确认的园区、工矿区、农场等类似村委会单位
街道	城区	城区郊区	城区开发区	城区开发区
镇	镇区	镇辖村	镇区开发区	镇区开发区
乡	乡中心区	乡辖村	农村开发区	农村开发区
民政部门未确认的园区、工矿区、农场等类似乡级单位	城区开发区	农村开发区	城区开发区	农村开发区

实际上，1984年后中国很多乡进行了整乡改镇。计划经济时期，镇的数量较少，1962年有4219个，此时镇属于"城市"范畴，镇有一个相对集中的镇区。1984年实施整乡改镇后，镇的数量猛增，1986年突破1万个，2000年超过了2万个。这些新成立的建制镇，并不像原有的镇有一个集中的镇区或居委会，镇政府所在地是村委会而非居委会。因此表3-3中的"镇辖村"可能包括了一部分属于镇政府所在地的村庄，从而高估镇辖村范围，低估镇区的范围。考虑到这些镇政府所在村庄依然采取村委会行政管理，因而当作农村地域。

另外，开发区并不是一类行政区划，很多城市的开发区并没有在行政区划中体现出来，而是跟现有的行政区划合为一体。因此，这种方法可能低估开发区的工业规模。开发区的城乡属性将在第四章单独讨论，简单来说，开发区所在地为居委会则列为城镇开发区，所在地为村委会则列为农村开发区，因而，这种方法不会影响企业所在城乡地域属性的划分。

第四节　城乡行政区划动态变化对
农村地域的影响

一　城乡自治组织的变化

城乡作为一种地域划分，此消彼长。2000 年以后，中国城镇化速度加快，农村地域有缩小趋势而城镇地域逐渐扩张。2004 年①到 2018 年，中国居委会数量增加了 3 万个，增长了 38.5%，而村委会数量减少了 10.2 万个，减少了 15.8%（见表 3 - 4）。

表 3 - 4　　中国基层自治组织数量与城镇建成区面积

年份	城乡自治组织数量（万个）		城镇建成区面积（万公顷）			
	居委会数量	村委会数量	城市	县城	建制镇	城镇合计
2000	10.8	73.2	224.39	131.35	181.98	537.72
2001	9.2	70.0	240.27	104.27	197.15	541.69
2002	8.6	68.1	259.73	104.96	203.24	567.93
2003	7.7	66.3	283.08	111.15	—	—
2004	7.8	64.4	304.06	117.74	223.60	645.40
2005	8.0	62.9	325.21	123.83	236.90	685.94
2006	8.0	62.4	336.60	132.29	312.00	780.89
2007	8.2	61.3	354.70	142.60	284.30	781.60
2008	8.3	60.4	362.95	147.76	301.60	812.31
2009	8.5	59.9	381.07	155.58	313.10	849.75
2010	8.7	59.5	400.58	165.85	317.90	884.33
2011	9.0	59.0	436.03	173.76	338.60	948.39
2012	9.1	58.8	455.66	187.40	371.40	1014.46
2013	9.5	58.9	478.55	195.03	369.00	1042.58
2014	9.7	58.5	497.73	201.11	379.46	1078.29
2015	10.0	58.1	521.02	200.43	390.80	1112.25

---

①　2000 年 11 月，中共中央办公厅和国务院办公厅联合下发《关于转发〈民政部关于在全国推进城市社区建设的意见〉的通知》指出社区"管辖范围过小"，所以 2001 年开始城市居民社区合并，数量减少，规模扩大，社会功能增加。2004 年的增加则是由于村委会改居委会引起。

续表

年份	城乡自治组织数量（万个）		城镇建成区面积（万公顷）			
	居委会数量	村委会数量	城市	县城	建制镇	城镇合计
2016	10.3	55.9	543.31	194.67	397.00	1135.31
2017	10.6	55.4	562.25	198.54	392.60	1153.39
2018	10.8	54.2	584.56			

注："一"表示无统计，空白处表示数据尚未公布。

资料来源：《中国社会统计年鉴》（2017），《2015年社会服务发展统计公报》，《中国城乡建设统计年鉴》（2018），《2018年中国民政事业统计公报》。

二　城乡地域面积的变化

如图 3 - 2 所示，2017 年，城镇建成区面积约为 1153 万公顷，比 2000 年增长了 114.5%。其中，城市建成区面积增长最快，比 2000 年增长了 150.6%，城市建成区几乎每年都新增约 20 万公顷。建制镇建成区面积增幅为 115.7%。由于县改区或县改市，县城建成区增幅最小，仅有 51.2%。

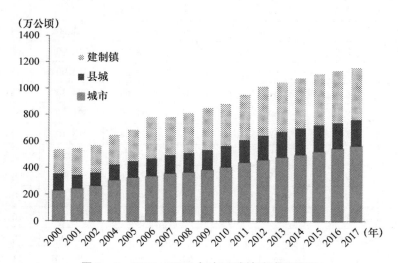

图 3 - 2　2000—2017 年中国城镇建成区面积

资料来源：《中国城乡建设统计年鉴》（2018）。

由于城镇地域面积的增加，导致农村地域相对缩小。对于农村工业来说，农村地域面积的减少对农村工业规模有两方面的缩减功能，一方面，假设农村地域工业企业平均分布，那么，农村地域面积的缩减意味着农村工业规模同比例的减少；另一方面，实际上能转化成为城镇地域的村庄本身非农经济尤其是工业经济发达，因而，农村地域的缩减意味着已有农村工业更大比例的减少。2000—2017 年，城镇建成区面积增加了 1 倍多，也就是说，即使城镇原有工业不发生变动，仅仅因为城镇地域面积的增加，城镇工业规模也会增加。

第四章　中国开发区类型与
城乡属性判断

　　开发区依托区位优势、资源优势或市场优势而建立，是由制造业和服务业组成的企业分工明确、协作配套紧密、集群竞争优势明显、功能布局优化的专业化产业集聚区①。一般认为，世界上最早的开发区是 20 世纪 60 年代建立的丹麦卡伦堡工业共生体系，以物质在企业之间的紧密联系和资源的高效利用为特征。

　　改革开放以来，中国从计划经济向市场经济转型采取了增量改革的办法。开发区是增量改革的一部分。如果说乡镇工业是农村集体经济自发生长的"草根经济"，那么，开发区则是各级政府大力投入和精心培育的结果。1984 年，中国设立了第一个国家级经济技术开发区。此后，开发区建设蓬勃兴起，成为地方政府发展本地经济的重要抓手。

　　政府主导的开发区经济突破了工业集中在城市的局限，而各级地方政府在各自的行政区划内设立的开发区、工业集中区等，使得开发区成为一种新的、广泛采用的企业空间组织形式。

　　中国开发区实行两级审批制，即国务院审批国家级开发区，省级政府审批省级开发区，报国务院备案，省级以下各级政府不得审批设立各类开发区。两级审批制实际上将开发区设立的权力集中在国务院和省级政府。但实际上，中国开发区形形色色，工业集中区的构成形式较为复杂。如县域既有县一级政府管辖的工业园，周边还存在着集体性质的农村工业，还有省市级开发区，或是由于资源禀赋优势所吸引的大型国企所形成的重工业集群②。

---

　　①　耿海清：《我国开发区建设存在的问题及对策》，《地域研究与开发》2013 年第 1 期。
　　②　张沛、段瀚、蔡春杰、杨甜：《县域工业集中区产城融合发展路径及规划策略研究——以陕西蒲城工业集中区为例》，《现代城市研究》2016 年第 8 期。

以江苏省泰州市为例，经过 20 年的发展，2016 年泰州市共形成大小工业园区 36 个，分别是 2 个国家级经济开发、6 个省级经济开发区、9 个市级科技创业园和 21 个县区级工业园区。泰州全市大部分镇有 2 个以上工业集中区①。在珠三角地区，通常由村集体以集体土地为条件招商②，因此村级工业集聚区较多。

要对中国工业企业进行城乡划分，必须判断开发区的城乡属性。作为新的企业空间组织形式，开发区独立于原有的城镇和乡村之外，很难对其城乡属性进行笼统的判断。本章介绍了中国各种级别的开发区和工业集聚区，并对其城乡属性进行分析。

第一节　省级及以上开发区

一　省级及以上开发区概况

省级及以上开发区是国务院和省级政府批准设立的各类开发区。2006 年，中国有 222 家国家级开发区和 1346 个省级开发区。省级开发区总计规划面积为 7629 平方千米，占省级及以上开发区总面积的 76.7%。全国共有 2860 个县级行政区划，大约 42% 都有省级开发区。全国 333 个地级行政区划中 298 个有省级开发区，占 89.5%，这说明绝大部分地级行政区划都至少拥有一个省级开发区，体现出省级开发区的设立以地级行政区划为单位的平衡原则和空间布局特点③。

1984 年以来，国家级开发区设立出现两轮高潮。如图 4－1 所示，第一轮出现在 1992 年前后，1991—1993 年共设立国家级开发区 112 个，占全部国家级开发区的一半，第二轮出现在 2000 年以后，共设立 83 个开发区，占全国的 37.4%。国家级开发区的设立时间是中国宏观经济形势的晴雨表。省级开发区的设立状况与此类似，不同的是，省级开发区设立的波动性更大，如 2006 年省级开发区设立了 662 个④，占全部省级开发区的一

① 高伟玮：《泰州市工业园区发展现状分析及对策建议》，《现代商贸工业》2018 年第 13 期。
② 贺雪峰：《浙江农村与珠三角农村的比较——以浙江宁海与广东东莞作为对象》，《云南大学学报》（社会科学版）2017 年第 6 期。
③ 李国武：《中国省级开发区的区位分布、增长历程及产业定位研究》，《城市发展研究》2009 年第 5 期。
④ 同上。

半，体现出地方政府与中央政府在政策和对策之间的博弈。

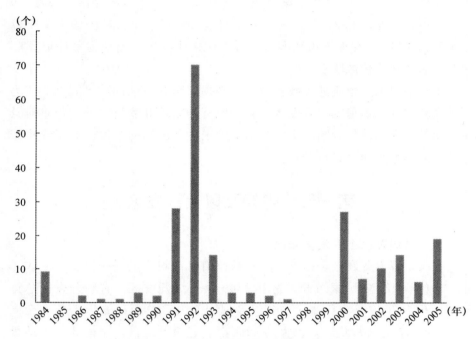

图4-1　按设立时间分国家级开发区成立数
资料来源：《中国开发区审核公告目录》（2006年）。

2008年中国开始启动省级开发区升级国家级开发区的政策，所以，2010年以后，国家级开发区数量猛增，尤其是2010年、2013年最为迅速，仅2013年就新设立了210个国家级开发区[①]。

国家产业园区成为中国重要的经济增长极、创新集聚地、管理示范区和开放先导区。2018年版《中国开发区审核公告目录》（以下简称《目录》）包括552个国家级开发区和1991个省级开发区。与2006年版《目录》相比，2018年版《目录》增加了975个开发区，其中，2006年版《目录》内的1511个，新增1032个。在国家级开发区中，国家级经开区219个，高新区156个，保税区108个，出口加工区27个，边境经济开发

---

① 丁悦、杨振山、蔡建明、王兰英：《国家级经济技术开发区经济规模时空演化及机制》，《地域研究与开发》2016年第1期。

区 19 个，其他国家级开发区 23 个①。552 个国家级开发区核准面积 5544
平方千米。

分区域看，东部地区有 964 个开发区，比 2006 年版增加 216 个；中部
地区有 625 个开发区，比 2006 年版增加 224 个；西部地区有 714 个开发
区，比 2006 年版增加 425 个；东北地区有 240 个开发区，比 2006 年版增
加 110 个。中西部和东北地区开发区设立数量明显增多，显示出国家对中
部崛起和东北振兴的战略倾斜。

表 4 – 1 　　　　　　　　　　中国省级及以上开发区概况

审核年份	国家级 开发区数 （个）	其中：		合计审核面积 （平方千米）	省级开发 区数 （个）	审核面积 （平方千米）
		经开区 （个）	高新区 （个）			
2006	222	49	53	2318	1346	7629
2018	552	219	156	5544	1991	12652
增长幅度（%）	148.65	346.94	194.34	139.17	47.92	65.84

资料来源：《中国开发区审核公告目录》（2006），（2018）。

截至 2016 年，国家级经开区和高新区的 GDP 为 17 万亿元，约占全国
的 1/4，税收为 2.9 亿元，约占全国的 1/5，出口创汇达 9080.9 亿美元，
占全国的近 2/5。②。

二 省级及以上开发区存在的问题

国家级和省级开发区是中国开发区中的"国家队"和"省队"，但是
也存在一些问题。例如，为了经济增长数量而忽视了发展质量，突出经济
建设而忽视了社会和环保等方面的建设。

国家级开发区是开发区的"样板"。然而，即使是国家级开发区，
土地集约利用方面也存在浪费情况。根据自然资源部对国家级开发区土
地集约利用情况的评价，2018 年中国国家级开发区土地利用程度普遍较
高，但土地利用强度较低，土地利用效率有待提高。参评的国家级开发

---

① 任浩等：《园区不惑——中国产业园区改革开放 40 年进程》，上海人民出版社 2018 年版，
第 23 页。

② 同上书，第 33 页。

区中，土地供应率和土地建成率均超过 90% 的开发区占 57.12%，土地供应率超过 90% 的开发区占 74.04%，土地建成率超过 90% 的开发区为 71.73%。同时，综合容积率达到 1.0 的开发区仅有 32.12%，建筑密度达到 30% 的开发区为 56.92%。国家级开发区内已建成城镇建设用地综合利用强度和平面利用状况尚不能满足资源集约利用要求，需进一步挖掘用地潜力[①]。

国家级开发尚且存在土地浪费情况，省级开发区浪费情况更为严重。除此之外，开发区规划面积往往超过国家批准的土地面积，如 1992 年国家科委在批准设立潍坊国家高新技术产业开发区时，核准面积仅为 8.6 平方千米，在 2006 年、2018 年国土资源部公布的开发区名单中，潍坊国家高新技术产业开发区的四至范围也没有变化。然而，《潍坊高新技术产业开发区总体规划》中，其规划面积已经扩大到了 116 平方千米。其中 51.07 平方千米面积超出了潍坊市区的规划范围，占用耕地达 32.93 平方千米，与当地土地利用规划存在明显冲突[②]。这样的案例比比皆是。江苏洪泽经济开发区成立于 2006 年，批准面积为 2.5 平方千米，前期规划面积共 15 平方千米，已全部到位；远期规划面积 50 平方千米[③]，远远超过其审批面积。

为了吸引外资，国家曾给予地方政府较大的自主权，允许开发区在项目审批、税收、融资、土地使用等方面享有一定的优惠政策。然而，在以 GDP 为导向的绩效考核机制下，一些地方领导把开发区建设作为"政绩工程"和"形象工程"，甚至把招商引资额作为政府官员的考核指标。此外，现行财税体制是分税制下的中央和地方分成，一些省、市规定，在地方分成收入中，谁引来资金，谁享受税收，这就鼓励了各级政府纷纷设立开发区。于是各地竞相压价，不断突破国家土地、税收及其他相关政策法规，有的甚至无偿提供土地，进行恶性竞争。在这一背景下，各地政府普遍为开发区设立了较高的发展目标，并征用了大量土地。一旦规划定位脱离当地的社会、经济状况，就会出现开发现状与规划目标明显偏离的现象。其

---

①　自然资源部：《关于 2018 年度国家级开发区土地集约利用评价情况的通报》，http：// www.gov.cn/xinwen/2019－01/21/content_5359606.htm。

②　耿海清：《我国开发区建设存在的问题及对策》，《地域研究与开发》2013 年第 1 期。

③　孙洪慧：《洪泽乡镇工业集中区发展存在的问题与对策探讨》，硕士学位论文，江西财经大学，2017 年。

结果必然是开发区数量过多过滥，土地利用效率低下，资源浪费严重，不仅难以实现国家赋予开发区的政策目标，而且可能成为诱发社会矛盾和环境风险的导火索①。

国务院或省级人民政府对开发区的最初核准面积一般不超过 10 平方千米，并且明确规定了四至范围和发展定位；但是，随着入园企业数量的增加和基础设施的完善，周边房地产开发普遍会升温，其间地方政府往往会将一些周边的村、镇、街道划归开发区管理，或者形成"一区多园"，于是开发区的实际管辖范围不断扩展。有的建设内容与开发区当初的规划定位明显不同，但从实际情况来看，在开发区大规模扩大用地后，常常仍以原国务院或省级政府批复的名字来开展工作②。

王成新等（2014）评估了山东省 164 家省级以上开发区土地集约利用效率后发现，73.2% 的开发区属于中度集约和低度集约类，高度集约类的开发区仅占 6.1%。这也说明山东的工业化仍然处于粗放发展阶段。③

总体来看，作为"国家队"和"省队"的国家级和省级开发区是中国开发区的形象和实力代表。然而，由于数量太多，地方政府比较容易获得土地，导致开发区开发面积过大，土地集约利用程度还有较大的提升空间。

第二节　省级以下开发区

省级以下开发区指的是省级以下政府擅自批准设立的各类开发区。根据中国开发区两级审批规定，省级以下政府批准设立的开发区都违反了两级审批制度。省级以下开发区从未有过正式统计，但是根据国土资源部对全国开发区的整治情况来看，省级及以上开发区与省级以下开发区的比例大体为 3：7。

20 世纪 90 年代以来，中国兴起了设立开发区的热潮。不但有国务院和省级政府设立的开发区，而且地级政府和县级政府也都设立了大量开发区。2003 年，国土资源部决定根据修订后的《土地管理法》，对开发区进

① 耿海清：《我国开发区建设存在的问题及对策》，《地域研究与开发》2013 年第 1 期。

② 同上。

③ 王成新、刘洪颜、史佳璐、刘凯：《山东省省级以上开发区土地集约利用评价研究》，《中国人口·资源与环境》2014 年第 6 期。

行清理。国家发改委等 4 部委联合发布《关于清理整顿现有各类开发区的具体标准和政策界限的通知》（发改外资〔2003〕2343 号），依据开发区由国务院和省级政府两级审批的规定，以及国家土地管理法律法规、土地利用总体规划、城镇体系规划和城市总体规划，对各类开发区进行整改，坚决纠正违规擅自设立开发区、盲目扩大开发区规模的现象，切实解决开发区过多过滥、违规用地等突出问题，促进开发区规范、协调发展。清理整顿的具体标准和政策界限具体如下：①

（一）国家级开发区和国务院所属部门批准设立的开发区

对现有国家级开发区未经国务院批准擅自扩建的部分，凡不符合土地管理法律法规、土地利用总体规划、城镇体系规划和城市总体规划的，要一律予以核减，依法收回所占用的土地；符合土地管理法律法规、土地利用总体规划、城镇体系规划和城市总体规划，且原批准规划面积已充分利用，确有扩建需要的，要按照规定上报国务院审批，未获批准的，一律予以核减。

对国务院所属部门未经国务院同意擅自批准设立的各类开发区，一律摘牌，由相应省级政府按省级以下开发区的整改要求，统一组织进行整改。

（二）省级开发区和省级政府所属部门批准设立的开发区

对现有省级开发区，凡布局不合理、功能重复、占用土地过多的，要进行整合，该缩小范围的要缩小范围；长期得不到开发、项目资金不落实的，要坚决予以撤销，依法收回所占用的土地。

对省级开发区未经省级政府批准擅自进行扩建的部分，凡不符合土地管理法律法规、土地利用总体规划、城镇体系规划和城市总体规划的，要一律予以核减，依法收回所占用的土地；符合土地管理法律法规、土地利用总体规划、城镇体系规划和城市总体规划，且原批准规划面积已充分利用，确有扩建需要的，要按照规定程序上报省级政府审批，未获批准的，一律予以核减。

对省级政府所属部门未经省级政府同意擅自批准设立的各类开发

---

① 住建部：《关于清理整顿现有各类开发区的具体标准和政策界限的通知》（发改外资〔2003〕2343 号），http：//www.mohurd.gov.cn/wjfb/200611/t20061101_153334.html。

区，一律摘牌，由省级政府按省级以下开发区的整改要求，统一组织进行整改。

（三）省级以下开发区

省级以下开发区由省级政府按照"撤销、核减、整合"的要求统一进行整改。

对县级及以下政府批准设立的各类开发区，一律撤销。开发区现有项目用地纳入城镇规划统一管理；不能纳入城镇规划的，要坚决收回所占用的土地。

对地级政府以及国务院和省级政府所属部门批准设立的各类开发区，凡不符合土地管理法律法规，不能纳入土地利用总体规划、城镇体系规划和城市总体规划的，以及虽然符合土地管理法律法规、土地利用总体规划、城镇体系规划和城市总体规划，但布局不合理、开发程度低、项目资金不落实的，一律予以撤销，坚决依法收回所占用的土地。

对地级政府以及国务院和省级政府所属部门批准设立的其余开发区，要按照减少数量、缩小规模、合并功能、调整布局的要求，提出整合方案。对整合后确需保留的开发区，待省级政府将清理整顿情况报国务院后，再按规定程序逐一审批，并报国务院备案。

拟保留的省级以下开发区，必须满足四个条件：第一，符合土地利用总体规划和城市总体规划；第二，开发区占用耕地必须依法履行"占一补一"的义务；第三，开发区建设征用农村集体土地必须依法、及时、足额支付征地补偿费；第四，开发区新增建设用地必须依法缴纳新增建设用地有偿使用费。凡没有达到上述四项要求的，一律不予审核通过。

清理整顿前，各地开发区建设热潮已经处于失控的状态，全国有各类开发区6866个，规划面积3.86万平方千米。实际上，2003年中国城市建成区面积仅有2.8万平方千米，而开发区面积比城市建成区面积还要多出37.9%。经过集中清理整顿，到2004年6月，开发区数量压缩到2053个，规模压缩至1.37万平方千米；通过规划审核，到2005年8月，开发区数量核减至2037个，用地规模压缩到1.17万平方千米；通过设立审核，到2006年11月，开发区数量继续核减至1568个，用地规模压缩至1.02万平方千米；通过落实四至范围，到 2006 年 12 月底，开发区规划面积又进一步压缩至 9949 平方千米①。

然而，从整顿措施的后续效果来看，很多省级以下开发区已经"生米做成熟饭"，成为"既定事实"。在土地管理整顿之后，以各种名义而继续存在。如浙江省某县级市工业园，在这轮土地清理整顿中被浙江省政府下文撤销。但该县级市政府在省政府下令撤销前，已将工业园改名，从而可以让其继续存在②。

第三节　乡镇企业园区

在省级以下开发区中，有一类是乡镇企业园区。1996 年农业部出台《关于引导乡镇企业适当集中连片发展和加快乡镇企业小区建设的若干意见》，1997 年，中共中央和国务院转发了农业部《关于我国乡镇企业情况和今后改革与发展意见的报告》，该报告指出要积极引导乡镇企业集中连片发展。

> 发展乡镇企业要十分注意从原来的分散布局向相对集中、连片开发转变，与工业小区和小城镇建设互为依托，互相促进，共同发展，以节约土地，减少公共设施投入，保护和建设环境，提高聚集效应，带动第三产业的发展，增加就业容量。各地区要统筹规划，制定相应的鼓励政策，加强基础设施建设，引导乡镇企业与工业小区和小城镇建设有机结合起来，促进经济和社会的协调发展。

在"企业向园区集中"的政策取向下，各地乡镇设立了乡镇企业园区。一些地方政府采取了多种积极措施，促进新增投资或新办的乡镇企业集中到乡镇办的工业园区。农业部开展乡镇企业示范区命名，并且响应国家建设高科技园区的形势，促进乡镇企业大力发展高新技术产业，建成一批乡镇企业科技园区。

---

① 中国政府网：《发展改革委有关负责人就开发区清理整顿答记者问》，http：//www.gov. cn/gzdt/2007－04/30/content_ 602724. htm。

② 邓燕华：《中国农村的环保抗争：以华镇事件为例》，中国社会科学出版社 2016 年版，第 3 页。

一　乡镇企业园区概况

20世纪末，乡镇政府兴起了举办乡镇企业园区的热潮。由表4-2可见，2002年，全国共有8699个乡镇企业园区，远远超过省级及以上开发区数量。2004年，在全国清理整顿开发区的背景下，乡镇企业园区数减少到5466个。但是，整顿后乡镇企业园区数呈现增长趋势，2013年已经增加到12692家，比2002年增多了近4000家，平均每三个乡镇就有1个乡镇企业园区。乡镇企业园区内有211.50万家企业，从业人员为4895.65万人，约占乡镇企业总就业量的29.4%；乡镇企业园区企业总产值达20.5万亿元，占全部乡镇企业总产值的30.8%。总体来看，乡镇企业园区经济体量占乡镇企业总量的30%左右。

表4-2　　　　　2002—2013年中国乡镇企业园区数及经济指标

年份	乡镇企业园区数（个）	企业数（万个）	乡镇企业园区年末从业人员（万人）	乡镇数（个）	乡镇企业园区所占乡镇比例（%）
2002	8699	107.44	1630.87	39240	22.17
2003	8015	94.40	1929.92	38290	20.93
2004	5466	90.23	1566.68	37426	14.60
2005	29575	136.80	1992.87	35473	83.37
2006	5661	83.92	2017.55	34675	16.33
2007	7760	67.95	2280.08	34369	22.58
2008	7879	67.55	2558.32	34301	22.97
2009	9712	77.50	2387.10	34170	28.42
2010	9854	110.80	2777.90	33981	29.00
2011	10335	121.32	2910.75	33270	31.06
2012	11107	129.79	4361.99	33162	33.49
2013	12692	211.50	4895.65	32929	38.54

资料来源：《中国乡镇企业年鉴》（2002—2005），《中国乡镇企业及农产品加工业年鉴》（2006—2011），《中国农产品加工业年鉴》（2012—2013）。

二　各地区乡镇企业园区发展情况

各地区乡镇企业园区发展并不均衡。2013年，浙江和江苏乡镇企业园区数分别达到2622个和1369个，分别占全国数量的20%和10%以上，浙江乡镇企业园区从业人员超过了 2000 万人，占全国的 41.0%。福建和山东乡镇企业园区数量较多，但是从业人数较少，如山东乡镇企业园区有 1204 家，但从业人员只有 51 万人，每个园区只有 400 人，在全国处于较低水平。

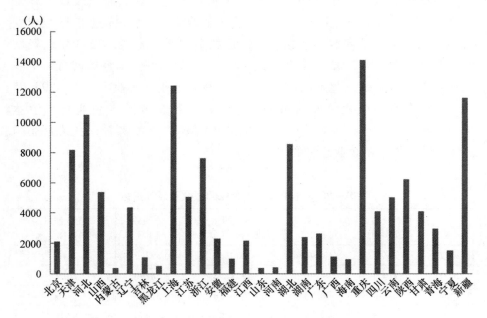

图 4 - 2　2013 年各地乡镇企业园区平均从业人数

资料来源：《中国农产品加工业年鉴》（2013）。

2003—2013 年，浙江、内蒙古、福建、四川等地乡镇企业园区数增长了 2 倍以上，内蒙古增长了 4 倍以上，但是内蒙古乡镇企业园区的从业人数仅增长 41.3%，显然内蒙古乡镇企业园区对劳动力吸引程度较弱；而浙江乡镇企业园区数同样增加了 4 倍以上，但是劳动力同时增长了 10 倍，乡镇企业园区表现出较强的劳动力密集型模式（见表 4 - 3）。

表 4 - 3　　　　2003 年与 2013 年各地乡镇企业园区数和从业人数

	园区数（个）			从业人数（万人）		
	2003 年	2013 年	增幅（%）	2003 年	2013 年	增幅（%）
北京	111	91	-18.0	19.40	19.77	1.9
天津	97	107	10.30	11.30	87.67	675.8

续表

	园区数（个）			从业人数（万人）		
	2003 年	2013 年	增幅（％）	2003 年	2013 年	增幅（％）
河北	637	347	−45.5	144.40	365.70	153.3
山西	129	81	−37.2	29.60	44	48.6
内蒙古	157	811	416.6	22.30	31.50	41.3
辽宁	332	368	10.8	73.70	162.40	120.4
吉林	101	121	19.8	30.40	13.60	−55.3
黑龙江	277	294	6.1	20.30	15.70	−22.7
上海	128	104	−18.8	86.40	129.30	49.7
江苏	932	1369	46.9	251.70	703.70	179.6
浙江	488	2622	437.3	181.70	2008.10	1005.2
安徽	397	402	1.3	50	95.50	91.0
福建	450	1438	219.6	82.50	147.20	78.4
江西	184	250	35.9	31.40	55.60	77.1
山东	880	1204	36.8	298.80	51.10	−82.9
河南	687	785	14.3	91.40	33.50	−63.3
湖北	211	244	15.6	39.20	209	433.2
湖南	223	404	81.2	64.70	99.30	53.5
广东	875	452	−48.3	199.50	121	−39.3
广西	80	227	183.8	15.60	26.70	71.2
海南	7	12	71.4	0.25	1.20	380.0
重庆	74	20	−73.0	24.10	28.20	17.0
四川	153	466	204.6	51.40	191.90	273.3
贵州	61	—	—	5.80	—	—
云南	99	77	−22.2	25.60	38.98	52.3
西藏	6	—	—	0.05	—	—
陕西	146	196	34.2	61.40	122.60	99.7
甘肃	162	135	−16.7	51.40	55.70	8.4
青海	15	10	−33.3	5.60	2.97	−47.0
宁夏	19	30	57.9	3.60	4.70	30.6
新疆	43	25	−41.9	7.10	28.96	307.9
合计	8015	12692	58.4	1929.92	4895.65	153.7

注："—"表示数据缺失。合计数不等于各地区加总数。

资料来源：《中国乡镇企业年鉴》（2003），《中国农产品加工业年鉴》（2014）。

三 乡镇企业园区的占地规模

2013 年，中国有 32929 个乡镇，平均每 3 个乡镇就有 1 个乡镇企业园区。分地区来看，浙江、江苏、福建、山东和内蒙古平均每个乡镇都有不止 1 个乡镇企业园区。浙江最多，每个乡镇都有 2.9 个乡镇企业园区，江苏和福建有 1.6 个。中西部大部分省份的乡镇企业园区都比较少，每 10 个乡镇才有 1—2 个乡镇企业园区。

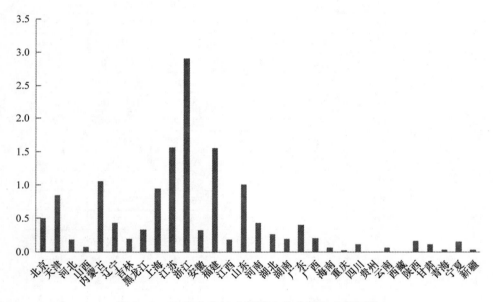

图 4 - 3　2013 年各地乡镇辖内的乡镇企业园区数
资料来源：《中国农产品加工业年鉴》（2014）。

乡镇企业园区由于地处农村，土地相对丰富，农用地转建设用地后存在土地使用浪费、效率不高的情况。以土地稀缺、劳动力相对密集的长三角为例，根据南京市规定，乡镇企业园区的启动规模不少于 2 平方千米①。上海 55 个乡镇工业园区占地面积为 325 平方千米，平均每个乡镇工业园

---

①　中共南京市委、南京市人民政府：《关于进一步加快重点乡镇企业园区建设的意见》（宁委发〔2002〕13 号），转引自《南京年鉴》（2003），南京年鉴编辑部出版，第 160 页。

区有 6 平方千米①。中西部土地相对较丰富，乡镇企业园区占地面积要多于东部地区。

保守估计，按照上海市 6 平方千米的规模来算，全国 1.27 万个乡镇企业园区的面积约为 7 万平方千米，按照南京市 2 平方千米的最小启动规模，乡镇企业园区占地面积最小约为 2.5 万平方千米。

第四节　工业集聚区城乡属性的判断

对于以工业生产为主的开发区、工业园区、产业集聚区等工业集聚区，从城镇化是非农人口和产业集聚过程的角度②讲，开发区和各类工业园区属于"城镇"。然而，中国工业集聚区的城镇化效应存在较大差异。从省级及以上开发区来看，一方面，大城市或县城附近的国家级和省级开发区，有的已经与城镇连为一体，建立了城镇建制。但另一方面，相当一部分工业集聚区与城区和县城距离较远，成为"工业孤岛"③。开发区生活配套不足和城市综合功能发展滞后，普遍存在"产城分离"现象④。

从省级以下工业集聚区来看，其城市配套设施和公共服务更加薄弱，城镇化效应更低。中国有大量乡镇工业园区，基本上都是在村庄中。除县城周边乡镇工业集中区发展较快外，普遍存在着发展规模偏小、发展进度缓慢等特点⑤。江苏省泰州市每个乡镇都有 2 个工业园区，分布零散，主要集中在工业基础好的村里，有的远离集镇，有的只有几家企业，沿路而建，沿河而建，一字排开，块状成片较少，呈点、线状分布较多，村村点火、处处冒烟的特征明显⑥。浙江省某县级市政府在 2000 年提出"三区十园"，这些"园"就坐落在各个镇、村。如其中一个工业园区就位于某镇

---

① 杨畅：《乡镇工业园区土地资源二次开发的实证研究——以上海 55 家乡镇工业园区为例》，《上海经济研究》2015 年第 1 期。

② 李玉红：《城市化的逻辑起点及中国存在半城镇化的原因》，《城市问题》2017 年第 2 期。

③ 孔翔、顾子恒：《中国开发区"产城分离"的机理研究》，《城市发展研究》2017 年第 3 期。

④ 周伟林、周雨潇、柯淑强：《基于开发区形成、发展、转型内在逻辑的综述》，《城市发展研究》2017 年第 1 期。

⑤ 朱爱娟：《关于加快欠发达地区乡镇工业集中区发展的思考》，《中国集体经济》2016 年第 3 期。

⑥ 高伟玮：《泰州市工业园区发展现状分析及对策建议》，《现代商贸工业》2018 年第 13 期。

的三个村庄①。在浙江地区，农村工业脱胎于农民家庭式作坊，不断做强做大，而在珠三角，由村集体以集体土地为条件招商为主②。在江苏，乡镇政府主导开发区居多。2000—2004 年苏南开发区普遍进入大扩张时期，各市、各镇的开发区常连成一片，而基本农田和村庄散落其中。③

　　还有一类工业集聚区是围绕国有大企业而建。最近 20 年，大量国有企业从城区搬离，这些企业往往搬迁到远郊区农村。地方政府为了吸引企业前来筑巢，会在当地划出一片远大于原有厂房面积的土地供国有企业使用，加上周边配套企业发展，往往会形成一片工业集聚区。

　　然而，所有这些工业集聚区都往往仅具有经济功能，而不是一级行政区划，或者即使以行政区划方式托管的开发区，也以经济开发为主。

　　对于开发区和工业集中区这些模糊地带，本书采用建制意义上的城乡划分标准，即已经成为城镇建制的工业集聚区视为城镇地域，而那些尚未发展为城镇建制的工业集聚区视为农村。

---

① 邓燕华：《中国农村的环保抗争：以华镇事件为例》，中国社会科学出版社 2016 年版，第 3 页。

② 贺雪峰：《浙江农村与珠三角农村的比较——以浙江宁海与广东东莞作为对象》，《云南大学学报》（社会科学版）2017 年第 6 期。

③ 阎川：《开发区蔓延反思及控制》，中国建筑工业出版社 2008 年版，第 117—120 页。

第五章 中国农村工业规模和比重估算

本章采用第一次、第二次全国经济普查企业数据和 2013 年规模以上工业企业数据来估算改制后时期中国城乡工业规模。在此基础上，利用了农业部对乡镇企业的统计和国家统计局对城镇单位从业人员的统计进行对比。为了进行纵向对比，利用第二次、第三次工业普查资料作为参考比较。

第一节 利用经济普查资料的估算

一 第二次、第三次全国工业普查

1985 年和 1995 年，中国第二次、第三次工业普查对乡镇企业进行了统计。1995 年，农村工业从业人员达到了 7305.03 万人，占全国的 49.57%，从业人员比 1985 年增加了近一倍。剔除个体工商户后，企业单位从业人员为 4576.41 万人，占全国的 37.64%，比重与 1985 年基本持平（见表 5-1）。可见，这一时期农村工业增速较快，但企业规模偏小，个体户从业人数较多。

表 5-1 第二次、第三次工业普查工业从业人数的城乡分布

年份	全部工业（万人）	其中：城镇工业（万人）	农村工业（万人）	农村工业所占比重（%）
工业法人单位与个体户				
1985	9395.54	5607.33	3788.21	40.32
1995	14735.51	7773.94	7305.03	49.57
增长率（%）	56.84	38.64	92.84	—

续表

年份	全部工业（万人）	其中：城镇工业（万人）	农村工业（万人）	农村工业所占比重（％）
工业法人单位				
1985	8563.71	5469.85	3093.86	36.13
1995	12159.11	7582.70	4576.41	37.64
增长率（％）	41.98	38.63	47.92	—

注：1. 农村工业包括了乡办、村办、农村合营、农村个体。1985 年普查对象是乡及乡以上独立核算工业企业，对不独立的核算企业、村办工业、农村合作经营工业和城乡个体工业等 480 多万个单位则利用有关部门资料进行间接计算。2. "—"表示无计算。

资料来源：国务院全国工业普查领导小组办公室编：《中华人民共和国 1985 年工业普查资料》（第三册全部工业企业），中国统计出版社 1987 年版。第三次全国工业普查办公室编：《1995 年第三次全国工业普查资料汇编》（综合行业卷），中国统计出版社 1997 年版。

二　第一次、第二次全国经济普查

2004 年和 2008 年中国分别开展了第一次、第二次全国经济普查。根据这两次普查（见表 5 - 2），工业从业人员分别为 9548.24 万人和 11833.16 万人。通过采用第三章介绍的识别农村地域的方法，2004 年和 2008 年农村地域的工业企业从业人数为 4401.89 万人和 5387.08 万人，分别占全国的 46.1％和 45.5％，比重相对稳定。这一时期农村工业增速略低于城镇工业，这可能与同期较快的城镇化速度有关，城镇地域面积不断扩大，因而城镇工业统计口径在增大。

2008 年，城区工业企业从业人数为 3179.76 万人，虽然比 2004 年增长了 11.9％，但是城区工业企业在全部工业企业中的比重下降了 2.9 个百分点。与之相反，城镇开发区和城区郊区工业企业增长较快，二者合计占 14.3％，比 2004 年增加了 2.9 个百分点。

2004 年，中国镇区的工业企业从业人数为 1214.84 万人，镇辖村和乡辖村的从业人数分别为 3669.79 万人和 577.65 万人，企业分布在镇区和村庄的比例为 29：71；2008 年，企业分布在镇区的从业人数为 1576.98 万人，镇区与村庄比例为 31：69。镇区和村庄 3：7 的工业格局基本沿袭了 20 世纪八九十年代的情况，并未发生较大的变化。镇辖村成为中国农村工业分布的地域主体。

表5-2 2004年和2008年工业企业从业人数城乡分布

指标	2004年			2008年		
	工业企业数（个）	工业企业从业人数（万人）	从业人数比重（％）	工业企业数（个）	工业企业从业人数（万人）	从业人数比重（％）
全国	1375552	9548.24	100.0	1979031	11833.16	100.0
城区	242162	2841.95	29.8	363037	3179.76	26.9
城区郊区	129275	754.95	7.9	200976	995.53	8.4
镇区	149592	1214.84	12.7	232051	1576.98	13.3
城镇开发区	24276	334.61	3.5	58142	693.82	5.9
城镇合计	545305	5146.35	53.9	854206	6446.09	54.5
镇辖村	674990	3669.79	38.4	916283	4463.9	37.7
乡辖村	136363	577.65	6.0	175279	680.61	5.8
乡中心区	3615	24.06	0.3	6675	34.82	0.3
农村开发区	15279	130.39	1.4	26588	207.75	1.8
乡村合计	830247	4401.89	46.1	1124825	5387.08	45.5

资料来源：第一次、第二次全国经济普查企业数据库。

2004年，我国镇区的工业企业从业人数1214.84万，镇辖村和乡辖村的从业人数分别为3669.79万和577.65万，企业分布在镇区和村庄的比率为29∶71；2008年，企业分布在镇区的从业人数1576.98万，镇区与村庄比率为31∶69。

相比乡镇企业改制前，1995—2004年，中国工业企业从业人数减少了2600万人，即使到2008年，全部工业企业从业人数依然没有达到1995年的水平，比1995年少2.7％。然而，农村工业发展状况较好，2004年农村工业从业人数略低于1995年，但2008年就已经超过1995年，比1995年高17.3％。与农村工业从业人数相比，城镇工业从业人数下降幅度较大，2008年依然比1995年减少14.7％。可见，1995—2008年，由于城镇工业从业人数为负增长，中国工业部门从业人数的增长主要来自农村工业的贡献。

三 第三次、第四次全国经济普查

2013年和2018年，中国分别进行了全国第三次、第四次经济普查。

根据普查（如图 5 - 1 所示），全国工业企业从业人数分别为 13957 万人和 11536 万人。2013 年工业企业从业人员不仅超过 2008 年，而且比 1995 年多 14.8%。2018 年工业企业从业人员有所回落。

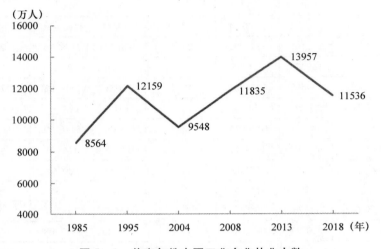

图 5 - 1　普查年份中国工业企业从业人数

资料来源：国务院全国工业普查领导小组办公室编：《中华人民共和国 1985 年工业普查资料》（第三册全部工业企业），中国统计出版社 1987 年版；第三次全国工业普查办公室编：《1995 年第三次全国工业普查资料汇编》（综合行业卷），中国统计出版社 1997 年版；国家统计局网站：《中国经济普查年鉴》（2004）、（2008）、（2013）；第四次全国经济普查主要数据公报。

由于没有获得企业数据，无法估算这两次经济普查的农村工业和城镇工业状况。

四　个体经营户

经济普查除了统计企业法人单位外，还对个体经营户进行了统计。由于 2004 年以后普查报告的是有证照的个体户，导致与之前普查年份资料不可比。从 2004 年同时有个体户与有证照个体户数字来看，有证照个体户人数略高于 50%。

2004 年以后，从事工业的有证照个体户人数为 1000 万人左右。2013 年企业法人单位从业人数最高，但是个体户人数偏少，仅有 951.8 万人（见表 5 - 3）。

表 5 - 3　　　　　　　　普查年份个体经营户从业人数

年份	有证照个体户人数（万人）（1）	个体户人数（万人）（2）	企业法人单位从业人数（万人）（3）	法人单位与个体户总人数（万人）（4）＝（1）＋（3）
1985	—	831.8	8563.7	—
1995	—	2576.4	12159.1	—
2004[1]	1351.3	2565.8	9548.2	10899.5
2008	1402.7	—	11835.4	13238.1
2013	951.8	—	13956.8	14908.6
2018[2]	1660.8	—	11536.2	13197.0

注：1. 2004 年有证照个体户人数根据 2008 年报告的增长率计算得到。

2. 2018 年没有说明是有证照的个体经营户。这里根据往年惯例当作有证照个体户。

3. "—"表示数据缺失。

资料来源：国家统计局网站：《中国经济普查年鉴》（2004）、（2008）、（2013），《第二次全国经济普查主要数据公报》《第四次全国经济普查主要数据公报》。

第二节　利用年度资料的估算

一　全部工业口径

国家统计局人口和就业统计司根据《劳动统计报表制度》在《中国统计年鉴》公布了城镇单位工业从业数（A），这个指标包括城镇国有、集体和其他单位，不包括私营工业企业从业人数，因此还需找到私营工业企业从业人数。与这个指标最接近的是《中国统计年鉴》公布的城镇私营企业和个体户制造业从业人数（B）。私营工业企业从业人数与指标 B 的差别在于，指标 B 多了个体户制造业人数（b_1）而缺少从事采矿业和电、气、水生产和供应业的私营企业从业数（b_2）。那么，城镇工业从业数就是 $A + B - b_1 + b_2$。

目前还没有 b_1 和 b_2 的公开统计。城镇从事采矿业和电气水生产和供应业的私营企业比较少。城镇可能存在一些从事制造业的个体户，如制衣，但数量不会很多。因而 b_1 和 b_2 可以忽略不计。因此，将 B 作为城镇私营工业就业量，用二者之和（A + B）作为城镇工业就业量[①]，也就是企

---

① 李玉红：《中国乡村半城市化地区的识别与估算》，《城市与环境研究》2015 年第 3 期。

业单位加上个体户的工业从业人数。

如图 5-2 所示，城镇单位工业从业人数在 20 世纪 90 年代中期之前保持增长趋势，并且在 20 世纪 90 年代中期达到历史高峰。1998 年之后受国有企业大面积改制影响，城镇单位工业从业人数一度下降较快，2003 年起从业人数扭转趋势开始上升，2011 年基本恢复到 20 世纪 90 年代中期的水平，到 2013 年城镇单位工业就业量达到 6300 万人。2013 年后，城镇单位工业就业量开始减少，2018 年降到了约 5000 万人。与城镇单位工业从业人数波动较大的趋势不同，1995 年以来城镇从事工业的私营企业与个体户从业人数一直保持增长趋势，2018 年达到 3000 万人，是 1995 年的 8.6倍。2018 年，城镇工业从业人数为 8000 万人，其中，私营企业和个体户从业人数占 37.7%，私营企业和个体户从业人数的增加成为推高城镇工业从业人数的主导力量。

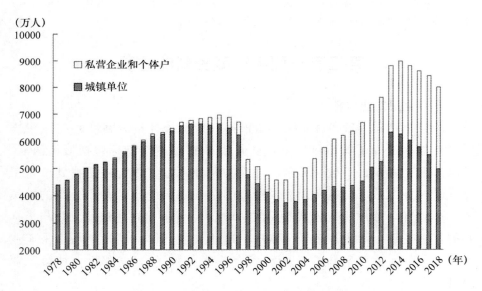

图 5-2　1978—2018 年城镇工业从业人数

资料来源：历年《中国统计年鉴》。

与城镇工业口径相对应的是《中国乡镇企业年鉴》及《中国乡镇企业和农产品加工业年鉴》公布农业部统计的乡镇工业从业人数。根据 2008年资料（见表 5-4），当年全部工业从业人数为 8972.1 万人，其中，工业企业单位从业人数为 6985 万人，可以推算从事工业个体户人数约为 2000 万人。自 2009 年起，乡镇企业统计不包括从事工业的个体工商户。假设 2008 年以后从事工业的个体户人数保持不变，那么 2009 年起农村工业从业人数为乡镇工业企业单位从业人数加 2000 万个体工商户。这一统计截至 2013 年。

表 5-4　　　　　　　　1978—2013 年乡镇工业从业人数

年份	乡镇企业工业从业人数（万人）（1）	乡镇工业企业单位从业人数（万人）（2）	城镇工业从业人数（万人）（3）	城乡工业全部从业人数（万人）（4）=（1）+（3）	农村工业所占比重（％）（5）=（1）/（4）
1978	1734.4		4357.0	6091.4	28.5
1979	1814.4		4542.0	6356.4	28.5
1980	1942.3		4771.5	6713.8	28.9
1981	1980.8		4994.0	6974.8	28.4
1982	2072.8		5131.0	7203.8	28.8
1983	2168.1		5229.0	7397.1	29.3
1984	3032.7		5381.0	8413.7	36.0
1985	4187.2		5608.4	9795.6	42.7
1986	4762.0		5841.0	10603.0	44.9
1987	5266.7		6045.3	11312.0	46.6
1988	5703.4		6248.3	11951.7	47.7
1989	5624.1		6312.5	11936.6	47.1
1990	5571.7		6469.3	12041.0	46.3
1991	5813.6		6679.0	12492.6	46.5
1992	6336.4		6750.6	13087.0	48.4
1993	7259.6		6808.1	14067.7	51.6
1994	6961.6		6853.8	13815.4	50.4
1995	7564.7		6959.2	14523.9	52.1
1996	7860.1		6861.4	14721.5	53.4
1997	7639.7		6677.4	14317.1	53.4
1998	7334.2		5329.8	12664.0	57.9

续表

年份	乡镇企业工业从业人数（万人）（1）	乡镇工业企业单位从业人数（万人）（2）	城镇工业从业人数（万人）（3）	城乡工业全部从业人数（万人）（4）=（1）+（3）	农村工业所占比重（%）（5）=（1）/（4）
1999	7395.3		5042.6	12437.9	59.5
2000	7466.7		4747.2	12213.9	61.1
2001	7615.1		4567.8	12182.9	62.5
2002	7667.6		4565.9	12233.5	62.7
2003	7856.3		3766.3	11622.6	67.6
2004	8160.5		5008.5	13169.0	62.0
2005	8452.1		5349.6	13801.7	61.2
2006	8502.7		5741.5	14244.2	59.7
2007	8764.1		6056.2	14820.3	59.1
2008	8972.1	6985.0	6182.2	15154.3	59.2
2009*	8932.7	6945.6	6337.8	15270.5	58.5
2010	9092.4	7105.3	6661.1	15753.5	57.7
2011	9151.3	7164.2	7326	16477.3	55.5
2012	9142.8	7155.7	7595.7	16738.5	54.6
2013	9121.4	7134.3	8783.1	17904.5	50.9

注：1. 2009 年起，乡镇企业工业从业人数（1）为乡镇工业企业单位从业人数（2）加上1987.1 万从事工业的个体户。2. 表格空白栏表示缺失。

资料来源：历年《中国统计年鉴》，《新中国成立 60 年农业统计资料》，《中国乡镇企业及农产品加工业年鉴》（2012），《中国农产品加工业年鉴》（2014）。

如图 5-3 所示，1978 年，农村工业从业人数为 1734.4 万人，占全国的 28.5%。1993 年，农村工业从业人数达到 7200 万人，超过了城镇工业从业人数。2003 年农村工业从业人数所占比重为 67.6%，达到历史最高。2013 年乡镇工业企业单位就业人数为 7134 万人，如果加上2000 万个体户，乡镇工业从业人员约 9100 万人，约占全国工业从业人数的 50.9%。

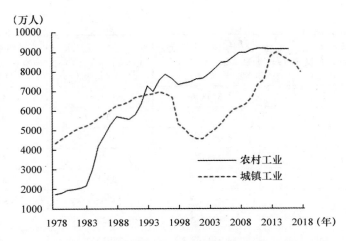

图 5 - 3 1978—2018 年中国城镇工业和农村工业从业人数

注：1. 城镇工业从业人员包括城镇单位、城镇私营与个体从业人员，2002 年之前，城镇单位从业人员的统计口径是城镇职工。1998 年及以后城镇单位从业人员不再包括离开本单位仍保留劳动关系的职工。2013 年城镇工业就业量变动较大，是因为将原属于乡镇企业的规模以上法人单位纳入劳动工资统计范围所导致。

2. 自 2009 年起，乡镇企业统计不包括个体工商户，根据 2008 年资料推算从事工业的个体工商户约为 2000 万人，故 2009 年起农村工业加上了 2000 万个体工商户。

资料来源：历年《中国统计年鉴》，《新中国农业 60 年统计资料》《中国乡镇企业及农产品加工业年鉴》（2012），《中国农产品加工业年鉴》（2014）。

二 规模以上工业企业

2002 年，《中国乡镇企业年鉴》开始报告乡镇规模以上工业企业资料，截至 2013 年。2002 年，乡镇规模以上工业企业从业人数约为 2000 万人，远低于城镇规模以上工业企业从业人数，仅占全国规模以上工业企业从业人数的 36.2%。然而，乡镇规模以上工业企业从业人数增长较快，2013 年已接近 5000 万人，占全国规模以上工业企业从业人数的 50.1%（见表 5 - 5）。

表 5 - 5 　　　　　　　　2002—2013 年规模以上工业企业城乡分布

年份	乡镇规模以上工业企业从业人数（万人）(1)	全国规模以上工业企业从业人数（万人）(2)	城镇规模以上工业企业从业人数（万人）(3) = (2) - (1)	乡镇规模以上工业企业所占比重（%）(4) = (1)/(2)
2002	1999.0	5520.7	3521.7	36.2

年份	乡镇规模以上工业企业从业人数（万人）(1)	全国规模以上工业企业从业人数（万人）(2)	城镇规模以上工业企业从业人数（万人）(3) = (2) - (1)	乡镇规模以上工业企业所占比重（%）(4) = (1)/(2)
2003	2410.5	5748.6	3338.1	41.9
2004	2607.4	6622.1	4014.7	39.4
2005	3254.3	6896.0	3641.7	47.2
2006	3748.1	7358.4	3610.3	50.9
2007	3937.2	7875.2	3938.0	50.0
2008	4094.0	8837.6	4743.6	46.3
2009	4307.1	8831.2	4524.1	48.8
2010	4628.6	9544.7	4916.1	48.5
2011	4352.3	9167.3	4815.0	47.5
2012	4559.8	9567.3	5007.5	47.7
2013	4906.5	9791.5	4885.0	50.1

资料来源：《中国统计年鉴》（2014），《中国乡镇企业及农产品加工业年鉴》（2002—2012），《中国农产品加工业年鉴》（2014）。

第三节　综合比较

一　农村工业规模和增速

通过不同口径得到的中国城镇和农村工业从业人数有所差异，见表5-6。对于农村工业来说，农业部采用的乡镇企业口径得到的乡镇工业从业人数最多，2013年为7000多万人，加上2000万个体户从业者达到9000万人。规模以上口径统计的农村工业从业人数最少，2013年接近5000万人。根据本书提出的城乡地域识别方法得到的普查口径数字居中，2008年有5400万人，比规模以上口径高出1300万人，比乡镇口径少1700万人。由于本书的方法将城郊作为城镇地域，所以可能低估农村工业，从而高估城镇工业。

总体来看，无论按照何种统计口径，农村工业从业人数都呈现较为稳定的增长趋势。众所周知，20世纪80—90年代农村工业增长较快，所以这里重点分析2004年以后的增速。按照农业部乡镇企业口径，2004—2008年乡镇工业企业从业人数年均增长2.4%，而农村规模以上工业企业

表5－6 农村工业从业人数估算汇总

年份	普查资料		乡镇企业口径		规模以上工业企业(5)	规模以上工业企业占普查比重（%）(6)＝(5)/(2)	普查占乡镇口径比重（%）(7)＝(2)/(4)
	有个体(1)	无个体(2)	有个体(3)	无个体(4)			
1985	3788.2	3093.9	4187.2				
1995	7305.0	4576.4	7564.7				
2004		4401.9	8160.5		2607.4	59.2	
2008		5387.1	8972.1	6985.0	4094.0	76.0	77.1
2013			9121.4	7134.3	4906.5		
年均增速（%）							
1985—1995	6.79	3.99	6.09				
1995—2004		-0.43	0.85				
2004—2008		5.18	2.40		11.94		
2008—2013			0.33	0.42	3.69		

注：空白栏表示缺失。

资料来源：根据本节表格汇总。

年均增长11.9%，按照本书方法估算的增速为5.2%，数值居中。可以判断，这段时期农村较大规模企业从业人数增长较快，而小微企业增速放缓。2008—2013年，农业部口径的乡镇工业企业从业人数增速放缓，年均增速均不足1个百分点，而农村规模以上工业企业从业人数年均增长3.7%，说明乡镇企业口径的小微企业扩张速度较小，而规模以上乡镇工业企业增长相对较快。

二 全国工业规模

从城镇工业从业人数来看，2008—2013年城镇口径的从业人数增速最快，年均达7.28%，但是同期城镇规模以上工业从业人数每年仅增长0.59%，说明城镇小微工业企业或个体户是城镇工业从业人数增长的主要推动力量，而规模较大企业从业人数增长较慢。

从全国情况来看（见表5－7），2004年以来工业从业人数持续增加，2013年达到1.4亿人的高峰，2018年有所回落，比2013年减少了2400万人，年均减少3.7%，而规模以上企业减少速度更快，达到4.1%。

表 5 - 7　　　　　　　　　中国工业从业人数估算汇总

年份	城镇工业从业人数（万人）			全国工业从业人数（万人）			
	普查资料	城镇口径	规模以上	普查资料		加总口径	规模以上
	无个体	有个体		有个体	无个体	有个体	
1985	5469.9	5608.4		9395.5	8563.7	9795.6	
1995	7582.7	6959.2		14735.5	12159.1	14523.9	
2004	5146.3	5008.5	4014.7	10899.5	9548.2	13169.0	6622.1
2008	6446.1	6182.2	4743.6	13238.1	11833.2	15154.3	8837.6
2013		8783.1	4885.0	14908.6	13956.8	17904.5	9791.5
2018		7969.8		13197.0	11536.2		7942.3
年均增速（%）							
1985—1995	3.32	2.18		4.60	3.57	4.02	
1995—2004	-4.22	-3.59		-3.29	-2.65	-1.08	
2004—2008	5.79	5.40	4.26	4.98	5.51	3.57	7.48
2008—2013		7.28	0.59	2.41	3.36	3.39	2.07
2013—2018		-1.92		-2.41	-3.74		-4.10

注：加总口径指乡镇企业口径加城镇口径，表格空白处表示数据缺失。

资料来源：根据本节表格汇总。

　　对比城乡工业从业人数变化趋势，可以发现城镇工业从业人数在 20 世纪 90 年代中期以后有显著的衰退，20 世纪初开始逆转，进入增长阶段。对比二者的力量，在不考虑个体工商户的情况下，城镇工业从业量略占优势，而如果计入个体工商户，农村工业从业量略占多数。

　　从总量比较来看，自 1993 年起，农村工业从业人数超过了城镇工业从业人数，并且自 1998 年起的十几年内比城镇工业从业人数高出 2000 多万人，"十五"期间甚至超过了 3000 万人，直到 2010 年以后二者差距缩小，逐步追平。

三　农村工业比重

　　综合各种统计口径计算的农村工业比重，可以发现，2000 年以后中国农村工业并没有衰败。相反，以农业部口径统计的乡镇工业比重超过了 50%，农村规模以上工业比重也从 2004 年的 40% 增加到 2013 年的 50%（见表 5 - 8）。根据本书提出的识别城乡地域方法，可以计算得到 2004—

2008 年农村工业从业人数比重为 46%，如果考虑到城郊工业从业人数占 8%，那么农村工业加上城郊工业达到 54%。总之，乡镇集体经济改制后农村地域工业整体并没有衰败，反而保持较为稳定的增长速度，而且规模以上企业趋于增加。

表 5 - 8　　　　　　　　　农村工业从业人数所占比重　　　　　　单位：%

年份	普查资料		乡镇口径	规模以上企业
	有个体	无个体	有个体	
1985	40. 32	36. 13	42. 75	
1995	49. 57	37. 64	52. 08	
2004		46. 10	61. 97	39. 37
2008		45. 53	59. 20	46. 32
2013			50. 94	50. 11

注：表格空白处表示数据缺失。

资料来源：根据本节表格汇总。

第六章　中国农村工业特征分析

本章前四节从工业城乡分布、所有制结构、区域结构和产业结构分析改制后时期农村工业的特征；第五节利用第一次、第二次经济普查企业数据，考察了企业所在行政区划的城乡属性的演变状况。

第一节　中国工业城乡分布特点

从 2008 年的数据来看，中国 197.9 万家工业企业所在地分属 31.1 万个基层自治组织，其中 6.5 万个居委会、24.6 万个村委会（包括城郊村）。2008 年全国居委会和村委会分别为 8.3 万个和 60.4 万个，也就是说，中国 78% 的居委会辖内有工业企业，41% 的行政村辖内有工业企业。

一　农村地区承载了工业企业数量的主体

从企业数来看，2004 年中国共有 137.6 万家工业企业，企业所在地为村委会的共有 95 万家，占工业企业总数的 69.4%，所在地为居委会的企业仅占 30%。其中，67.5 万家企业所在地区为镇辖村委会，占工业企业总数的 49.1%；位于乡辖村委会的企业有 13.6 万家，占工业企业总数的 10%；城区郊区企业 13 万家，占工业企业总数的 9.4%（见表 6-1）。

2008 年中国工业企业数增加到 197.9 万家，各城乡地域类型的企业数都有不同程度的增长，开发区类型企业数增长最快，导致城乡开发区工业企业比重达到 4.2%。131.3 万家企业所在地区为村委会，占工业企业总数的 66.3%；其中，位于镇辖村的企业有 91.6 万家，占工业企业总数的 46.3%；位于乡辖村的企业有 17.5 万家，占工业企业总数的 8.9%；城乡结合地带企业占比为 10.2%（见表 6-2）。

表 6 - 1　　　　按乡级单位和村级单位组合产生的城乡类型分的
工业企业分布（2004）

村级单位 乡级单位	居委会	村委会	类似居委 会单位	类似村委 会单位	全部企业数（家） 及比重（%）
街道	城区 242162 17.60	城区郊区 129275 9.40	城区开发区 1511 0.11	城区开发区 297 0.02	373245 27.13
镇	镇区 149592 10.88	镇辖村 674990 49.07	镇区开发区 2341 0.17	镇区开发区 752 0.05	827675 60.17
乡	乡中心区 3615 0.26	乡辖村 136363 9.91	农村开发区 119 0.01	农村开发区 168 0.01	140265 10.19
类似乡级单位	城区开发区 16692 1.21	农村开发区 13309 0.97	城区开发区 3435 0.25	农村开发区 931 0.07	34367 2.50
全部企业数（个） 及比重（%）	412061 29.95	953937 69.35	7406 0.54	2148 0.15	1375552 100

注：每个格子有两个数字，第一个是企业数，第二个是企业数占全部企业数的百分比，部分百分比按四舍五入计算。

资料来源：中国第一次全国经济普查企业数据。

表 6 - 2　　　　按乡级单位和村级单位组合产生的城乡类型分的
工业企业分布（2008）

村级单位 乡级单位	居委会	村委会	类似居委会 单位	类似村委会 单位	全部企业数（家） 及比重（%）
街道	城区 363037 18.34	城区郊区 200976 10.16	城区开发区 5940 0.3	城区开发区 1480 0.07	571433 28.87
镇	镇区 232051 11.73	镇辖村 916283 46.30	镇区开发区 5771 0.29	镇区开发区 2458 0.12	1156563 58.44
乡	乡中心区 6675 0.34	乡辖村 175279 8.86	农村开发区 455 0.02	农村开发区 253 0.01	182662 9.23

续表

乡级单位 \ 村级单位	居委会	村委会	类似居委会单位	类似村委会单位	全部企业数（家）及比重（%）
类似乡级单位	城区开发区 22125 1.12	农村开发区 20148 1.02	城区开发区 22826 1.15	农村开发区 3274 0.17	68373 3.46
全部企业数（家）及比重（%）	623888 31.53	1312686 66.34	34992 1.76	7465 0.37	1979031 100

注：每个格子有两个数字，第一个是企业数，第二个是企业数占全部企业数的百分比。

资料来源：中国第二次全国经济普查企业数据。

二 企业分布呈现出“分散”和“肥尾”特征

有工业企业的村庄或社区内，企业数和从业人数的平均值都远高于中位数，甚至高于75%分位点水平（见表6-3）。这说明制造业分布很不均匀，绝大多数社区或村落内企业数量少，规模较小；而极少数社区或村落内聚集了多个企业或就业岗位。

表6-3   有工业企业的村庄从业人数分布特征

年份	村庄数（个）	从业人数均值（人）	分位点（%）					
			25	50	75	90	95	99
2004	197908	222	20	53	158	464	881	2780
2008	226965	237	19	50	157	473	939	3214

资料来源：第一次、第二次全国经济普查企业数据。

乡村地区工业分布表现出“分散”和“肥尾”特征。首先，工业企业在乡村地区总体来说相当分散。中国乡村地区有工业企业的村庄为23万个（不包括城郊村），其中，镇辖村有16万个，乡辖村有6万个。平均每个村庄工业从业人员200人，其中，50%以上的村庄工业从业人员大约为50人，25%的村庄只有20人左右（见表6-4）。

其次，在总体分散的情况下，工业就业在村庄的分布表现出右偏的“肥尾”特征。极少数村庄集中了大量的从业人数，如95%分位点上，村庄的工业从业人数接近900人，而99%分位点上，村庄的工业从业人数达到了3000人左右。

相比 2004 年，2008 年工业企业集聚状况更加明显，90% 分位点村庄工业企业从业人数增加了 9 人，95% 分位点增加了 58 人，而 99% 分位点增加了 434 人（见表 6-3）。

表 6-4　　　　按城乡类型分有工业企业的居/村委会内企业数与从业人数分布特征（2008 年）

类别	有工业企业的居/村委会数（个）	居/村委会的企业数和从业人数均值	分位点（%）											
			25		50		75		90		95		99	
城区	38274	9	831	2	35	4	136	9	523	21	1589	34	3135	91	11942
城区郊区	19173	10	519	2	33	4	113	10	386	25	1199	41	2238	96	6106
镇区	24035	10	656	2	46	5	171	10	535	31	1390	33	2456	83	7676
城镇开发区	2599	22	2670	2	59	5	294	20	1723	59	6190	101	12394	240	39850
镇辖村	163173	6	274	1	20	2	57	5	184	12	569	21	1133	59	3673
乡辖村	59985	3	113	1	15	2	38	3	100	6	252	9	429	20	1158
乡中心区	1280	5	272	1	16	3	59	7	204	12	611	18	1135	45	3508
农区开发区	2785	10	746	1	25	2	80	7	355	22	1548	42	3407	116	10038

注：同一指标内第一列为企业数（家），第二列为从业人数均值（人）。

资料来源：第二次全国经济普查企业数据。

三　城区工业出现"去城市化"迹象

从工业企业城乡分布看，城区不再是工业的主要集聚空间。城区工业企业平均规模较大，平均每个有工业企业居委会辖内的从业人员为 831 人，仅次于城市开发区工业企业，比镇区和郊区工业企业的从业人数多，但是工业企业总数较少。仅就企业数而言，城市郊区工业企业数不仅相当于城区企业的 50% 以上，而且聚集密度比城区高，如平均数比城区多 1 家。工业的反城市化或者是郊区化，过去曾是发达国家工业城市出现的现象，即城区中心的企业将主要工业活动搬离到土地相对便宜的郊区。中国城市也出现了这种迹象。

镇区的工业企业分布与城区大体相同，但镇区的工业企业分布更加均匀，两极分化不明显，而城区工业企业的规模差异化更大，如 1/4 分位点上，从业人数比镇区少 11 人，而 99% 分位点上，从业人数比镇区多 4266 人。

四 开发区的工业企业规模经济和集聚现象明显

2008 年，中国有 2599 个居委会属于城镇开发区类型。城镇开发区工业企业最为密集，工业企业的平均规模最大；工业企业最多的前 10% 的社区内工业企业数在 59 家以上，从业人数超过 6000 人。农区开发区密集度次之，90% 分位点上的村委会辖内有 22 家工业企业，从业人数为 1548 人。不过，无论是属于城镇开发区还是属于农村开发区类型的社区/村庄数量都不多，经济总量有限。当然，有的开发区并没有按照开发区编码规则编制，因此开发区的工业企业总规模会被低估。总体而言，开发区工业企业的聚集程度明显高于平均水平。

第二节　农村工业所有制结构特征

农村集体企业步城镇国有企业后尘，呈现出先增长后衰落的趋势。在乡镇企业全面改制前，集体企业是乡镇工业部门的主要组成部分。农村集体企业就业量在 1995 年达到了顶峰，随后便呈现下降的趋势（如图 6 - 1 所示）。1996 年是一个关键年份，这一年农村集体企业和农村私营企业的

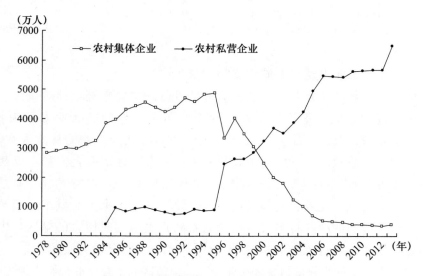

图 6 - 1　农村集体企业与私营企业就业量

注：本图数字口径为全部乡镇企业。

资料来源：《新中国农业 60 年统计资料》和《中国农业统计资料》。

力量此消彼长，农村集体企业就业量减少了 1534 万人，而与此同时，农村私营企业猛增了 1590 万人，二者就业量的对比从 1995 年的 5.6∶1 降低到了 1.4∶1。从 2000 年开始，农村私营企业就业量超过了集体企业，取代了农村集体企业成为农村企业就业的主导力量。到 2013 年，农村集体企业就业量为 391.2 万人，不足其就业高峰时期的 1/10，而农村私营企业达到 6475.4 万人，是农村集体企业的 17 倍。

从普查数据看（见表 6-5），1985 年农村村属和乡属工业企业的就业人数分别是 1134.7 万人和 1440.1 万人，合计 2574.8 万人，占农村工业企业（不含个体工商户）就业总量的 83.22%。1995 年，中国乡属和村属工业从业人员分别为 1565.9 万人和 2100.4 万人，合计 3666.3 万人，占农村工业企业就业总量的 80.11%。然而，到了 2004 年，农村两级集体工业企业的就业量已经减少到 538.62 万人，比重下降到 12.27%，2008 年数据显示，集体工业企业的就业量仅有 249.12 万人，不足 1985 年就业量的 1/10，仅占同期农村工业企业就业量的 4.61%。农村集体工业企业在解决农村劳动力就业方面的能力已经严重衰退，而与此同时，私营工业企业在农村就业结构中从无到有，逐渐成为主导力量。2008 年，农村私营工业企业就业量为 3169.28 万人，是集体工业企业就业量的 12.72 倍，占农村工业企业就业量的 59.03%。

表 6-5　　　　　　　　按隶属关系分普查年份农村工业企业就业量

	1985 年	1995 年	2004 年	2008 年
农村工业企业合计（万人）	3093.86	4576.41	4390.86	5368.51
集体工业企业（万人）	2574.80	3666.30	538.62	249.12
乡属企业（万人）	1440.10	1565.90	—	—
村属企业（万人）	1134.70	2100.40	—	—
农村私营工业企业（万人）	—	486.09	2148.37	3169.28
集体工业企业所占比重（%）	83.22	80.11	12.27	4.64
私营工业企业所占比重（%）	—	10.62	48.93	59.03

注：1. 集体企业统计范围包括企业登记注册类型中的集体企业（120）、股份合作企业（130）和集体联营企业（142）。2. "—"表示数据缺失。

资料来源：国务院全国工业普查领导小组办公室编：《中华人民共和国 1985 年工业普查资料》（第三册全部工业企业），中国统计出版社 1987 年版；第三次全国工业普查办公室编：《1995 年第三次全国工业普查资料汇编》（综合行业卷），中国统计出版社 1997 年版；全国经济普查企业数据。

2013 年中国工业企业实收资本金为 25.07 万亿元，比 2008 年增加了 1.04 倍，其中，规模以上工业企业实收资本为 16.43 万亿元，比 2008 年增长 57.8%（见表 6-6）。

2013 年，农村规模以上工业企业实收资本金 5.26 万亿元，占全国规模以上工业企业实收资本金的 32.0%。在农村规模以上工业企业实收资本金中，个人资本金最多，占 35.2%，其次为法人资本金，占 34.7%，国家资本金占 10.8%，港澳台和外资企业资本金占 16.3%，而集体资本金 1303.9 亿元，仅占农村工业的 2.5%（见表 6-6）。

表 6-6　　　　　　2013 年规模以上工业企业实收资本金城乡分布　　　　单位：亿元

城乡类型	实收资本	其中：					
		国家	集体	法人	个人	港澳台	外商资本
全部工业企业：							
2004 年	70572.3	17475.2	2849.2	20497.6	13729.6	6267.2	9753.5
2008 年	122620.0	23986.7	2594.1	37427.7	29276.0	10800.3	18522.3
2013 年	250674.1	—	—	—	—	—	—
规模以上工业企业：							
2004 年	58050.2	16946.9	1817.5	17558.0	7869.6	5186.7	8671.6
2008 年	104086.1	22859.3	1890.7	33851.1	18574.1	9619.3	17278.3
2013 年	164288.8	32079.0	3229.7	57928.0	36708.4	11949.1	21647.4
其中：							
城区	58566.9	19008.7	1102.8	20890.3	7403.0	3322.5	6473.4
城镇郊区	14112.2	1614.7	225.2	5427.4	3830.3	1186.1	1805.6
镇区	17883.3	2667.9	376.7	6134.9	4233.3	1568.1	2840.0
城镇开发区	21161.0	3132.1	221.2	7212.6	2729.5	1995.3	5858.2
城镇合计	111723.4	26423.4	1925.9	39665.2	18196.2	8072.0	16977.2
镇辖村	43212.4	4440.1	1068.8	14664.0	15749.7	3229.3	3813.4
乡辖村	5923.3	902.2	146.2	2490.9	1945.5	194.8	211.9
乡中心	473.2	83.0	14.1	211.1	111.1	44.7	8.9
农村开发区	2956.6	230.4	74.8	896.8	706.0	408.3	636.1
农村合计	52565.5	5655.7	1303.9	18262.8	18512.3	3877.1	4670.3

注：2013 年规模以上工业企业数据来自中国工业企业数据库，"—"表示数据缺失。

资料来源：国家统计局网站；《中国经济普查年鉴》（2004），（2008），（2013）；中国工业企业数据库（2013）。

可见，农村集体经济退出后，农村工业所有制成分趋于多元化，不仅有个人和法人，还有农村集体经济时期所缺乏的国家和外商投资，二者合计占全部资本金的 27.1%。与城镇工业企业不同，农村工业企业中个人资本金比例更高。可见农村工业中私营企业居于相对主导地位。集体经济企业改制导致农村企业与社区的关系发生了彻底变化。改制前，农村企业以农村集体经济自主性投资为主，改制后企业成为私营企业或有限责任公司。在招商引资模式下的工业集聚区，基本上是外来企业投资。外来企业与周边社区不再存在"支农"等经济联系，反而可能通过污染的外部性影响到周边社区。

总之，改制后乡村集体工业企业在农村经济中的主导地位已经不复存在。自 2000 年以来，农村工业最大的变化并不是农村工业的衰败，而是农村集体经济的陨落。与之相对照的是，私营和有限责任公司迅速壮大。国有、港澳台和外资企业的补充，使得农村工业变成一种以私营经济为主体的多元化所有制结构。

第三节　中国农村工业区域特征

一　农村工业区域格局变化

改革开放初期，中国农村非农经济发展有几个典型模式，如以集体经济闻名的苏南模式，以私营经济著称的温州模式，珠三角则发挥临近港澳台优势以"三来一补"模式扬名于世。实际上，山东、河北等地农村工业也有较快发展。1995 年，乡镇工业增加值为 1.08 万亿，其中，山东乡镇工业增加值为 1691 亿元，占全国乡镇工业增加值的 15.7%，而江苏、广东、河北等地分别位于其后，分别占全国乡镇工业增加值的 13.8%、8.7% 和 6.0%。从总产值来看，全国乡镇工业总产值为 5.1 万亿元，江苏、山东与浙江居全国前三位，江苏乡镇工业总产值为 8210 亿元，占全国乡镇工业总产值的 16.0%，山东与浙江分别占 13.8% 和 13.7%，广东占 7.4%。

乡镇企业改制后 20 年，各地区农村工业经济已处于不同的发展阶段。京津沪等大城市在城镇化推动下，农村地区逐渐转变为城镇；江苏、广东、浙江等农村工业企业面临着产业转型升级的挑战；而曾经的工业欠发达地区也在积极推动工业化。

2013 年，中国农村地域规模以上工业企业主营业务收入达到 35.6 万亿元，其中，山东和江苏位居第一名、第二名，分别占全国农村地域规模以上工业企业主营业务收入的 13.5% 和 12.5%；河南与河北后来者居上，主营业务收入分别达到 3.4 万亿元和 3.2 万亿元，分别占全国农村地域规模以上工业企业主营业务收入的 9.5% 和 9.0%。广东和浙江依然保持一定的优势，分别占全国的 7.1% 和 6.7%（见表6-7）。

对于工业后起之秀而言，农村地域成为工业化的主要空间，如河北农村地域规模以上企业主营业务收入占本省规模以上企业主营业务收入的 70.1%，河南占 59.5%，山西占 55.3%，福建和贵州的比重也都超过了全国平均水平。

表6-7   2013 年分地区农村规模以上工业主营业务收入及比重

	城镇地域（亿元）	农村地域（亿元）	各省所占全国比重（%）	农村工业占本省比重（%）
全国	647400.6	355613.6	100.00	35.45
北京	16773.7	1532.2	0.43	8.37
天津	20954.9	5182.5	1.46	19.83
河北	13705.9	32112.8	9.03	70.09
山西	7463.4	9246.8	2.60	55.34
内蒙古	12202.2	6809.0	1.91	35.82
辽宁	34791.5	14786.5	4.16	29.82
吉林	15010.6	6942.6	1.95	31.62
黑龙江	10546.2	2803.7	0.79	21.00
上海	19005.2	14929.3	4.20	43.99
江苏	86546.5	44349.3	12.47	33.88
浙江	36449.9	23783.5	6.69	39.49
安徽	25274.6	8081.2	2.27	24.23
福建	14715.7	17091.4	4.81	53.73
江西	18207.2	6982.0	1.96	27.72
山东	82053.8	47938.4	13.48	36.88
河南	23100.0	33914.7	9.54	59.48
湖北	28405.3	8285.1	2.33	22.58

续表

	城镇地域（亿元）	农村地域（亿元）	各省所占全国比重（%）	农村工业占本省比重（%）
湖南	18620.7	10952.4	3.08	37.04
广东	79775.2	25287.3	7.11	24.07
广西	10851.1	5520.1	1.55	33.72
海南	1256.7	307.3	0.09	19.65
重庆	12550.4	2332.4	0.66	15.67
四川	23086.9	11293.9	3.18	32.85
贵州	3690.5	3078.1	0.87	45.48
云南	6721.6	2239.4	0.63	24.99
西藏	36.7	55.7	0.02	60.28
陕西	9705.6	6148.4	1.73	38.78
甘肃	5226.5	1233.9	0.35	19.10
青海	1139.6	571.7	0.16	33.41
宁夏	2168.2	881.9	0.25	28.91
新疆	7364.1	940.1	0.26	11.32

资料来源：中国工业企业数据库（2013）。

二　各地区工业城乡类型分布

2008 年中国工业企业从业人员有 1.18 亿人，农村地域有 5400 万人；其中，江苏、广东、浙江和山东从业人数最多，分别占全国工业企业从业人数的 12.9%、12.1%、10.5% 和 10.0%，四省合计占比为 45.5%（见表 6 - 8）。

表 6 - 8　　　2008 年各地区工业企业从业人数城乡分布　　　单位：万人

	合计	其中：							
		城区	城郊	镇区	城镇开发区	镇辖村	乡辖村	乡中心区	农村开发区
全国	11833.0	3179.8	995.5	1576.9	712.3	4464.0	680.7	34.8	189.0
北京	146.4	64.0	30.0	1.7	12.1	35.9	2.7	0	0
天津	193.6	41.9	12.1	4.5	55.0	75.6	4.5	0	0
河北	511.5	95.5	10.6	32.9	23.3	246.1	95.5	1.7	5.9

续表

| | 合计 | 其中： | | | | | | | |
		城区	城郊	镇区	城镇开发区	镇辖村	乡辖村	乡中心区	农村开发区
山西	288.3	88.0	12.2	19.0	14.4	105.7	44.9	1.7	2.4
内蒙古	145.9	46.6	0.7	32.9	15.3	41.5	6.6	0.4	1.9
辽宁	473.9	216.3	71.6	24.9	35.9	96.9	24.8	0.3	3.2
吉林	177.3	82.8	12.4	23.5	1.9	39.8	14.3	2.2	0.4
黑龙江	224.1	139.6	3.5	29.4	6.4	27.5	16.0	0.2	1.5
上海	389.0	49.5	10.3	47.9	24.9	223.4	2.6	0.3	30.1
江苏	1416.7	187.4	65.0	298.7	175.8	598.6	13.9	7.6	69.7
浙江	1070.2	159.0	237.9	89.5	22.8	534.1	24.3	0.4	2.2
安徽	305.8	84.7	8.3	50.4	47.2	91.1	15.4	1.1	7.6
福建	460.0	109.7	26.3	39.0	31.6	234.8	21.7	0.9	6.4
江西	275.0	43.6	5.2	37.2	67.5	85.0	23.7	1.1	11.7
山东	1193.9	333.9	218.0	65.7	37.7	488.3	45.7	2.1	2.5
河南	651.0	138.3	31.5	40.3	27.3	243.6	156.8	3.6	9.6
湖北	324.3	107.4	31.3	53.4	35.6	68.1	11.3	1.9	15.3
湖南	347.3	70.8	10.3	80.0	8.0	121.3	50.6	4.3	2.0
广东	1811.8	667.9	129.7	317.6	47.7	634.6	3.1	0.2	11.0
广西	164.1	50.6	4.9	40.0	4.1	54.9	8.3	0.4	0.9
海南	16.8	3.1	0.0	5.8	2.1	5.7	0.0	0	0.1
重庆	194.8	72.9	10.6	35.5	0.2	69.7	5.4	0.5	0.0
四川	389.7	101.2	15.3	104.3	3.7	132.0	29.9	2.8	0.6
贵州	102.2	26.5	4.4	19.9	2.2	34.0	13.8	0.3	1.1
云南	128.4	26.9	2.1	23.8	3.5	58.0	14.1	0.0	0
西藏	2.9	1.0	0	0.6	0	0.7	0.6	0	0
陕西	199.1	61.1	28.7	20.3	0.0	75.2	13.2	0.3	0.3
甘肃	95.2	44.6	1.9	13.5	1.9	23.3	9.3	0.2	0.5
青海	22.5	6.8	0.1	8.5	0.2	5.9	1.0	0	0.0
宁夏	31.1	14.3	0.2	6.9	0.5	7.4	1.3	0	0.5
新疆	70.1	43.9	0.4	9.3	3.5	5.3	5.8	0.3	1.6

资料来源：中国第二次经济普查企业数据库（2008）。

1. 城镇地域

各地区工业企业城乡分布表现出不同的模式。东北三省、新疆、甘肃、宁夏以及北京等地工业企业从业人数占城区的比重超过了40%，而江浙沪、河北、江西与海南等地城区比重不超过20%，江浙沪城区比重偏低是由于农村工业发达，而其他地区都是因为工业起步较晚，城区工业体系较薄弱。

从工业企业从业人数在镇区分布来看，江苏由于县级市发达，镇区占比达到21.1%，除了江苏，镇区工业企业从业人数比重超过20%的省份基本上都分布在中西部地区，如青海最高达37.8%，海南为34.8%，四川为26.7%，内蒙古、湖南、广西和宁夏都超过了20%，云南、贵州和重庆等地接近20%。这显示出小城市在中西部城市体系中占有重要的地位。

城镇郊区受到城区和镇区经济的辐射。2008年，城镇郊区工业企业从业人数比重较高的地区有浙江，占22.2%，北京占20.5%，山东、辽宁和陕西都超过了10%。

城镇开发区工业企业从业人数比重最高的是天津，占28.4%，江西、安徽和海南等地都超过了10%。

2. 农村地域

从镇辖村比例与乡辖村比例散点图来看，二者呈现微弱的负相关关系（如图6-2所示）。在工业经济发达的上海、广东和江苏等地，乡辖村比重近乎零。各地镇辖村比重明显高于乡辖村比重，仅有2个省区镇辖村比重低于20%。镇辖村是农村工业分布的承载主体。从全国来看，镇辖村工业从业人数的比重占37.7%，大部分中西部省份这一比重都低于全国平均水平，而上海、福建和浙江等7个省市镇辖村比重都超过40%。

从乡辖村来看，工业经济发展程度低于镇辖村，仅有少数地区乡辖村比重超过了20%。相比较来说，工业欠发达的河南、河北、山西、湖南和云贵等地的比重都超过了10%，说明这些传统农业地区正在进入工业化进程。而广东、江浙沪和京津等地乡辖村比重很低，这些地区的村庄经过改革开放后多年的发展，工农业分工已基本定型，乡辖村集中在农业生产方面，因而大部分乡辖村比重都低于20%。

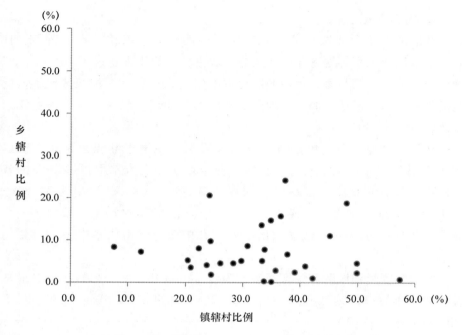

图6-2　各地区镇辖村比例与乡辖村比例散点图

资料来源：中国第二次经济普查企业数据库（2008）。

第四节　中国农村工业产业结构特征

改革开放前，乡村工业作为集体副业来发展，企业主要是为农业生产服务、为人民生活服务、为大工业服务的小工业，遵循"三就地"指示，即就地取材、就地加工、就地销售[①]。改革开放后，乡村企业逐步突破了"三就地"限制。从全国第二次工业普查资料来看（见表6-9），1985年，乡村工业主要以机械工业、建材工业、纺织工业、化学工业和食品工业为主，五大行业工业总产值占乡村工业总产值的73.2%，而建材工业产值为275.62亿元，占全国建材工业总产值的78.61%，其他如造纸、皮革、森林等轻工行业的产值在全国比重也都超过了25%，但是冶金、电力和石油这三个重工行业产值的比重都低于10%。

---

①　农业部乡镇企业局等编：《中国乡镇企业30年》，中国农业出版社2008年版，第2页。

表 6 - 9　　　　　　　　　　1985 年分行业乡村企业工业总产值

行业分类	乡村工业（亿元）	全部工业（亿元）	乡村工业所占比重（%）
总计	1459.26	8294.5	17.59
冶金工业	49.22	664.0	7.41
电力工业	5.17	272.7	1.90
煤炭及炼焦	56.24	208.5	26.97
石油工业	1.82	372.6	0.49
化学工业	122.97	926.7	13.27
机械工业	372.49	2235.1	16.67
建材工业	275.62	350.6	78.61
森林工业	43.10	133.1	32.38
食品工业	114.88	951.7	12.07
纺织工业	182.43	1273.2	14.33
缝纫工业	53.52	199.3	26.85
皮革工业	23.14	76.5	30.25
造纸工业	34.90	107.7	32.40
文教艺术用品	44.39	213.2	20.82
其他工业	79.37	309.6	25.64

资料来源：《中国统计年鉴》（1986）。

2013 年，中国规模以上工业企业约为 34 万家，其中，农村地域有 16 万多家，占比为 48.0%。规模以上工业企业主营业务收入约 100 万亿元，农村工业占 35.5%（见表 6 - 10）。

经过 30 年的发展，农村工业产业结构发生了显著变化，产业结构体系更加立体多元。首先，原有的农产品加工业等轻工行业继续保持优势，农产品加工业主营业务收入占农村工业的 1/3，从业人数占 40%。农村地域农副食品加工、纺织和家具制造等行业主营业务收入占比都在 40% 以上。其次，建材等传统行业的主营业务收入占比接近 60%，化学纤维制造业占到 56.3%。再次，农村采矿业和冶金等行业发展较快。在黑色金属矿采选等行业的主营业务收入占比超过了 70%。1985 年乡村冶金工业总产值占比仅有 7.4%，而 2013 年黑色金属冶炼和压延业主营业务收入占比已达 42.5%，有色金属冶炼和压延业主营业务收入占比也达 33.8%（见表 6 - 10）。

总体来看，农村工业整体规模较大，企业数量多，企业规模相对较小。在采矿业，除了石油和天然气开采业外农村行业都占有绝对优势；农副食品加工业等轻工行业占有相对优势；建材、化学原料和化学制品、化学纤维制造、金属冶炼和压延等重工行业占有优势，同时这些行业也是污染密集型行业。

可以看出，农村工业在传统垄断行业和高新技术产业等行业具有一定劣势。在石油和天然气开采、烟草制品和水的生产和供应业等传统垄断行业具有绝对劣势，如农村规模以上烟草制品企业主营业务收入仅占全行业的1.3%，石油和天然气开采业占6.4%。另外，农村企业在计算机通信等电子设备、汽车制造业和医药制造业等科技含量较高行业的主营业务收入占比较低，分别为17.3%、22.2%和24.0%（见表6-10）。

表6-10　　　　　　　　2013年分行业规模以上工业企业经济指标

行业	全部企业数（家）	其中：		全部企业主营业务收入（亿元）	其中：	
		农村企业数（家）	农村所占比重（%）		农村企业主营业务收入（亿元）	农村所占比重（%）
煤炭开采和洗选业	6805	5464	80.3	32761.5	14421.3	44.0
石油和天然气开采业	136	55	40.4	11583.8	738.4	6.4
黑色金属矿采选业	3188	2744	86.1	9559.4	7512.7	78.6
有色金属矿采选业	1573	1268	80.6	5197.8	3742.0	72.0
非金属矿采选业	3387	2677	79.0	4813.5	3455.8	71.8
开采辅助活动	153	35	22.9	1655.7	168.9	10.2
其他采矿业	17	12	70.6	21.8	16.2	74.0
农副食品加工业	22651	12382	54.7	59613.2	27426.3	46.0
食品制造业	7409	3441	46.4	18372.3	7145.5	38.9
酒、饮料和精制茶制造业	5522	2810	50.9	15193.4	5187.8	34.1
烟草制品业	122	9	7.4	8307.9	111.5	1.3
纺织业	19624	10282	52.4	35729.4	15667.7	43.9
纺织服装、服饰业	14209	5942	41.8	19035.8	6849.5	36.0
皮革毛皮羽毛及其制品	7719	3689	47.8	12426.6	6144.6	49.4
木材加工木竹藤棕草	8246	5185	62.9	11796.1	6750.7	57.2
家具制造业	4672	2361	50.5	6843.1	3011.5	44.0
造纸和纸制品业	6580	3300	50.2	13017.8	6024.8	46.3

续表

行业	全部企业数（家）	其中：		全部企业主营业务收入（亿元）	其中：	
		农村企业数（家）	农村所占比重（%）		农村企业主营业务收入（亿元）	农村所占比重（%）
印刷和记录媒介复制业	4724	1664	35.2	5895.1	2019.1	34.3
文教工美体育娱乐用品	7512	3720	49.5	12571.3	4943.2	39.3
石油加工炼焦核燃料业	1952	1047	53.6	40845.7	10057.4	24.6
化学原料和化学制品业	23525	11757	50.0	75960.8	29340.9	38.6
医药制造业	6493	2212	34.1	20391.0	4897.8	24.0
化学纤维制造业	1859	1168	62.8	7025.6	3955.6	56.3
橡胶和塑料制品业	16376	7188	43.9	27507.4	11740.2	42.7
非金属矿物制品业	29584	17902	60.5	51159.6	29744.1	58.1
黑色金属冶炼和压延业	10238	6006	58.7	75901.8	32222.6	42.5
有色金属冶炼和压延业	3727	1921	51.5	29094.1	9845.4	33.8
金属制品业	18556	8639	46.6	32157.7	13938.7	43.3
通用设备制造业	22183	9399	42.4	42836.4	14255.8	33.3
专用设备制造业	15477	5999	38.8	32170.6	10217.5	31.8
汽车制造业	11758	4275	36.4	58624.8	12985.5	22.2
铁路船舶航空航天设备	4276	1754	41.0	12707.4	4323.1	34.0
电气机械和器材制造业	20995	8207	39.1	61009.7	19315.2	31.7
计算机通信等电子设备	12534	3433	27.4	77632.0	13467.2	17.3
仪器仪表制造业	3795	998	26.3	7228.0	2201.4	30.5
其他制造业	1529	795	52.0	1985.0	1045.7	52.7
废弃资源综合利用业	1263	610	48.3	3422.8	1706.0	49.8
金属制品机械设备修理	378	115	30.4	883.4	270.9	30.7
电力、热力生产和供应业	5706	1888	33.1	54551.1	7724.4	14.2
燃气生产和供应业	1100	248	22.5	4043.2	862.7	21.3
水的生产和供应业	1305	184	14.1	1480.7	158.0	10.7
采矿业合计	15259	12255	80.3	65593.5	30055.3	45.8
制造业合计	315488	148210	47.0	877345.8	316813.2	36.1
电气水生产供应业合计	8111	2320	28.6	60075.0	8745.1	14.6
合计	338858	162785	48.0	1003014.3	355613.6	35.5

资料来源：中国工业企业数据库（2013）。

第五节　同一企业所在城乡类型的变化

应注意到城乡划分是一个动态过程，同一家企业在相同的地理位置，随着时间的推移，其城乡属性会发生变化。本节考察同一在位企业（incumbent）在不同年份城乡区划的变动情况。这里把同一在位企业定义为：2004 年和 2008 年都持有同一个组织机构代码并且经济特征（所属四位数代码行业、开业年份）和地理属性（相同的省地县码）保持一致的企业。根据 2004 年和 2008 年两次普查，同一在位企业共有 25.91 万家，分别占 2004 年和 2008 年企业数的 18.84% 和 13.09%。

从中国目前城镇化快速发展的情况看，农村地域向城镇地域的转变是常态。也就是说，一个企业的城乡属性变化趋势是从乡村向城镇转变，在城乡工业划分上是从农村工业向城镇工业转变。2004 年，镇辖村的工业就业数为 1234.96 万人，到 2008 年，有 83.75% 的企业所在行政区划属性保持不变。行政区划发生变化的 16.25% 的企业中，成为城区的比例为 2.71%，转变为镇区的比例为 6.44%，被划为城区开发区的比例为 1.90%，这三种类型合计为 11.05%，另外还有 4.21% 的企业所在行政区划成为城区郊区（见表 6 - 11）。也就是说，镇辖村企业所在行政区划发生变化的绝大多数是转变为城镇地域，转变为镇区的比例最高，其次是城市郊区。乡辖村同一企业保持原状的占 74.51%，发生变化的 25.49% 中，10.51% 转变为镇辖村，12.69% 转变为城镇地域。2004 年，同一在位企业在农村地域从业人数为 1450.34 万人，2008 年转变为城镇地域（不包括城镇郊区）的企业从业人数有 172.81 万人，占 11.92%。

城区郊区向城区的转化比例为 23.19%，转化为城区开发区的有 3.64%，二者合计占 26.83%。城镇郊区向城镇行政区划转变的比例较高。

同一在位企业所在行政区划由城镇地域转化为农村地域的比例相对较小。一般来说，行政区划很少由城镇地域转换为农村地域，除非企业发生了搬迁导致了行政区划城乡属性的变化。因此，企业所在行政区划由城镇转变为农村反映了企业从城镇搬迁到农村。2004 年，城区同一在位企业从业人数有 1268.74 万人，2008 年转化为农村地域的有 1.33%，搬迁到城区郊区的有 2.66%。企业所在行政区划由镇区转变为镇辖村的比例较高，达到 13.23%，企业在镇区与镇辖村之间的变动比较大（见表 6 - 11）。

表6-11 2004 年在位企业所在行政区划的演化矩阵 单位:%

2008年 / 2004年	城区	城区郊区	镇区	城区开发区	镇辖村	乡辖村	乡中心区	农村开发区	合计(万人)
城区	92.96	2.66	0.73	2.32	0.93	0.22	0.05	0.13	1268.74
城区郊区	23.19	65.73	0.33	3.64	6.75	0.21	0.01	0.14	322.42
镇区	7.75	0.74	74.00	3.60	13.23	0.26	0.04	0.38	531.37
城区开发区	5.60	1.80	1.83	79.47	5.33	0.22	0.00	5.74	199.57
镇辖村	2.71	4.21	6.44	1.90	83.75	0.27	0.01	0.71	1234.96
乡辖村	3.12	7.39	1.63	0.55	10.51	74.51	1.82	0.46	141.53
乡中心区	40.73	1.41	2.42	2.66	0.79	6.48	43.93	1.59	9.77
农村开发区	6.15	7.66	1.73	30.15	6.11	0.75	0.30	47.15	64.08

注:部分数据采取四舍五入计算。

资料来源:第一次、第二次全国经济普查企业数据库。

换一个角度看2008年同一在位企业所在行政区划的构成来源(见表6-12)。2008年,城区在位工业企业就业数有1352.28万人,其中,有5.53%来自城区郊区,转自镇辖村占2.48%,来自城区郊区、镇辖村、乡辖村、乡中心区和农村开发区合计占8.92%。镇区在位工业就业数为490.29万人,其中,16.96%来自农村地域。2008年,城镇在位工业企业的就业数合计2426.05万人,其中转自农村地域的企业就业数为240.19万人,约占9.90%。这也反映出农村城镇化的路径,即农村地域通过工业化先变为城区郊区或镇区,尔后进一步过渡到城区。

表6-12 2008 年在位企业所在行政区划的演化矩阵 单位:%

2008年 / 2004年	城区	城区郊区	镇区	城区开发区	镇辖村	乡辖村	乡中心区	农村开发区
城区	87.21	10.52	1.88	11.22	1.01	2.41	7.62	3.06
城区郊区	5.53	66.08	0.22	4.47	1.86	0.60	0.41	0.80
镇区	3.04	1.23	80.20	7.28	6.02	1.22	2.74	3.64
城区开发区	0.83	1.12	0.75	60.35	0.91	0.38	0.02	20.70
镇辖村	2.48	16.21	16.21	8.93	88.58	2.89	1.83	15.78
乡辖村	0.33	3.26	0.47	0.30	1.27	91.53	31.92	1.18
乡中心区	0.29	0.04	0.05	0.10	0.01	0.55	53.07	0.28

续表

2004 年 ＼ 2008 年	城区	城区郊区	镇区	城区开发区	镇辖村	乡辖村	乡中心区	农村开发区
农村开发区	0.29	1.53	0.23	7.35	0.34	0.41	2.39	54.56
合计（万人）	1352.28	320.68	490.29	262.80	1167.73	115.22	8.08	55.38

注：部分数据采取四舍五入计算。

资料来源：第一次、第二次全国经济普查企业数据库。

从农村地域企业所在行政区划的构成可以看出城镇企业的搬迁方向。2008 年，镇辖村同一在位企业从业人数 1167.73 万人，其中，来自城区的比例为 1.01%，来自镇区的占 6.02%，来自城区开发区占 0.91%，三种类型合计占 7.94%。

总起来看，通过考察同一在位企业所在行政区划类型的变化可以看出，2004—2008 年企业从农村地域向城镇地域（不包括城区郊区）转化比例为 12% 左右，而企业从城镇地域（不包括城区郊区）向农村地域搬迁的比例为 8% 左右。

第七章　农村工业驱动的村庄类型分化[*]

农村非农经济的发展改变了农村以农业为主业的同质性特征，村庄出现明显的差异化。本章根据村庄主导非农产业对村庄进行分类，并着重考察了其中的一类，即工业企业集聚程度较高的半城市化村庄。

第一节　产业角度的村庄分类

一　村庄类型概况

根据第二次经济普查企业数据，中国法人单位从业人数为 27143 万人，其中，农村地域有 8368 万个非农就业岗位，占全国非农就业岗位的 30.83%。农村工业法人单位从业人员为 5369 万人（不包括城郊村），占全国工业从业人数的 45.5%，占农村非农就业岗位的 64.2%；农村建筑业和第三产业就业人员约 3000 万人，占全国的 19.32%，占农村非农就业岗位的 35.8%。可见，农村非农经济结构中，工业规模相对较大，而第三产业规模偏小。

根据村庄产业及其就业特点，中国乡村地区的村庄可以分为农业村、兼业村、经济强村等（见表 7-1）。

表 7-1　　　　　　　　　中国基层自治组织类型与特点

自治组织类型	村庄类型	特点	个数（万个）
村民委员会	农业村	以农业生产为主，无工业企业；农民外出；土地归本村农民集体所有	29.0

---

* 本章有部分内容已发表于《城市与环境研究》2015 年第 4 期和《城市发展研究》2017 年第 3 期。

续表

自治组织类型	村庄类型	特点	个数（万个）
村民委员会	兼业村	农业生产为主，有工业企业；土地归本村农民集体所有	27.5
	经济强村：工业村	以非农生产为主，工业企业较多；农民工流入；土地归本村农民集体所有	1.2
	经济强村：特色村	以建筑和服务业为主；土地归本村农民集体所有	0.4
	经济强村：综合村	以非农生产为主，以工业、建筑和服务业为主，综合经济实力较强；土地归本村农民集体所有	0.1
居民委员会	涉农居委会	以非农生产为主；农民工流入；部分或全部土地归本村农民集体所有	4.0
	非涉农居委会	非农生产；农民工流入；土地国有	6.0

注：村民委员会为 2008 年数据；居民委员会为 2016 年数据。

资料来源：国家统计局网站；《中国第三次农业普查公报》；住房和城乡建设部网站；《中国城乡建设统计年鉴》；中国第二次全国经济普查企业数据库。

二　各类型村庄分析

（一）农业村

村庄生产主业为农业，非农人口和产业都较少。根据第二次全国经济普查资料（以下简称二普资料），中国统计有非农法人单位的行政村为 58 万个，其中，5% 的行政村非农法人单位的就业数不超过 3 人，也就是村委会作为基层自治组织的法定人数；25% 的行政村仅有 5 人以下非农法人单位就业人员，50% 的行政村非农法人单位就业人员数在 12 人以下，可认为是完全农业村，约有 29 万个行政村（见表 7 - 2）。

表 7 - 2　　　　　全部非农法人单位的城乡分布

居委会/村委会所在地	居委会/村委会数量	非农法人单位就业数	社区/行政村范围内非农法人单位就业数的分位数						
			5%	25%	50%	75%	90%	95%	99%
城区	49467	115366388	33	342	1039	2557	5276	8157	20304
城市郊区	29165	15946673	3	12	78	381	1310	2486	6957
镇区	30025	44160281	11	199	622	1668	3443	5242	12062
城镇开发区	3666	12276083	5	80	577.5	2697	7551	13918	44283
镇辖村	378641	66024645	3	5	16	81	335	731	2788

续表

居委会/村委会所在地	居委会/村委会数量	非农法人单位就业数	社区/行政村范围内非农法人单位就业数的分位数						
			5%	25%	50%	75%	90%	95%	99%
乡辖村	193882	13297324	3	4	8	42	157	298	898
乡中心	1929	883049	5	86	174	442	973	1712	4658
农村开发区	5342	3475557	3	10	51	259	1369	3192	9708
乡村合计	579794	83680575	3	5	12	67	268	575	2294

资料来源：中国第二次全国经济普查企业数据。

（二）经济强村

1. 工业村。工业村指的是在村庄地理范围内工业占主导，但村庄依然保留农村管理体制。根据二普资料，2008 年中国大约有 22.7 万个村庄（不包括城郊村）有工业法人单位，合计提供 5448 万个就业岗位。其中，约有 1.2 万个行政村工业企业就业数达到了 900 人，合计就业岗位 3000 万个，非农就业数达 3665 万人，分别占农村地区工业法人单位就业数、非农法人单位就业数的 54.5% 和 43.6%。

工业村的平均工业法人单位就业数为 2500 人，有 5% 的工业村超过了 8300 人，如部分农村开发区和一些工业强村。

2. 特色村。除工业企业以外，一些村庄借助于靠近大城市或是旅游景点的区位优势，建筑业和第三产业兴旺。根据二普资料，2008 年有建筑业法人单位的村委会为 2.4 万个，有批发零售企业的村委会为 8.2 万个，有旅游业法人单位的村委会为 1.2 万个，建筑业、批发零售和旅游企业就业数合计达到 926.5 万人，占乡村地区建筑和服务业法人单位就业数的 31.7%。有 4000 多个村庄的建筑和服务业法人单位就业数超过了 900 人，合计 1688 万人，占乡村地区的 57.80%。

3. 综合强村。在工业村和特色村中，有一类村庄工业和非工产业发展较为均衡，综合实力较强。根据二普资料，工业法人单位就业数和非工法人单位就业数都在 900 人以上的行政村有 1223 个。

（三）兼业村

处于农业村和经济强村之间的村庄，称为兼业村。这些村庄有一定数量的工业企业和其他非农产业，但尚未达到一定规模。根据二普资料，约有 27.5 万个行政村有一定数量的工业企业，工业法人单位就业数、非工法人单位就业数均低于 900 人。

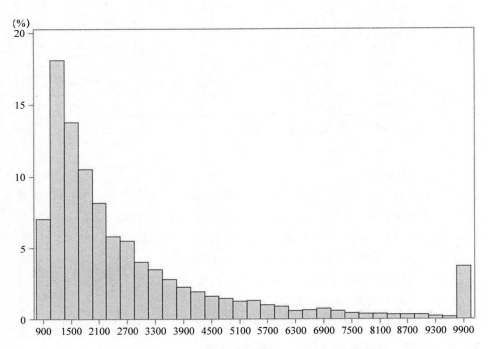

图 7 - 1　工业村非农法人单位从业人数直方图
资料来源：中国第二次全国经济普查企业数据。

三　各地区村庄类型分析

　　从全国来看，农业村比例较高的省份主要分布在中西部。由表 7 - 3 可见，山西、内蒙古、湖南、四川、贵州、西藏、陕西和青海的农业村比例超过 60% 。经济强村则主要分布在长三角、广东和京津地区，经济强村比例高于 6% ，尤其是上海经济强村比例高达 41.01% ，江苏位居第二，比例为 14.47% 。传统农业大省江苏、河南的农业村比例处于相对较低水平，江苏仅有 14.25% ，河南为 36.86% 。

表 7 - 3　　　　　　　　　各地区村庄类型分布（2008 年）

	村委会数 （个）	农业村比例 （%）	兼业村比例 （%）	经济强村比例 （%）	其中： 工业村比例（%）
北京	3002	26.65	67.06	6.03	2.90

续表

	村委会数（个）	农业村比例（%）	兼业村比例（%）	经济强村比例（%）	其中：工业村比例（%）
天津	3555	21.43	71.98	6.44	5.68
河北	48787	50.02	48.01	1.94	1.29
山西	27400	62.18	36.10	1.71	1.23
内蒙古	11363	61.90	36.73	1.32	0.91
辽宁	10458	37.02	59.93	2.90	2.35
吉林	8918	54.52	43.81	1.61	1.24
黑龙江	9034	54.86	43.95	1.17	0.87
上海	1724	2.03	56.09	41.01	37.41
江苏	15406	14.25	70.94	14.47	12.77
浙江	25628	40.65	52.84	6.43	6.00
安徽	15326	30.47	67.68	1.82	1.14
福建	13928	29.93	64.88	5.09	4.50
江西	17050	48.91	49.30	1.75	1.28
山东	70512	54.89	42.69	2.35	1.76
河南	46137	36.86	60.49	2.52	1.74
湖北	23759	51.27	47.73	0.95	0.61
湖南	43906	60.88	38.28	0.83	0.64
广东	18339	27.78	64.17	7.98	7.63
广西	14276	36.03	62.66	1.28	1.09
海南	2557	62.10	36.96	0.94	0.43
重庆	8502	45.80	52.12	2.07	1.83
四川	47958	62.34	36.89	0.77	0.64
贵州	17099	63.54	35.81	0.63	0.49
云南	12716	58.52	39.04	2.32	1.51
西藏	5285	76.67	22.95	0.36	0.00
陕西	25564	60.91	38.27	0.80	0.48
甘肃	15981	58.45	40.94	0.59	0.27
青海	4108	61.90	37.51	0.56	0.39

续表

	村委会数（个）	农业村比例（%）	兼业村比例（%）	经济强村比例（%）	其中：工业村比例（%）
宁夏	2339	39.29	59.43	1.28	0.90
新疆	9177	59.22	39.12	1.65	1.53
全国合计	579794	50.01	47.35	2.58	2.08

注：民政部公布的村委会数为604285个，包括城中村或城郊行政村。在本书中，街道所辖行政村视为城镇，故而村委会数比民政部公布的少；部分数据采取四舍五入计算。

资料来源：中国第二次全国经济普查企业数据。

四　乡村地区产业关联特点

（一）乡村地区工业化超前，第三产业发展滞后

工业与第三产业发展不同步。如图7-2所示，在乡村地区行政村层面，工业企业与非工产业并没有显著的相关性。工业强村的非工产业比较弱，而特色村的工业很少，二者的相关系数仅为0.034。

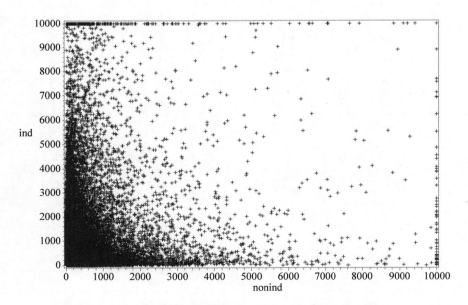

图7-2　乡村地区行政村层面工业法人单位与非工业法人单位从业人数散点图

注：纵坐标ind为工业法人单位从业人数，横坐标nonind为非工业法人单位从业人数

资料来源：中国第二次全国经济普查企业数据。

（二）非农产业与基础教育事业关联性较弱

乡村地区教育普遍薄弱，如教育法人单位从业人数为 667 万人，平均每个行政村为 12 名教师；而政府和党组织法人单位人员达 723 万人，比教育人员还多 50 多万人。

基层教育法人单位主要以乡镇为单位。从乡镇层面来看（如图 7－3 所示），中国乡村地区工业从业人数与教育从业人数的关联性并不高。分规模来看，由于基础教育具有普惠性，即使较小乡镇必须具备一定的办学规模，因而，当乡镇非农就业低于 2000 人，非农就业与教师相关系数最高，达到 0.19。当非农就业处于 2000 人和 10000 人之间时，二者相关系数为负相关，也就是说，教师数随着非农就业数增加反而减少。

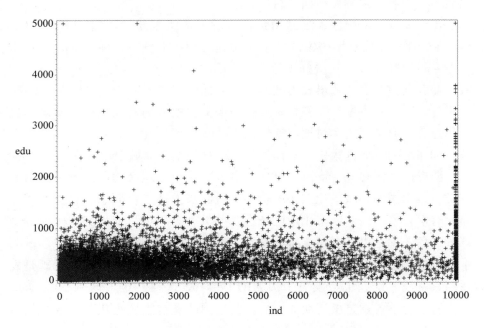

图 7－3　乡镇尺度工业法人单位从业人数与教育法人
单位从业人数散点图

注：1. 纵坐标 edu 表示教育法人单位从业人数，横坐标 ind 表示工业法人单位从业人数。

2. 工业从业人数超过 1 万人的点视为 1 万人，教育从业人数超过 5000 人视为 5000 人。

资料来源：中国第二次全国经济普查企业数据。

第二节　半城市化村庄的形成及界定

一　乡村半城市化地区的形成

半城市化是一个全球性的现象。就英美等发达国家而言，郊区住所在工业化时期往往是贵族和富人摆脱城市拥挤和工业污染的奢侈品①。工业化后期，尤其是第二次世界大战之后，大量中产阶级涌向郊区，在大城市周边形成一种城乡过渡型地理景观，也就是发达国家的半城市化地区。因此发达国家对半城市化研究集中于城市边缘区（urban fringe）、边缘城市（edge city）、都市扩展区（extended metropolitan regions）等，这些概念都以城市为中心，强调城市向乡村的辐射。

在亚洲发展中国家，半城市化地区的形成机制与发达国家不同。McGee 在研究亚洲发展中国家的城市化问题时，在大城市之间交通走廊地带的原乡村地区发现了一类与城市相互作用强烈、工业为劳动密集型产业、服务业和其他非农产业增长迅速的地区。他借用印尼语将其称作为"Desakota"②。McGee 认为，许多亚洲国家并未重复西方国家以城市为基础的城市化过程，而是通过乡村地区逐步向 Desakota 区转化，非农人口和非农经济活动在 Desakota 区集中，从而实现以区域为基础的城市化过程③。

城市边缘区和 Desakota 等概念对中国半城市化地区的研究有一定借鉴意义。但中国的半城市化地区的特征和机制与上述二者概念均存在显著差异。有学者将中国半城市化地区分为两种类型，一种是依托城市辐射的城郊型，另一种是由于乡镇工业发展引起人口和产业集聚的乡村型④。城郊半城市化地区类似于发达国家的城市边缘区，而乡村半城市化地区既是发达国家所没有的，也与发展中国家的 Desakota 区存在很大区别。Desakota是市场经济下要素自由流动的产物，而中国的乡村半城市化的形成不仅有

---

　　① ［美］刘易斯·芒福德：《城市发展史——起源、演变和前景》，倪文彦、宋俊岭译，中国建筑工业出版社 2005 年版，第 495—496 页。

　　② McGee, T. G., "The Emergence of Desakota Regions in Asia: Expanding a Hypothesis", In: N. Ginsburg, B. Koppel and T. G. McGee (eds.), *The Extended Metropolis: Settlement Transition in Asia*, University of Hawaii Press, 1991.

　　③ 陈贝贝：《半城市化地区的识别方法及其驱动机制研究进展》，《地理科学进展》2012 年第 2 期。

　　④ 贾若祥、刘毅：《中国半城市化问题初探》，《城市发展研究》2002 年第 2 期。

市场机制的作用，而且与政府行为密切相关①。既是二元结构下城乡要素不能自由流动的特定历史产物，也有来自地方政府大量圈占农用地、以低价工业用地进行招商引资的刺激。

二　中国乡村半城市化地区的特征

中国乡村半城市化地区有两个特征，第一，农村工业的持续发展使其发生非农人口和产业的集聚，完成自然城镇化过程，体现了城镇化特征；第二，政府提供公共产品和服务不足，仍采取农村管理方式，导致其城镇化质量不高，体现了乡村特征。

一方面，从国际经验来看，工业革命以来的经济发展引起了普遍的自然城镇化过程，因此工业化与城镇化关系密不可分。中国农村工业发展分为两个时期，一个是乡镇企业时期，另一个是乡镇企业改制后时期。在乡镇企业时期，中国农村工业具有"村村点火"的特点，工业企业分布相当分散。然而，这种分散并不均匀，有少量的村庄借助独特的区位、资源或历史文化优势而发展突出，形成了非农人口和产业的集中，从而出现了一批自然城镇化的村庄。楚义芳根据劳动力在空间和产业上的转移特征，把中国农村工业发展所形成的新工业中心的现象称为"半城市化"②。折晓叶基于对深圳市南丰村的实地考察，提出了"超级村庄"的概念，这些村庄工业发达，外来农民大量涌入，由村财政投资兴办基础设施和公用事业项目。村庄无论在建筑景观、社会服务设施和基础设施，还是在心理和生活方式上，都具备了城镇的雏形，是一种自然城镇化过程③。在地理景观上，这些村庄表现为非农建设用地扩张蔓延，产业和就业结构高度非农化，初步呈现城市经济的雏形④。因此，乡村工业的发展导致了非农人口的集聚，完成了自然城镇化过程。在乡镇企业改制后时期，地方政府大量圈占农用地、以低价工业用地招商引资，开发了数量众多的工业集聚区。在乡镇行

---

① 何为、黄贤金：《半城市化：中国城市化进程中的两类异化现象研究》，《城市规划学刊》2012 年第 2 期。

② 楚义芳：《论城市化进程和区域经济发展的关系——以天津为例》，《南开经济研究》1994 年第 1 期。

③ 折晓叶：《村庄的再造：一个"超级村庄"的社会变迁》，中国社会科学出版社 1997 年版。

④ 郑艳婷、刘盛和、陈田：《试论半城市化现象及其特征——以广东省东莞市为例》，《地理研究》2003 年第 6 期。

政区划内，工业集聚区吸引外来人口就业，所在村庄及周边村庄农用地减少，有的甚至全部征用，村庄从农业经济转向非农经济。

另一方面，政府提供的公共产品和服务不足，导致半城市化地区的城镇化质量不高。在半城市化地区的村庄，工业经济发达，但行政管理隶属于农村管理方式，公共产品和服务供给不足，城镇化质量较低，如工业污染监管和治理落后、基础教育水平低、公共卫生医疗紧缺、道路及绿化等基础设施不足、社会保障程度低和覆盖面小、集聚程度难以进一步提高，等等。公共产品和服务以及社会保障的提供，与社会经济发展阶段有密切关系，然而，在相同发展阶段下，也与政府所追求的目标有重要关系。在以经济增长或提高财政收入为主的考核指标下，招商引资最有利于提高当期的政绩，也就成为地方政府的最优选择。如果政府把有限的财政资金用于扩大公共产品供给和社会保障范围，虽然提高了城镇化的质量，吸引了更多的人口和产业集聚，扩大了政府潜在税基，但由于不会提高当期的经济总量和财政收入，所以对现任官员来说并不是最优选择，从而导致公共产品和公共服务供给不足。

从村庄层面看，乡村半城市化地区是指那些非农人口和产业集聚但依然保留农村行政管理体制的村庄，也可称为半城市化村庄。

然而，村庄非农人口和产业集聚到何种程度才可视为城镇？这是一个带有主观色彩的问题。根据国家统计局《统计上划分城乡的规定》（2008），常住人口在3000人以上独立的工矿区、开发区、科研单位、大专院校、农场、林场等特殊区域，统计上被划为城镇。按照此标准，如果一个村庄的非农常住人口超过了3000人可划为城镇。这种单纯以居民点人口数量划分城镇是国际上最为普遍的标准[1]。从国际惯例和中国建镇标准的历史情况看，3000人的标准具有一定的合理性。

李玉红（2015）[2]从3000人的非农人口推导行政村工业从业人数不低于900人，即为半城市化村庄。应当说该标准比较低，原因有两个。第一，从中国农民工流动的实际情况来看，以青壮年劳动力为主，家庭迁移比重较低，因而携眷系数取1.75是偏高的。第二，农村非农产业结构中，

① 周一星：《城市地理学》，商务印书馆2012年版，第33—36页。
② 李玉红：《中国乡村半城市化地区的识别——基于第一、二次全国经济普查企业数据的估算》，《城市与环境研究》2015年第4期。

工业比重较大，约占 64.2%，因此非农就业人数与工业就业人数比值取 2
也是偏高的，应为 1.6 左右。

第三节　半城市化村庄在国民经济中的地位

一　乡村半城市化地区的经济体量

根据经济普查数据（见表 7-4），2004 年和 2008 年，中国乡村地区
有工业企业的村庄数分别有 19.8 万个和 22.7 万个，其中，满足乡村半城
市化地区条件的村庄分别有 9676 个和 11867 个，分别占乡村地区有工业
企业村庄数的 4.89% 和 5.23%，中国乡村半城市化地区的规模在不断扩
大。2008 年，乡村半城市化地区的企业数为 38.7 万家，提供就业岗位
2990.4 万个，资产为 10.14 万亿元，主营业务收入达到 13.18 万亿元。

表 7-4　　　　　　　中国工业企业的城乡分布及经济指标

指标	单位	2004 年			2008 年		
		有工业企业的村庄/社区数	其中：乡村地区	其中：乡村半城市化地区	有工业企业的村庄/社区数	其中：乡村地区	其中：乡村半城市化地区
村庄/社区数	个	270516	197908	9676	311344	226965	11867
企业数	万家	137.6	82.9	24.0	197.9	112.2	38.7
就业数	万人	9548.24	4390.86	2264.70	11835.4	5368.5	2990.4
工资总额	亿元	14122.09	4770.33	2881.26	—	—	—
资产	亿元	240701.37	69719.12	45104.70	483055.71	156031.44	101407.60
主营业务收入	亿元	218443.36	76875.27	48175.24	542485.14	204614.94	131825.22
利润总额	亿元	13065.70	4511.99	2694.25	—	—	—
税收	亿元	12307.34	3513.44	2216.23	—	—	—

注：工资总额包括工资、福利费、住房补贴、养老金和失业保险等（规模以下企业仅包括工
资）；税收包括增值税、企业所得税、主营业务收入税金及附加和管理费用税金四项（对于规模以
下企业仅仅包括主营收入税金及附加）；"—"表示数据缺失。

资料来源：中国第一次、第二次全国经济普查企业数据。

二　乡村半城市化地区在国民经济中的地位

（一）吸收农村剩余劳动力，提供相对较高的非农收入

2008 年，中国乡村半城市化地区的村庄（以下简称半城市化村庄）

提供的工业就业岗位占中国工业就业岗位的 25.27%，占农村地区工业就业岗位的 55.70%，无论是绝对数还是相对数都比 2004 年有所提高。从吸纳剩余劳动力的角度看，半城市化村庄起到了类似小城镇的作用——进入门槛低，就业机会多，可进可退，成为城乡之间的缓冲地带。

工资收入在农民收入的构成当中占有重要的比例，并且其重要性越来越显著，乡村半城市化地区为农民工提供了相对较高的非农经济收入。2004 年，半城市化村庄工业企业的人均年工资为 1.27 万元，这个工资水平虽然低于城镇单位 1.59 万元的工资水平，但是比其他农村地区工业劳动者的人均工资高出 43.2%。

（二）促进了地区工业和经济增长，是地区经济增长的重要推动力

中国尚处于工业化阶段，工业在中国经济构成中占有重要的地位，GDP 与工业的相关系数非常高，而半城市化村庄越多的地区，其工业和经济总量就越发达。如图 7-4 所示，地区工业增加值与半城市化村庄数具有显著的正向对应关系。实际上，中国经济发展较好的东部地区，也就是

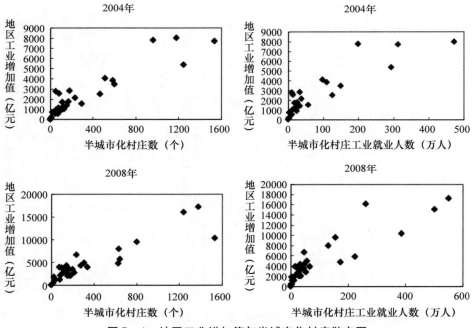

图 7-4　地区工业增加值与半城市化村庄散点图

资料来源：《中国统计年鉴》（2005）、（2009），第一次、第二次全国经济普查企业数据。

农村工业发展较好的地区，著名的苏南模式、温州模式和珠江模式其实是对中国农村工业成功经验的总结。

（三）乡村半城市地区税收是国家财政收入的重要组成部分

工业部门是国家财政主要税收来源，而工业经济发达的半城市化村庄为国家财政做出了不可忽视的贡献。2004 年，农村工业企业税收总额达到 3513.4 亿元，占全国工业企业税收的 28.5%，这其中 63.1% 来自半城市化村庄。半城市化村庄总共上缴税金 2216 亿元，平均每村上缴税金 2290 万元，劳均税金为 9786 元，均高于农村其他地区的平均水平。

（四）乡村半城市化地区集聚了农村工业的主力军

在半城市化村庄，不仅企业集聚程度高，而且企业规模较大、竞争力较强。2004 年，半城市化村庄企业创造的利润占农村地区工业的 59.7%，企业资产和主营业务收入均占农村地区工业的 60% 以上；2008 年，半城市化村庄的企业资产和主营业务收入分别占农村地区工业的 64.99% 和 64.43%。

与其他农村地区的企业相比，半城市化村庄的企业的平均规模和劳动生产率都较高。2008 年，半城市化村庄的工业企业平均就业数为 77 人，比其他农村地区企业高出一倍以上，企业人均资产高出 44.02%，企业人均销售收入高出 47.63%[1]。

第四节　乡村半城市化地区存在的问题

作为非农产业和非农人口集聚形成的城镇雏形，乡村半城市化地区的发展过程中存在着诸多问题，这些问题阻碍着乡村半城市化地区的进一步发展。

一　工业污染问题比较严重，环境监管普遍薄弱

按照夏友富[2]对高污染行业的界定进行划分，2008 年中国有高污染企业的半城市化村庄为 10000 个左右，平均每个半城市化村庄有 7 家高污染

---

① 李玉红：《乡村半城市化地区的工业化与城镇化》，《城市发展研究》2017 年第 3 期。

② 夏友富：《外商投资中国污染密集产业现状、后果及其对策研究》，《管理世界》1999 年第 3 期。

企业，平均销售收入为 4.2 亿元，资产为 3.8 亿元。

　　与城镇地区相比，中国农村地区环境监管普遍薄弱、环境基础设施建设严重滞后，工业污染得不到有效治理。中国绝大部分环保机构都设置在城镇，环保行政机构、监察机构和监测站都设置在县级及以上行政区域，只有极少数农村乡镇设置环保机构。从资金投入看，中国环境污染治理投资主要投向城镇。

二　耕地非农化使用浪费，自然景观碎片化

　　作为一个人多地少的国家，中国最为稀缺的资源是耕地，而在 30 多年的农村工业化过程中，工业企业占用了大量耕地，由于工业项目和土地开发极为分散，工业用地与农业用地犬牙交错①。根据两次全国农业普查公报，2006 年中国耕地面积为 1.2 亿公顷，比 1996 年减少 826 万公顷，减少了 6.4%，保护 18 亿亩耕地的任务非常艰巨。中国多次出现"圈地热""开发区热"，其圈占的土地面积已经远远超过了计划时期城镇建设用地的规模。

　　除了国家级和省级开发区，中国乡镇开发区也占用大量耕地。园区有利于节约耕地，发挥集聚和规模优势，但是存在着盲目建设和浪费耕地的现象。散乱的分布导致农田等自然景观碎片化。长三角、珠三角地区等东部地区的城乡格局从原先的以大片农田、自然景观为主的"农村包围城市"很快发展为以钢筋混凝土为主的"城镇包围农村"。农田、湿地、山林等自然空间碎片化严重②。

三　大量外出农民工"离乡不进城"，排斥在城镇化之外

　　乡村半城市化地区有大量的外来农民工。从全国来看，2008 年乡村半城市化地区的工业就业量接近 3000 万人，如果按照每个半城市化村庄的本地农民工有 500 人计算，从事工业的外来农民工至少达到 2500 万人。

　　然而，外来农民工群体并不能像本地农民工那样分享工业化和城镇化

---

　　① 郑艳婷、刘盛和、陈田：《试论半城市化现象及其特征——以广东省东莞市为例》，《地理研究》2003 年第 6 期。

　　② 李维：《专访吴舜泽：新型城镇化要坚守环境底线》，《中国环境报》2014 年 8 月 25 日第 6 版。

的成果，分享土地和住房增值产生的财产性收入。外来农民工的经济和政治权利都要低于具有本地"村籍"的村民①。在工业化驱动下，本地集体土地从农业生产资料转化为商业资产，集体土地价值大幅度升值②。与那些"离土不离乡"的本地人相比，这些外出农民工"离土又离乡、进厂不进城"，他们既不能分享集体土地增值的收益或者参与集体经济分红，也不能享受"村籍"所附带的本地公共产品和社会保障，成为社会发展过程中的边缘人群。

四　公共产品供给不足，制约乡村半城市化地区进一步发挥集聚作用

中国城乡在公共产品供给上可谓泾渭分明，城市公共产品有财政支持，而农村公共产品基本自筹。传统的农村公共产品多指与农业生产有关的水利基础设施、大型农具等，而乡村半城市化地区的人口和产业结构已经向非农转变，因此其公共产品需求类似城镇居民的需求，主要内容是基础教育、医疗卫生等公共服务和交通、环卫、绿化等公共设施。然而，由于乡村半城市化地区还属于农村管理方式，尽管每年上缴大量税金，平均每个半城市化村庄仅工业企业纳税就超过 2000 万元，但是在公共产品供给上依然"享受"农村待遇，地方政府并没有为之提供相匹配的公共产品和服务。如图 7-3 所示，乡镇层面的非农就业人数与教师数量相关性不高，在中等规模乡镇，二者甚至出现负相关。

在社会公共产品不足的情况下，乡村半城市化地区发展的潜力受到很大制约。根据 Tiebout 模型③，在完全信息和通勤成本为零的情况下，居民选择最大化其个人偏好的地区。一般情况下，人口倾向于流入公共产品和服务较好的地区。公共产品和服务是一个地区形成集聚力量的重要因素之一。目前，乡村半城市化地区的吸引力主要在工业就业机会，村庄的发展严重依赖工业。如图 7-2 所示，行政村层面的工业人口与第三产业相关性较低，工业化超前而第三产业落后。一旦企业遇到经济低谷不能开工，

① 折晓叶、陈婴婴：《超级村庄的基本特征及"中间形态"》，《社会学研究》1997 年第 6 期。

② 郭炎、李志刚、王国恩等：《集体土地资本化中的"乡乡公平"及其对城市包容性的影响——珠三角南海模式的再认识》，《城市发展研究》2016 年第 4 期。

③ Tiebout, C., "A Pure Theory of Local Expenditures", *Journal of Political Economy*, Vol. 64, No. 5, 1956.

外来农民工就会迁移，本地经济陷入萧条，半城市化村庄进一步发展的空间非常有限。这也是农村工业推动的城镇化质量不高而且城镇化成果难以巩固的重要原因。

第八章　农村污染密集型行业发展机制研究[*]

改革开放以来，中国工业化取得了举世瞩目的成就，其重要特征是农村取代城镇成为工业化的主要推动力[①]，其代价是对农村造成了严重的环境污染[②]，已与农业污染、生活垃圾一起成为农村主要的环境问题。农村地域环境质量的恶化与工业发展有直接关系。农村工业污染的加剧和蔓延是中国环境质量总体恶化的重要体现，既关系到中国农业可持续发展和农民的生活福祉，也成为影响中国城镇环境质量的重要因素。

这自然引发出一个问题，为什么企业去农村地域选址？学术界曾经非常关注乡镇集体企业的成功以及后来的改制，但是随着乡镇集体企业的衰落，对农村企业的研究便趋于冷落。这与现实中农村地域内工业依旧蓬勃发展并在中国工业总量中占据半壁江山的地位不相匹配。经典的经济理论以及地理科学都认为，城市具有集聚优势和规模经济，因此在要素可自由流动的情况下，企业理应向城市聚集。钟宁桦认为，农村企业缺乏集聚效应和规模经济，应向城镇集聚[③]。在刘易斯的二元模型中，企业家在城市投资现代工业，劳动力从传统农业部门流向城市。然而，中国近年来的趋势表明，在要素可自由流动的市场经济条件下，大量资本和劳动力流向了农村地域，这是一个奇特的现象，这一现象与中国当前诸多重大现实问题

---

[*] 本章部分内容已发表在《农业经济问题》2017年第5期。

① 邓英淘：《城市化与中国农村发展》，《中国农村经济》1993年第1期；魏后凯：《对中国乡村工业化问题的探讨》，《经济学家》1994年第5期。

② 姜百臣、李周：《农村工业化的环境影响与对策研究》，《管理世界》1994年第5期；李周、尹晓青、包晓斌：《乡镇企业与环境污染》，《中国农村观察》1999年第3期；王岩松、梁流涛、梅艳：《农村工业结构时空演进及其环境污染效应评价——基于行业污染程度视角》，《河南大学学报》（自然科学版）2014年第4期。

③ 钟宁桦：《农村工业还能走多远》，《经济研究》2011年第1期。

有关，如城镇化（urbanization）和"三农"问题等。本章要研究的就是当前企业在农村选址这一反常现象的内在机制。

第一节　文献回顾

环境经济学家注意到了污染密集型企业在国家和地区之间的流动，提出了"污染避难所"假说和"污染避难所"效应，即环境规制程度差异会影响污染密集行业的投资和贸易从管制严格地区流向管制宽松地区，前者强调的是环境规制起决定性作用，而后者强调的是边际作用。然而，这一假说极富争议。从理论上说，如果把环境规制当作国家或地区的比较优势之一，那么较严格的环境规制将增加企业服从成本（compliance cost），从而削弱污染密集行业的竞争力，导致净进口增加或者资本流出（Pethig，1976；Siebert，1977；Yohe，1979）[①]。这一假说得到了某些经验研究的支持（Low 和 Yeats，1992；Mani 和 Wheeler，1997；Levinson 和 Taylor，2008）[②]。美国环保署（EPA）根据《清洁空气法案》制定了各种空气污染物的质量标准，每个州据此被认定为某种污染物达标（attainment）或不达标（nonattainment）。对于不达标的州，环保署施加相对严格的污染物排放标准。对美国国内资本流向的研究发现，污染密集型企业倾向于转移到环境规制程度较轻的达标地区（Becker and Herdeson，2000；Michael，2002）[③]。但是，也有研究发现污染密集型行业并没有出现理论预测的国际

---

① Pethig, R. "Pollution, Welfare, and Environmental Policy in the Theory of Comparative Advantage", *Journal of Environmental Economics and Management*, Vol. 2, No. 3, 1976. Siebert, H., "Environmental Quality and the Gains from Trade", *Kyklos*, Vol. 30, No. 4, 1977. Yohe, G. W., "The Backward Incidence of Pollution Control-Some Comparative Statics in General Equilibrium", *Journal of Environmental Economics and Management*, Vol. 6, No. 3, 1979.

② Low, P. and A. Yeats, "Do 'Dirty' Industries Migrate?" in Patrick Low, ed. *International Trade and the Environment*. Washington, DC: World Bank. Discuss paper, 1992, No. 159. Mani, M and D. Wheeler, "In Search of Pollution Havens? Dirty Industry Migration in the World Economy", *World Bank working paper*, 1997, No. 16. Levinson, A. S. Taylor, "Unmasking the Pollution Haven Effect", *International Economic Review*, Vol. 49, No. 1, 2008.

③ Michael G., "The Impacts of Environmental Regulations on Industrial Activity: Evidence from the 1970 and 1977 Clean Air Act Amendments and the Census of Manufactures", *Journal of Political Economy*, Vol. 110, No. 6, 2002. Becker, R. and V. Henderson. "Effects of Air Quality Regulations on Polluting Industries", *Journal of Political Economy*, Vol. 108, No. 2, 2000.

贸易和投资流向（Tobey，1990；陆旸，2009）[①]。Porter 等（1995）甚至提出相反观点，认为严格的环境规制会激励企业研发新技术和工艺，从而增强竞争力，进而处于国际领先地位[②]。这一观点得到了某些行业研究的支持（Jaffe 和 Palmer，1997；Berman 和 Bui，2001）[③]。Copeland 和 Taylor（2004）[④] 认为，几乎没有令人信服的证据支持"污染避难所"假说，但是"污染避难所"效应是存在的，它是贸易模式的影响因素之一，而非决定性因素。这说明环境规制因素是企业选址的影响因素之一，而不一定是主导因素。

国内从环境管制角度分析工业布局的研究主要关注区域之间的产业污染转移。中西部地区有丰富的自然资源和潜在市场，环境政策相对宽松，而东部地区环境容量日趋紧张，居民环保意识增强，随着东中西部间的产业转移，污染也随之转移[⑤]。从环境规制角度分析国内工业布局的研究主要关注区域之间的产业污染转移[⑥]，对城乡间的污染企业转移研究较少。中国传统乡镇企业从一开始就伴随着工业污染现象，有研究将污染归咎于乡镇企业本身的原因，即产业结构以资源加工型为主，技术设备落后，布局分散，环境管理滞后，等等（姜百臣等，1994）[⑦]，还有研究认为是城市污染密集型企业转移到农村。郑易生[⑧]认为在不同地区之间存在经济水平差距的情况下会发生环境污染的社会转移现象，而乡镇工业被视为城乡间

[①]　Tobey, J. A. , "The Effects of Domestic Environmental Policies on Patterns of World Trade: An Empirical Test", *Kyklos*, Vol. 43, No. 2, 1990.

[②]　Porter, M. E and C. van der Linde, "Toward a New Conception of the Environment-Competitiveness Relationship", *Journal of Economic Perspectives*, Vol. 9, No. 4, 1995.

[③]　Jaffe, A. B. , K. Palmer, "Environmental Regulation and Innovation: a Panel Data Study", *Review of Economics and Statistics*, Vol. 79, No. 4, 1997. Berman, E. and L. T. M. Bui, "Environmental Regulation and Productivity: Evidence from Oil Refineries", *Review of Economics and Statistics*, Vol. 83, No. 3, 2001.

[④]　Copeland, B. R. and M. S. Taylor, "Trade, Growth, and the Environment", *Journal of Economic Literature*, Vol. 42, No. 1, 2004.

[⑤]　古冰、朱方明：《我国污染密集型产业区域转移动机及区位选择的影响因素研究》，《云南社会科学》2013 年第 3 期；何龙斌：《国内污染密集型产业国际转移路径及引申——基于 2000—2011 年相关工业产品产量面板数据》，《经济学家》2013 年第 6 期；傅帅雄、张可云、张文斌：《环境规制与中国工业区域布局的"污染天堂"效应》，《山西财经大学学报》2011 年第 7 期。

[⑥]　侯伟丽、方浪、刘硕：《"污染避难所"在中国是否存在？——环境管制与污染密集型产业区际转移的实证研究》，《经济评论》2013 年第 4 期。

[⑦]　姜百臣、李周：《农村工业化的环境影响与对策研究》，《管理世界》1994 年第 5 期。

[⑧]　郑易生：《环境污染转移现象对社会经济的影响》，《中国农村经济》2002 年第 2 期。

环境问题的一次大转移。王学渊等（2012）① 发现浙江省的重金属污染企业大都分布在乡村地区，从全国范围来看，农村地区的重金属排放企业数量多、比重高而且技术水平较低②。

与以往研究相比，本书在以下三个方面做了推进。第一，以往文献注意到了农村污染企业问题，但是以定性分析和个案研究为主，缺乏整体性的定量研究。同时，农村地区污染密集型企业发展的原因是多方面的，环境规制可能仅仅是其中一个因素。如果把污染产业发展原因全部归结于管制差异，就会夸大后者的作用。对当前农村工业的发展，必须将环境规制与经济增长机制结合起来，才能给出合理的解释。第二，本书拓展了"污染避难所"假说的研究范围。以往有关污染转移的研究对象是国际或国内区域间污染密集产品的贸易和投资，而本书则关注国内城乡之间的污染转移问题。第三，本书采用企业层面的普查数据，有助于突破以往研究在数据方面的瓶颈：其一，普查数据容纳了所有的城市和农村企业，可以从总体上考察中国城乡污染工业概况，而国家统计局工业企业调查范围自1998年以后从按隶属关系改为按规模划分，掩盖了污染工业的城乡分布信息；其二，普查数据将污染密集型行业细分到四位数代码，而农村农业部乡镇企业局公布的乡镇企业行业资料仅有两位数代码，污染密集型行业划分失之笼统。

第二节　数据说明与典型事实

一　数据说明

本书采用2004年和2008年企业普查数据，分别有137.6万家和197.9万家企业，包括普查年份所有的工业法人单位企业。详细介绍见第一章第四节。

除了经济普查资料，本节还采用了乡镇企业局公布的规模以上乡镇企业资料，见《中国乡镇企业及农产品加工年鉴》。

---

① 王学渊、周翼翔：《经济增长背景下浙江省城乡工业污染转移特征及动因》，《技术经济》2012年第10期。

② 李玉红：《农村工业源重金属污染，现状、动因与对策——来自企业层面的证据》，《农业经济问题》2015年第1期。

二　概念界定

（一）污染密集型行业的界定

在环境经济学文献中，作为重点研究对象的污染制造业有造纸、化学品制造、金属冶炼、非金属矿物加工制造、石油加工和汽车制造业[①]（List and Catherine，2000）。赵细康（2003）[②] 根据行业污染物排放强度确定污染密集型行业为电力、燃气和水生产供应业，采掘业，造纸及纸制品业，水泥制造业，非金属矿物制造业，黑色金属冶炼及延压业和化学原料及化学品制造业。但是，这个分类行业口径过大，而且印染、石油炼焦、皮革等细分污染密集型行业没有包括进来。中国第一次污染源普查按照两位数代码确定的重污染密集型行业有 11 个，有些细分的污染密集型行业没有包括进来。夏友富（1999）[③] 对污染密集型行业的分类细致到四位数代码，涉及 18 个两位数代码行业，这克服了上述办法过于笼统的缺点，对污染密集型行业的分类更为精确。

以夏友富（1999）的分类为蓝本确定污染密集型行业，并结合文献和第一次污染源普查资料做了两点调整。第一，增加了炼铁业和炼钢业（3210，3220），第二，增加了电池制造业（3940）（见表 8－1）。在最近几年的血铅事故中，相当一部分是电池企业排放铅尘所致。电池企业也是环保部等整治重金属污染的重点行业之一。污染制造业又被分为轻工类、重化工类和电器设备类。

（二）农村企业的识别

根据企业所在地的行政区划代码，可以识别企业所在的省、地、县、乡和村级单位。根据企业所在的乡级单位和村级单位，基本可以判断企业所在城乡类型。如果企业所在乡级单位为乡或镇，村级单位为村委会，基本可以判断所在地为农村地区。具体办法参考第三章第三节。

---

① List，J. A. and C. Y. Co.，"The Effects of Environmental Regulations on Foreign Direct Investment"，*Journal of Environmental Economics and Management*，Vol. 40，No. 1，2000.

② 赵细康：《环境保护与产业国际竞争力——理论与实证分析》，中国社会科学出版社 2003 年版，第 239 页。

③ 夏友富：《外商投资中国污染密集产业现状、后果及其对策研究》，《管理世界》1999 年第 3 期。

表 8 - 1　　　　　　　　　　污染密集型行业及其分类

门类		大、中或小类及代码
采矿业		煤炭开采和洗选业（6）；石油和天然气开采业（7）；有色金属矿采选业（9）
制造业	轻工类	制糖（1340）；味精；酱油、食醋及类似制品的制造（1461，1462）；饮料制造业（2）；棉、化纤、毛、丝印染（染整）精加工（1712，1723，1743）；皮革、毛皮鞣制加工（1910，1931）；纸浆制造、造纸（2210，222）
	重化工类	石油加工、炼焦及核燃料加工业（25）；化学原料及化学制品制造业（26）；化学药品原药、制剂制造（2710，2720）；化学纤维制造业（28）；非金属矿物制品业（31）；炼铁、炼钢（3210，3220）；常用有色金属、贵金属冶炼（331，332）
	电器设备类	金属表面处理及热处理加工（3460）；电池制造（3940）；印制电路板制造（4062）
电、燃气和水		火力发电业（4411）

资料来源：笔者自制。

三　改制后有关农村污染密集型行业的典型事实

（一）中国农村地域污染密集型行业整体规模比城镇高，而且企业数量多、规模小

从表 8 - 2 可以看到，中国所有污染制造行业在农村都有分布，农村污染制造企业数和就业量分别达到 27.45 万个和 1330.22 万人，其中，重化工类制造业分别占 81.27% 和 77.97%，仅非金属矿物制品业和化学原料及化学制品制造业的就业量达到 910.40 万人，占污染制造业的68.82%。农村污染密集型企业规模普遍较小，农村污染制造企业平均就业量为 48 人，比城镇企业就业量低 40.74%。

表 8 - 2　　中国污染密集型行业企业数和就业数的城乡分布（2008 年）

污染密集型行业名称及代码	企业数（个）		就业（万人）		企业平均就业	
	城镇	农村	城镇	农村	城镇	农村
煤炭开采和洗选业（6）	3304	18623	325.93	252.70	986	136
石油和天然气开采业（7）	872	492	101.28	9.52	1161	193
有色金属矿采选业（9）	2291	8387	19.50	54.71	85	65
制糖（1340）	276	349	10.53	7.73	382	221

续表

污染密集型行业名称及代码	企业数（个）		就业（万人）		企业平均就业	
	城镇	农村	城镇	农村	城镇	农村
味精；酱油、食醋及类似制品的制造（1461，1462）	1809	2203	10.66	7.28	59	33
饮料制造业（2）	13182	21827	93.34	72.79	71	33
棉、化纤、毛、丝印染（染整）精加工（1712，1723，1743）	3353	4235	34.15	42.35	102	100
皮革、毛皮鞣制加工（1910，1931）	847	2276	6.17	18.74	73	82
纸浆制造、造纸（2210，222）	5269	7692	45.24	52.70	86	69
石油加工、炼焦及核燃料加工业（25）	2612	3820	56.68	35.42	217	93
化学原料及化学制品制造业（26）	41706	54632	293.14	269.50	70	49
化学药品原药、制剂制造（2710，2720）	2898	1615	59.68	19.08	206	118
化学纤维制造业（28）	1732	2811	23.70	23.85	137	85
非金属矿物制品业（31）	54069	157459	294.34	645.90	54	41
炼铁、炼钢（3210，3220）	931	2548	47.77	41.42	513	163
常用有色金属、贵金属冶炼（331，332）	1911	4591	55.95	44.98	293	98
金属表面处理及热处理加工（3460）	5021	5928	19.63	21.68	39	37
电池制造（3940）	2141	1696	34.37	16.59	161	98
印制电路板制造（4062）	1300	774	37.34	10.21	287	132
火力发电（4411）	1019	704	56.35	21.35	553	303
合计：工业	146543	302662	1625.75	1668.50	111	55
其中：采矿业	6467	27502	446.71	316.93	691	115
制造业	139057	274456	1122.68	1330.22	81	48
轻工类	29366	43008	283.47	244.52	97	57
重化工类	101229	223050	747.88	1037.22	74	47
电器设备类	8462	8398	91.34	48.48	108	58
电、水、气生产与供应业	1019	704	56.35	21.35	553	303

资料来源：中国第二次全国经济普查企业数据。

（二）改制后时期，新成立的农村污染密集型企业比城镇多，而且以重化工企业为主

从表 8-3 看出，在 2000 年以前，中国城镇污染密集型企业从业人数比农村的高出 60.74 万人，而自 2001 年以来，中国农村新成立的污染密集型企业从业人数开始高出城镇，而且差距逐渐扩大。2001—2008 年，新成立的农村污染密集型企业从业人数比城镇的多 268.27 万人，其中，轻工类高出 14.60 万人，重化工类高出 275.89 万人，只有电器设备类比城镇低 22.21 万人。重化工类企业已经成为中国农村地区污染密集型企业的主体，也是污染密集型行业增加的最主要来源。

表 8-3　　　按成立时间分中国污染密集型企业从业人数的城乡分布（2008 年）

成立时间	轻工类（万人）		重化工类（万人）		电器设备类（万人）		合计（万人）	
	城镇	农村	城镇	农村	城镇	农村	城镇	农村
2000 年之前	170.75	117.20	412.44	425.90	38.35	17.69	621.53	560.79
2001—2008 年	112.73	127.33	335.44	611.33	53.00	30.79	501.15	769.42
全部	283.48	244.53	747.88	1037.23	91.35	48.48	1122.68	1330.21

资料来源：中国第二次全国经济普查企业数据。

（三）农村地区污染密集型企业空间布局高度分散

2008 年，中国农村地区污染密集型制造企业共分布在 118590 个行政村，比 2004 年多了 12319 个行政村，污染密集型企业在空间上有蔓延的趋势。同期中国约有 60 万个行政村，这就是说，约 20% 的行政村都有污染密集型制造企业。从分布来看，在有污染密集型制造企业的行政村中，50% 以上的村有 1 家污染密集型制造企业，75% 以上的村有 2 家污染密集型制造企业，1% 的村内有 15 家以上的污染密集型制造企业（见表 8-4）。

表 8-4　　　　　　农村地区污染密集型制造企业的分布情况

年份	污染密集型企业数（家）	有污染密集型企业的村庄数（个）	村庄污染密集型企业数分位点						
			25%	50%	60%	70%	75%	90%	99%
2004	224926	106271	1	1	2	2	2	4	13
2008	274456	118590	1	1	2	2	2	4	15

资料来源：中国第一次、第二次全国经济普查企业数据。

（四）农村污染密集型行业普遍显示出扩张趋势

根据规模以上企业资料，除了农副产品、食品等行业发展较快之外，石油加工、化学原料及化学制品制造业和金属冶炼等行业增长并不逊色，2002—2011 年，化学原料及化学制品制造业、黑色金属冶炼、有色金属冶炼和石油炼焦等重化工业的就业增长率都翻倍（见表 8 – 5）。

表 8 – 5　　　　　2002—2011 年农村部分规模以上行业就业量　　　　单位：万人

年份	食品制造业	皮革、毛皮和羽毛制品业	造纸业	石油炼焦	化学原料及化学制品制造业	化学纤维制造业	非金属矿物	黑色金属冶炼	有色金属冶炼
2002	38.11	66.49	62.00	13.27	74.85	14.12	142.84	51.42	30.77
2003	46.62	77.30	68.64	16.38	90.31	17.51	159.48	69.12	40.96
2004	52.45	74.02	68.29	19.72	97.38	16.69	163.54	73.49	41.63
2005	71.01	106.16	78.48	27.81	130.41	25.82	198.64	94.58	52.22
2006	78.69	121.10	88.26	30.33	142.80	26.87	210.78	108.69	64.22
2007	80.15	128.53	86.20	30.39	152.25	25.55	221.92	127.05	68.97
2008	87.38	121.77	87.15	32.56	169.66	29.90	237.34	130.51	77.78
2009	95.38	113.64	90.38	33.24	179.77	28.67	253.71	128.79	86.33
2010	109.33	125.76	96.00	33.51	185.07	27.17	272.03	145.25	83.71
2011	104.40	110.72	79.65	31.56	170.83	29.11	229.14	134.25	74.61

资料来源：《中国乡镇企业年鉴》（2003—2006）、《中国乡镇企业及农产品加工年鉴》（2007—2012）。

总体来说，改制后时期中国农村地区的污染密集型企业数量多、规模小，新成立企业整体规模比城镇的体量大。从产业结构看，虽然农产品加工业等基于农业资源优势的行业发展较快，但比重较低，就业量比重不超过30%，而化学原料及化学制品制造业等背离农村技术和农业资源优势的重化工业不仅增速较快，而且在农村工业中占有绝对优势，就业量约占70%。

第三节　改制后时期中国农村污染工业发展机制分析

一　企业选址的一般理论

企业对于地理位置的选择，主要基于企业成本收益分析，而企业在城乡之间的成本差异并不是一成不变的。17 世纪时，已经开始工业革命的英国，其棉布工业分散在村子或集镇上，从而逃避城镇上行业公会各种规章制度的限制；农村地区廉价的劳动力和土地，以及充分的水利资源，都是吸引企业的要素。历史学家发现，直到蒸汽机用作主要动力从而使得企业规模变大后，城市里商业上的有利条件才抵消农村的优势，工业和人口越来越聚集到城市①。聚集效应开始显现。不但已有城市得益于工业发展而人口剧增，如英国伦敦、法国巴黎等国家首都和宫廷所在地在产业革命后城市规模扩大，而且还新生了大批工业城市，如英国曼彻斯特、美国五大湖周边城市。然而，随着人口的聚集，城市中以土地为代表的各种生产要素成本日趋提高，从而抵消其聚集效应，企业向郊区分散。这种"反城市化"体现了否定之否定的事物发展法则②。

从发达国家的经验来看，城乡之间的优劣势对比同时受到市场与非市场两种力量的影响，而资本主义的崛起过程逐渐挣脱了非市场力量的各种束缚，市场发挥的作用日益强大。到 20 世纪初，来自行业公会或政府干预的非市场力量已经微乎其微。在阿尔弗雷德·韦伯工业区位理论中，企业成本构成有土地成本、建筑物等固定成本、原料动力成本、劳动力成本、运输成本、利率和固定资产折旧率，这七类要素都是市场要素。

中国的工业化和城市化有着独特的经历。近代历史上，中国某些城乡地区的手工制造业已经相当发达，中国的陶瓷和丝绸等制品是国际上重要的贸易商品。在计划经济时代，中国的工业主要与城市联系在一起，城市工业不但起着发展经济的作用，还要解决城市劳动力的就业，以及肩负各种社会保障的作用，而农村主要与农业联系在一起，社队工业发展起伏不定，受政策变动的影响很大。在这些时期，农村企业具有很强的社区经济属性，无论投资还是劳动力，绝大部分都来自本地，所谓"离土不离乡，进厂不进城"。企业在农村选址主要受到了非市场力量的束缚。

20 世纪 90 年代以来，城乡之间生产要素不能自由流动的情况有了很大改观。1994 年全国各地均取消了粮票、油票等定量供应制度。1995 年

---

① ［美］刘易斯·芒福德：《城市发展史——起源、演变和前景》，宋俊岭、倪文彦译，中国建筑工业出版社 2005 年版，第 469—472 页。

② 杜志雄、张兴华：《从国外农村工业化模式看中国农村工业化之路》，《经济研究参考》2006 年第 73 期。

开始，全国出现了前所未有的人口流动大潮①。农村剩余劳动力大规模转移，大量乡镇企业改制，外来投资增加，生产要素的流动已经远远超出了当地社区范围。

二　中国农村工业企业的选址理论

传统乡镇企业改制后，绝大多数企业，尤其是新企业，都是一般意义上的追求最大利润或最小成本的经济主体，按照经济学家韦伯的区位理论的核心思想，企业对区位的选择是为了达到生产成本最小或利润最大。如果把城镇和乡村作为两个地点，影响企业选择生产地点的因素一般有如下三个。

（一）环境规制差异

中国的环境法律法规并没有规定城镇和农村有任何差别，然而，城乡环境保护在监督和执法上存在显著差异。这表现在三个层面，一是微观层面，农村基层环保管理几乎空白。中国县级以下行政区划基本不设立环保机构，尽管江浙等发达省份在有条件的乡镇配备环保人员和机构，但是其环境监测监察职能相当薄弱。整体而言，农村环境管理"无机构、无人员、无经费"，是中国环境保护的薄弱环节。二是中观层面，地方政府为追求增长而在环保方面不作为，对农村企业污染采取放任自流的态度。三是宏观制度层面，环境管理沿袭了重城市、轻农村的二元治理思路②。中国的环境保护工作重点是城市和工业，现行的环境立法特别是污染防治立法的适用对象，突出表现了大中城市利益中心主义和大中企业中心主义的特征，适应乡村和乡村企业的环境管理制度可以说基本是空白③。城市规划是各类规划中起步最早、体系最完整的规划，但村镇规划十分薄弱④。另外，在接触大众传媒的倾向和机会方面城镇居民更具有优势，城镇居民具有较强的话语权，因此在社会监管方面城乡差异明显。

（二）土地供给差异

韦伯的区位理论把土地成本当作是分散因素。当企业聚集在一起的时

---

①　乔晓春：《户籍制度、城镇化与中国人口大流动》，《人口与经济》2019 年第 5 期。

②　洪大用：《我国城乡二元控制体系与环境问题》，《中国人民大学学报》2000 年第 1 期。

③　李启家：《中国环境法规》，转引自郑易生编《中国环境与发展评论》（第 1 卷），社会科学文献出版社 2000 年版。

④　李青：《国土规划、区域发展与农村生态环境》，转引自张晓编《中国环境与发展评论（第五卷）——中国农村生态环境安全》，中国社会科学出版社 2012 年版。

候，通常会抬高当地的地租或地价水平，从而成为企业发生离心扩散的动力。工业虽然比农业具有土地集约优势，但是相比服务业属于粗放型。现代化工厂一般需要大面积单层厂房，重化工业尤其如此。这可以解释发达国家出现的工业郊区化现象。随着城区中心房地产费用的攀升，城市中心的工业企业纷纷关闭或在城郊选择新址。城区土地让位于那些能够创造更高单位产值的服务业或对土地面积要求少的企业。郊区较为廉价的土地对采用流水作业、需要大面积单层厂房的大型现代化工厂具有很强的吸引力①。城区企业的郊区化现象也在中国出现。1998 年，中国启动住房改革，某种程度上改善了城市居民的居住条件，同时也推高了城市土地交易价格。随着城市建设用地尤其是房地产价格的一再攀升，提高了城市工业用地的机会成本，使在城市办企业变得昂贵。1999 年到 2004 年，北京每年都有 20—30 家企业从四环内迁出，包括光华木材厂、一机床、造纸厂等北京的老牌工业企业，计划搬迁企业总数达 738 家。这其中相当一批并不是因为环保的问题，而是缺乏竞争力，脚下的土地比头顶上的工厂要值钱得多②。城市推行"退二进三"进行产业结构调整，大部分工业企业搬迁到城区之外，如郊区的各类开发区。有研究发现地方政府通过推高城市房价引发城市的"去工业化"进程③。

　　然而，中国不仅与世界接轨，还有自己的特色，那就是不仅城镇郊区聚集了大量城区转移出来的工业企业，而且农村腹地也有相当可观的工业企业。这与相互联系的三个因素有关。

　　第一，地方政府有发展工业的动力，土地供给是重要刺激手段。由于地方官员以经济增长作为政绩指标，而工业是地方主要的经济增长点和财政来源，因此各级政府都有动力发展本地工业。土地是地方政府能够支配的重要经济资源，所以土地供给成为地方政府招商引资的关键筹码。不仅城镇郊区想争取项目，郊区之外的远郊县市甚至农业县也想拉项目，乡镇政府也是如此。

　　第二，城乡土地供给成本差异巨大，农用地出让维持低价。中国国有土地和集体土地存在二元市场。《宪法》规定，城市土地属于国有，农村

　　①　周一星：《城市地理学》，商务印书馆 2012 年版，第 101 页。

　　②　勾新雨、徐正辉：《首钢搬迁》，http://finance.sina.com.cn/review/observe/20050618/14241699127.shtml。

　　③　赵祥、谭锐：《土地财政与我国城市"去工业化"》，《江汉论坛》2016 年第 1 期。

和城郊土地，除由法律规定属于国家所有的以外，属集体所有。《土地管理法》规定，任何单位和个人进行建设，需要使用土地的，必须依法申请使用国有土地（国家所有的土地和国家征用的原属于农民集体所有的土地）。同时规定，兴办乡镇企业可以使用本集体经济组织农民集体所有的土地。在传统乡镇企业发展时期，集体企业和私人企业使用本村的建设用地。然而，自20世纪90年代末以来，新成立的乡镇企业所占比重很小，大部分企业来自农村社区以外，这些企业必须申请使用国有土地。通常的做法是，对于省级及以上开发区，政府将属于农民集体的农用地征为国有，再通过出让方式转给企业。省级以下开发区和乡镇企业园区的情况比较复杂，大部分都是集体经济的建设用地。自城市国有土地实行有偿使用制度以来，城区土地成本日益高昂。实际上，城区已经不可能提供企业所能承受的工业用地。新的工业用地只能来自城区之外，而农村集体土地征用成本远远低于城市的国有土地。根据周飞舟的调查，城区土地征用的补偿费占总地价的52%，而农村只有6.9%[1]。更有甚者，地方政府为了吸引企业前来投资，一般以成本价或低于成本价、零地价出让土地（蒋省三等，2007）[2]，所以工业用地出让价格一直维持在一个较低的水平。如果从另一个角度看，地方政府之所以出得起工业用地的低价，是因为这是在远离城区的"农村"，政府不会把工业用地安排在城区。因此，地方政府的土地招商模式对农村地区的工业发展起到了重要作用。

　　上述诸多因素导致农村地域出现地方政府主导的多轮"圈地运动"。杨帅、温铁军把改革开放以来农村土地大规模征占分为三次"圈地"过程，20世纪80年代中期的乡镇企业是农民主导的一次，90年代初期和2000年以后是地方政府主导的两次[3]。陆学艺认为，2000年以来的"圈地"来势比以往都凶。圈占的主要是在长江三角洲、珠江三角洲和大中城市郊区的耕地。[4] 农村的多轮"圈地"，以"镇镇办区、乡乡办园"的形式取代了乡镇企业时期"村村点火、户户冒烟"，使得农村地域内工业企

　　① 周飞舟：《生财有道：土地开发和转让中的政府和农民》，《社会学研究》2007年第1期。
　　② 蒋省三、刘守英、李青：《土地制度改革与国民经济成长》，《管理世界》2007年第9期。
　　③ 杨帅、温铁军：《经济波动、财税体制变迁与土地资源资本化——对中国改革开放以来"三次圈地"相关问题的实证分析》，《管理世界》2010年第4期。
　　④ 陆学艺：《"三农"新论——当前中国农业、农村、农民问题研究》，社会科学文献出版社2005年版，第118页。

业数和就业量居高不下。

（三）其他因素的影响

劳动力成本差异也是影响企业选址的因素。随着中国城乡隔离政策的逐步取消，城乡劳动力流动性大为增强，农村生活成本较低，劳动力具有一定的优势。除上述因素外，农村交通基础设施等投资环境的改善对农村企业的发展产生积极作用。

研究显示，交通等基础设施改善促进了国家和区域经济增长[1]。农村的交通基础设施肯定不如城市发达，但是，对比的是二者之间的差距，如果差距缩小，那么农村的运输成本就有相对优势。改革开放以来，特别是"十五"时期以来，中国先后实施了贫困县出口路、通县油路、县际和农村公路改造工程、通达工程等，99.6%的乡镇和92.9%的行政村实现了通公路，基本形成了县与乡、乡与乡、乡与村之间的农村公路网络[2]。高速公路建设也很快，区域之间的运输能力大为提高。这些都增强了农村地区与外部世界以及农村地区内部的物流和人员联系。除了交通运输条件的改善，农村的电力和通信状况也逐年改观。第二次农业普查显示，2006年中国通电的行政村的比重达到98.6%，通电话的比重提高到97.5%（见表8－6）。这其中农村基础设施的改善功不可没。农村基础设施建设改善了农村的工业投资环境，缩小了城乡在吸引工业投资方面的差距。

表 8 － 6　　　　　　　1996 年和 2006 年全国行政村基础设施情况

年份	行政村总数（个）	其中：通公路的村		通电的村		通电话的村	
		个数	比重（%）	个数	比重（%）	个数	比重（%）
1996	748340	653925	87.4	718113	96.0	357099	47.7
2006	637011	607789	95.4	627971	98.6	620920	97.5

资料来源：《中国第一次农业普查资料综合提要》，《中国第二次全国农业普查资料汇编》（农村卷）。

---

① 张学良：《中国交通基础设施促进了区域经济增长吗?》，《中国社会科学》2012 年第 3 期；刘生龙、胡鞍钢：《基础设施的外部性在中国的检验（1988—2007）》，《经济研究》2012 年第 3 期。

② 交通部：《全国农村公路建设规划》，2005 年，http：//www.chinahighway.com/news/2005/117601.php。

第四节　模型设定、变量界定与数据处理

一　模型设定

综上分析，对于工业企业来说，城乡间环境规制有差异，可能存在着"污染避难所"效应，但要综合考虑其他因素的影响，尤其是土地供给。为了定量考察环境规制等因素对企业选址的影响，验证"污染避难所"效应是否存在，采用二元离散模型（binary outcome model）模拟企业选址行为。假设企业在农村选址的概率为 $P(y)$，

$$p(y = 1) = G(z) \qquad\qquad (8-1)$$

$$z = x^{'}\beta \qquad\qquad (8-2)$$

其中，$y = \begin{cases} 1, & \text{如果企业在农村} \\ 0, & \text{如果企业在城镇} \end{cases}$，$G(z)$ 是累积分布函数，列向量 x 和 β 分别是影响因素和系数。假定 $G(z)$ 为 Logistic 分布函数，就有，

$$p(y) = G(z) = \frac{1}{1 + e^{-z}} \qquad\qquad (8-3)$$

非线性模型中，回归变量对因变量的边际效应大小不但与系数有关系，而且与函数值有关，但是边际效应的符号与系数一致。

$$\frac{\partial\, p(y)}{\partial\, x_j} = \exp(z)\beta_j$$

Logit 模型的优点在于得到形式简洁的 Odds Ratio（OR），即企业在农村选址的概率与在城镇选址概率的比值（发生比），

$$OR = \frac{p(y)}{1 - p(y)} = \exp(z) \qquad\qquad (8-4)$$

OR 取对数后与回归变量呈线性关系，即 Logit 模型，

$$\ln OR = z = x^{'}\beta \qquad\qquad (8-5)$$

在经济学领域，β_j 被称为半弹性系数，就是说，当某自变量 x_j 每变化一个单位，OR 变动的比率为 β_j。公式（8-5）具体为

$$\ln OR = \alpha_o + \beta_1 regulation + \beta_2 landcost + \sum \gamma_i u_i + \varepsilon \qquad (8-6)$$

其中，u 为控制变量，有企业所在地的集聚效应、劳动力成本、企业投资环境、企业资本密集度、企业技术密集度、企业的所有制、企业规模、所在的行业和地区等；如果系数 β_1 显著为负，就支持了"污染避难

所"效应的存在；ε 为随机扰动项。

二 变量界定

（一）环境规制（regulation_ proxy）

从环境保护投入来看，常用的度量方法有单位产出的治污成本、环境保护机构和从业人数；从环保效果来看，度量方法有单位产出的污染物排放强度、污染物浓度等。由于一国的收入水平与环境规制程度具有很高的相关性（Dasgupta 等，2001），因此收入水平也可以度量环境规制。中国缺乏农村环境保护的资料。基于数据的可获得性，本书采用乡镇人均收入作为环境规制的代理变量，数据来自 2008 年第二次全国经济普查规模以上工业企业汇总得到的乡镇平均工资水平。

（二）土地成本（landcost）

企业所在区县的工业用地最低出让价格（百元/平方米）。2006 年年末，国土资源部发布《全国工业用地出让最低价标准》（以下简称《标准》），将全国区、县和旗级行政单位的工业用地出让最低价分为 15 个等级，从 60 元/平方米到 840 元/平方米不等。整体来看，城市主城区用地价格最高，中小城市、郊区依次降低，偏远区县最低，大体反映出城乡土地成本的差别。该标准自 2007 年开始实施。

（三）劳动力成本（laborcost）

用企业年人均劳动补偿（万元）表示，包括工资和福利费。

（四）控制变量

包括：（1）所有制/组织类型：按照中国企业登记注册类型共有 29 类企业，本书分为国有、集体、股份制、有限公司、其他内资、港澳台和外资企业；（2）地区：按省级行政区域划分；（3）行业：按照 2003 年国民经济行业分类办法规定的两位数代码行业。（4）宏观经济环境（T）：2000 年之后开业的企业取为 1，之前为 0。

三 缺失值和错误值的处理

2008 年普查年份的企业法人单位共有 197 万个，但是规模以下企业数的指标较少，缺少劳动力成本等指标，因此采用规模以上企业法人单位进行估计。数据库中某些观测存在部分指标缺失，或者不符合逻辑关系，如销售收入、就业人数、工资等指标为负值，这些观测被视为错误输入而被删除。

这里要说明的是，受资源地理分布影响采掘业大部分在农村，而电力、燃气和水生产供应是市政公用设施因而大部分在城镇地域。这些行业的城乡分布主要是行业性质决定的，因而不在本书分析框架之内。因此参加估计的是污染制造企业，约 8 万家。

第五节　估计结果与稳健性分析

一　估计结果

对公式（8-6）进行估计，得到结果见表 8-7。极大似然估计都收敛。对模型中各变量的联合检验非常显著，说明模型总体上具有解释力。概率估计值与实际观测值的匹配度在 70% 以上，具有较好的预测能力。

表 8-7 中列（1）是对全部污染密集型企业的估计结果。环境规制强度每下降一个单位，企业在农村选址概率与城镇概率的比值（OR）就提高 13.71%，土地成本对应的是 0.46%。由于估计系数与解释变量的量纲单位有关系，为了比较解释变量对响应变量（logit）的影响大小，将连续变量标准化，得到标准系数，即解释变量每变动一个标准差，响应变量的标准差会变化多少，见列（2）。结果显示，解释变量每下降一个标准差，环境规制对响应变量的影响是 0.21 个标准差，而土地成本对响应变量的影响是 0.59 个标准差。土地成本的影响约是环境规制的将近 3 倍。

对污染密集型行业进行分类估计，轻工类、重化工类和电器设备类行业的估计系数见列（3）、列（4）和列（5），结果显示环境规制和土地成本的影响都非常显著，而土地成本的影响要高于环境规制。这意味着中国污染密集型行业在城乡间有显著的"污染避难所"效应。然而，与环境规制相比，对企业选址影响更大的是城乡土地成本差异。

表 8-7　　　　　　　　　污染密集型企业极大似然估计结果

响应变量： ln（企业在农村概率/在城市概率）	原始系数 （1）	标准系数 （2）	轻工类 标准系数 （3）	重化工类 标准系数 （4）	电器设备类 标准系数 （5）
解释变量					
环境规制代理变量	-0.1371 *** （0.00610）	-0.2088 *** （0.00929）	-0.1750 *** （0.0203）	-0.2106 *** （0.0112）	-0.5520 *** （0.0600）

响应变量： ln（企业在农村概率/在城市概率）	原始系数 （1）	标准系数 （2）	轻工类 标准系数 （3）	重化工类 标准系数 （4）	电器设备类 标准系数 （5）
土地成本	−0.00459 *** （0.000080）	−0.5871 *** （0.0102）	−0.4820 *** （0.0229）	−0.5896 *** （0.0117）	−0.7916 *** （0.0513）
劳动力成本	0.00168 （0.00145）	0.00912 （0.00787）	−0.0275 （0.0185）	0.0195 * （0.0106）	−0.0727 （0.1533）
宏观环境	0.0513 *** （0.00852）	0.0513 *** （0.00852）	0.1735 *** （0.0352）	0.0858 *** （0.0202）	0.0169 （0.0805）
N	79181	79181	16984	58109	4088
Max-rescaled Rsquare	0.2146	0.2146	0.1929	0.2085	0.3271
Percent Concordant	72.5%	72.5%	73.8%	71.7%	70.2%

注：1. 其他控制变量估计结果省略。2. 括号内为标准误，* 和 *** 分别表示 10% 和 1% 的显著性水平。

资料来源：笔者自制。

整体来看，城乡企业的劳动力成本差异对企业择址的影响并不显著。投资环境的改善对企业在农村选址起了显著的促进作用，2001 年后新成立企业显著地偏向农村。东部省市的企业倾向于在农村选址，如河北、江苏、浙江、山东、福建和广东等，而东北、中西部企业倾向于在城镇选址，如黑龙江、辽宁、安徽、江西、甘肃、青海和宁夏等。这与中国东部企业的乡镇经济较为发达有关，改革开放以来，东部地区的乡镇企业发展起步早、速度快，而已有城区发展成熟，因此新的工业经济活动倾向于城区之外。显著偏向农村的企业类型有集体企业、私营企业和港澳台企业，国有企业、股份制和外资等类型的企业大都显著偏向城镇。

二　稳健性分析

（一）异常值

根据企业指标判断异常值，如企业人均年劳动报酬，最高值超过 54 万元，最低只有几百元，这不符合常理。为此，本书删除了 1% 和 99% 分位点以外的企业观测后进行估计，结果显示模型拟合度提高了 0.1 个百分点，核心变量的符号保持一致，系数大小有轻微变化，并不影响结论。

（二）样本的选取

某些企业在农村选址受历史影响。比如，从乡镇企业改制而来的私营企业，有路径依赖的问题。为了解决路径依赖问题，这里做了两点处理。第一，剔除 2000 年前成立的企业，也就是说仅估计 2001 年及之后成立的新企业。结果显示，土地成本和环境规制估计系数的符号、相对大小以及显著程度都与上文一致。第二，将集体企业和私营企业观测剔除，对国有企业、股份制、港澳台和外资企业进行估计。估计结果不影响以上结论。

第六节　讨论与评论

一　"污染避难所"还是"廉价土地避难所"

估计结果显示，在考察期间，高污染企业在农村选址最主要的原因是土地供应廉价而非环境规制宽松，后者的影响微乎其微。这与现实相符，就中国"十一五"期间的环境规制程度而言，污染治理成本在企业成本中所占比例相对较小。"十五"期间，受西部大开发、住房改革和"非典"影响，中国石化、建材和冶金等重化工业迅速发展。这些行业都对工业用地面积产生巨大的需求，由于老城区不可能提供面积较大的工业用地，因此，重化工类污染企业大多分布在老城区以外的地域。

因此，就"十一五"期间而言，中国并不存在"污染避难所"，而是"廉价土地避难所"（cheap land haven），即对用地需求较大的高污染企业不可能支付城区高地价，而只能在城区以外选址。在地方政府追求经济增长的动机下，将农用地征用为国有建设用地，以极低的价格为高污染企业提供充足的土地，使得农村地域吸引大量的高污染企业。

农村宽松的环境规制将会对高污染企业产生日益明显的影响。需要注意的是，环境规制政策的动机是让企业治理污染，而不是驱使企业搬到环境规制低的地方去。但是，企业的目标是成本最小或利润最大，不一定与环境规制的目的相一致。以美国为例，美国环保署（EPA）根据《清洁空气法案》制定了各种空气污染物的全国质量标准，每个州据此被认定为某种污染物达标（attainment）或不达标（nonattainment）。对于不达标的州，环保署施加相对严格的污染物排放标准。对美国国内资本流向的研究发现，污染企业倾向于转移到环境规制程度较轻的达标地区[1]，这实际上延缓了企业进行技术改造的紧迫程度。因此，城乡环境规制的差异不利于污染的治理和产业升级。

二　土地招商的环境影响

廉价土地供给刺激了农村工业的发展，客观上加重了农村的工业污染。由于地方政府之间竞争数量有限的项目，导致农村工业布局相当分散，工业项目在农村形成"飞地"，在污染治理上不利于发挥规模优势和集聚效应，不利于污染治理。城市企业可以共享环境基础设施，环保机构和公众易于监管和监督，因此城市在污染治理方面具有很大优势。对于那些工业项目相对集聚的村庄，实际上已经具备了城镇的物质基础，但由于行政管理上滞后，很难提升到更高层次。政府可考虑在行政建制上由"乡"转"城"，提高市政设施和公共服务水平，通过城镇化治理工业污染。

中国高污染企业的"去城市化"是一把双刃剑，一方面，它有利于改善城镇的环境质量，提高了大中城市居民的社会福利，而农村地域辽阔、人口密度小、环境容量大，因此理论上说，污染企业在农村的危害性小；另一方面，高污染企业"去城市化"后，在农村地域受到较为宽松的环境规制，不像在城镇地域那样受到严格监管，污染治理设施缺位，从而获得短期的"环境红利"。在宽松的环境规制下，企业缺乏绿色技术创新的动力，长期来看，在绿色技术方面必然落后于国内外同行，面临被淘汰的威胁。无论从企业发展战略还是国家发展战略来看，城乡环境规制差异都不利于国内企业技术进步和实现产业升级。

另外，污染源在空间上的广泛分散有可能造成更大范围内生态环境的破坏，最终反而对城镇造成不可控制和难以预料的影响。

三　农村企业的集聚效应与城镇化

中国绝大多数村庄的工业布局依然相当分散，但极少数村庄发生了产

---

[1]　Vernon Henderson，"Effects of Air Quality Regulation"，*American Economic Review*，Vol. 86，No. 4，1996. Becker，R and V Henderson，"Effects of Air Quality Regulations on Polluting Industries"，*Journal of Political Economy*，Vol. 108，No. 2，2000. G. Michael，"The Impacts of Environmental Regulations on Industrial Activity：Evidence from the 1970 and 1977 Clean Air Act Amendments and the Census of Manufactures"，*Journal of Political Economy*，Vol. 110，No. 6，2002.

业集聚。实际上，东部发达地区的经济增长很大程度上来自城区以外工业的发展。很可能是，产业集聚发生了，但并不是在城区，而是在工业化程度很高的"超级村庄"① 或半城市化村庄。中国不少经济发达的乡村，依托于区位、文化和产业传统等各种优势，发生了人口和产业聚集，自发完成了城镇化过程。这一事实反映出当前中国城镇化存在的建制落后的问题。即使村庄发生了人口和产业聚集，但在行政管理上要受上级乡镇管辖，不可能升格为镇，同样，某些镇受县政府管辖，不能升级为市。小城镇要实现切块设市的愿望，在实际操作中阻力重重，因为其所在的县级政府普遍反对，往往难以实现。典型的如浙江省苍南县的龙港镇②。这不但在统计上造成了城镇化偏低，而且行政管理滞后限制了城镇化的长远发展。工业村仅仅在产业上实现集聚效应，而难以实现更大规模、更高层次的社会集聚效应。

第七节　结论

本章采用经济普查企业数据，考察了乡镇企业改制后时期中国农村地区污染密集型企业的整体状况，研究了其内在发展机制，并定量分析了环境规制和土地供给对企业在城乡选址的影响。具体结论如下。

第一，改制后时期，相比城镇地区，中国农村地区的污染制造企业数量多、规模小、分布广、发展快、体量大。化学原料及化学制品制造业等背离农村技术和资源优势的重化工业占绝对优势。

第二，土地的易获得性和低成本对污染制造企业在农村选址起了关键性作用。一方面，中国城镇产业结构进行"退二进三"的调整，城区不可能提供面积较大的工业用地；另一方面，地方政府通过出让农村地区价格较低的工业用地吸引大量的企业，结果造成用地需求量较高的重化工类污染密集型企业比较突出。

第三，经验分析表明，环境规制对污染密集型企业选址行为有显著的影响，这说明中国城乡之间存在着"污染避难所"效应。然而，环境规制

---

① 折晓叶：《村庄的再造：一个"超级村庄"的社会变迁》，中国社会科学出版社 1997 年版，第 1—10 页。

② 蒲善新：《县改市冻结十年反思》，《决策》2007 年第 2 期。

的影响要远小于土地成本的影响，与其强调农村地区是污染密集型企业的"污染避难所"，不如说是"廉价土地避难所"更为恰当。

综上，政府应当对中国工业化战略以及土地政策进行适时调整，农村工业宜定位于农产品深加工等发挥农业资源优势的行业，取消重化工业在农村地区所享受的各种优惠措施；地方政府应当对工业用地的总量和空间布局进行"双控"，通过污染密集型企业的集中布局扭转工业污染在农村地区的扩张趋势。

第九章　京津冀地区大气污染行业城乡分布的灰霾效应[*]

　　近几年来中国多地频繁出现灰霾天气。京津冀、四川盆地、汾渭平原等地区尤其严重。京津冀地区是灰霾重灾区，石家庄、唐山、邯郸、保定和邢台等地细颗粒物（PM2.5）浓度位居全国前十之列，北京 PM2.5 浓度超过国家空气质量二级标准 1 倍以上。各地居民饱受"心肺之患"，更影响下一代身心健康。党中央和国务院非常重视大气污染治理。2013 年 9 月，国务院颁布《大气污染防治行动计划》（"大气十条"），提出到 2017 年京津冀地区细颗粒物浓度比 2012 年下降 25% 左右。根据《"大气十条"实施情况中期评估报告》，京津冀地区完成 2017 年目标的任务相当艰巨。为实现该目标，2017 年环保部对京津冀及周边传输通道"2 + 26"城市先后进行空气质量专项督察和大气污染防治强化督察。党的十九大报告提出"持续实施大气污染防治行动，打赢蓝天保卫战"。蓝天保卫战既不能输也输不起。

　　科学家普遍认为京津冀地区灰霾是自然气象条件和人为污染物排放共同作用导致[1]。由于细颗粒物具有长距离传输特点，区域输送对京津冀地区灰霾事件的形成和维持有不可忽视的影响[2]。灰霾的区域性特点要求灰霾治理需要联防联控，这已经在学术界和政府部门达成共识[3]。研究发现，

---

　　* 本章部分内容发表于《城市与环境研究》2019 年第 1 期。

　　① 张小曳、孙俊英、王亚强等：《我国雾—霾成因及其治理的思考》，《科学通报》2013 年第 13 期；吴兑：《近十年中国灰霾天气研究综述》，《环境科学学报》2012 年第 2 期。

　　② 缪育聪、郑亦佳、王姝等：《京津冀地区霾成因机制研究进展与展望》，《气候与环境研究》2015 年第 3 期。

　　③ 马丽梅、张晓：《中国灰霾污染的空间效应及经济、能源结构影响》，《中国工业经济》2014 年第 4 期；张世秋、万薇、何平：《区域大气环境质量管理的合作机制与政策讨论》，《中国环境管理》2015 年第 2 期；潘慧峰、王鑫、张书宇：《灰霾污染的持续性及空间溢出效应分析——来自京津冀地区的证据》，《中国软科学》2015 年第 12 期。

京津冀地区人为污染物排放量与该区域的产业结构、能源结构、交通运输和人口集聚等社会经济因素具有密切关系[①]。这些因素的识别对于治理京津冀地区重污染天气具有重要意义。

　　然而，一个重要但是被忽视的现象是，环保部公布的京津冀地区烟粉尘排放量在最近十几年并没有大幅增加，反而有所减少。1998 年，京津冀地区仅工业部门排放的烟粉尘[②]就有 208.28 万吨，而 2015 年工业部门加上生活部门的烟粉尘排放量仅有 172.55 万吨。即使是灰霾大面积爆发的 2013 年，京津冀三地烟粉尘排放量也仅有 146.01 万吨。如果这些数字真实，那么，在近几年气象条件没有突变而烟粉尘排放量减少的情况下，京津冀地区不可能频繁、大规模地出现重污染天气，而后者的出现必然得出这样一个结论：京津冀地区一次颗粒物排放量统计数字低估了实际排放量。有研究也显示，中国钢铁工业一次颗粒物实际排放量要超过环保部发布的数量，如汪旭颖等[③]估算 2012 年钢铁工业一次颗粒物 561 万吨，京津冀地区钢铁产量约占全国的 1/4，故推算京津冀地区钢铁工业一次颗粒物排放量为 140 万吨。环保部公布当年京津冀地区颗粒物排放量为 138.68 万吨。污染物排放量是对重污染天气进行科学研究的基础资料，其大幅失真会对学术研究和政策制定产生误导，很可能掩盖一些真实的内在原因。

　　目前，中国大部分企业污染物排放数据是根据产品产量和排污系数估算得到。估算企业排污量有三种方法：浓度监测法、排污系数法和物料平衡法，其中排污系数法最为常用。采用实际监测数据的企业仅占很小的比重。根据 2010 年更新调查数据，全国用监测数据核算污染物排放量的调查对象近 3 万家，仅占全部重点调查对象的 13.6%[④]，约占规模以上工业

　　① 李云燕、王立华、王静等：《京津冀地区灰霾成因与综合治理对策研究》，《工业技术经济》2016 年第 7 期；李瑞、蔡军：《河北工业结构、能源消耗与灰霾关系探讨》，《宏观经济管理》2014 年第 5 期；石敏俊、李元杰、张晓玲等：《基于环境承载力的京津冀灰霾治理政策效果评估》，《中国人口·资源与环境》2017 年第 9 期；刘强、李平：《大范围严重雾霾现象的成因分析与对策建议》，《中国社会科学院研究生院学报》2014 年第 5 期。

　　② 烟粉尘合称总悬浮颗粒物（total suspended particle，TSP），一般也称为一次颗粒物，指环境空气中空气动力学当量直径小于等于 100μm 的颗粒物。PM10 和 PM2.5 分别为粒径小于或等于 10μm 和 2.5μm 的颗粒物（国家空气质量标准，GB 3095–2012）。

　　③ 汪旭颖、燕丽、雷宇等：《我国钢铁工业一次颗粒物排放量估算》，《环境科学学报》2016 年第 8 期。

　　④ 董广霞、景立新、周冏等：《监测数据法在工业污染核算中的若干问题探讨》，《环境监测管理与技术》2011 年第 4 期。

企业数的 6.7%。然而，企业排污系数成立的条件是企业服从环境规制从而达到污染治理技术所允许的最低排放量。如果企业并没有服从环境规制，那么根据理论上的排污系数估算而得的污染物排放量就大大低估了实际排放量。实际上，相当一部分企业存在违法排污现象①。研究农村经济和环境的文献显示，无论是传统乡镇企业时代还是乡镇企业改制后时期，中国农村地区都有大量的污染企业②。由于农村地区污染企业数量庞大、技术水平参差不齐，加上环境监管薄弱的客观条件，农村地区工业企业更倾向于超标、甚至直接排污③，导致农村地区环境恶化，环境群体性事件频发④。这也从环保部历次环境督察行动中得到证明，如 2011 年环保部等九部委对铅蓄电池企业违法排污专项整治所公开的信息来看，中国大部分铅蓄电池企业都位于农村地区或者城镇郊区。农村地区被取缔整治的企业比重比城镇高出 10 个百分点，说明农村地区企业排污达不到环保标准相当普遍。近期环保部对京津冀地区及周边"2 + 26"城市开展大气污染防治强化督察以来，发现农村地区及城乡接合部存在的"散乱污"企业"量大、面广，而且几乎没有任何治理设施，污染物直接外排"⑤。然而，农村地区工业污染问题主要反映在案例研究和新闻报道，已有的颗粒物排放清单⑥则没有考虑农村地区污染排放的特殊性，因而目前学界尚无考量农村地区企业排污特征的大气污染物排放量研究。

① 李钢、马岩、姚磊磊：《中国工业环境规制强度与提升路线——基于中国工业环境保护成本与效益的实证研究》，《中国工业经济》2010 年第 3 期；冯阔、林发勤、陈珊珊：《我国城市雾霾污染、工业企业偷排与政府污染治理》，《经济科学》2019 年第 5 期。

② 李周、尹晓青、包晓斌：《乡镇企业与环境污染》，《中国农村观察》1999 年第 3 期；郑易生：《环境污染转移现象对社会经济的影响》，《中国农村经济》2002 年第 2 期；王学渊、周翼翔：《经济增长背景下浙江省城乡工业污染转移特征及动因》，《技术经济》2012 年第 10 期。

③ 苏杨、马宙宙：《我国农村现代化进程中的环境污染问题及对策研究》，《中国人口·资源与环境》2006 年第 2 期；彭向刚、向俊杰：《论生态文明建设视野下农村环保政策的执行力——对"癌症村"现象的反思》，《中国人口·资源与环境》2013 年第 7 期。

④ 黄季焜、刘莹：《农村环境污染情况及影响因素分析——来自全国百村的实证分析》，《管理学报》2010 年第 10 期；王国平：《中国农村环境劣化的历史过程与因质》，《河北学刊》2010 年第 4 期；卜风贤、李冠杰：《发展壮大中的县域工业特点与集体中毒事件频发的对应性》，《社会科学家》2011 年第 1 期。

⑤ 寇江泽：《零容忍整治"散乱污"》，《人民日报》2017 年 7 月 29 日第 9 版；邢飞龙：《强化督查催生发展新动能》，《中国环境报》2017 年 10 月 12 日第 1 版。

⑥ 伯鑫、徐峻、杜晓惠等：《京津冀地区钢铁企业大气污染影响评估》，《中国环境科学》2017 年第 5 期。

那么，京津冀地区颗粒物排放真实状况如何，污染企业在城乡空间分布状况对于该地区颗粒物排放量的影响有多大？这是本书尝试解决的问题。本书的贡献在于将企业在城乡空间排污行为的差异性纳入污染物排放量的核算体系当中，由此估算京津冀地区污染行业颗粒物实际排放量，从而揭示出京津冀地区重污染天气产生的深层次社会经济根源，这对于制定富有成效的灰霾治理对策具有重要的参考价值。

第一节　考虑环境规制空间差异的污染物排放核算框架

在传统环境经济学理论中，代表性企业的排污行为不随空间地点而变化，企业具有相同的排污行为。然而，大量现实案例表明企业对环境规制的服从程度在空间上并不相同。企业会根据其所在地环境规制的强度，做出不同的应对策略。对于中国企业而言，企业对环境规制的服从成本分为两类，一类是沉淀成本，如"三同时"投资所安装的治污设备和建筑；另一类是可变成本，如运行治污设备所耗费的电、水、原材料和人工。在环境规制严格地区，企业安装并开动污染治理设施，尽可能减少污染物排放。在环境规制宽松地区，企业不必运行治污设备，节省可变成本，甚至不安装治污设备，节省沉淀成本。因而，在同样的产业规模和技术水平条件下，以利润最大化为目标的企业在环境规制宽松地区的排污量要高于环境规制严格地区。

一　n 个环境规制差异空间

假设某一经济体有 n 个环境规制程度存在差异的空间，每个空间有一个代表性企业，排放某一种污染物。该假设可以放松为多个企业、多种污染物，不影响结论。为简化行文起见，假设每个空间只有 1 个代表性企业、排放 1 种污染物。令 e 表示企业污染物排放量，q 为企业产量，那么，该经济体在 t 时期的总产量为 Q_t，污染物排放总量为 E_t，$Q_t = \sum q_{i,t}$，$E_t = \sum e_{i,t}$。

令 ζ_t^* 表示企业在 t 时期单位产量产生的污染物，简称为产污系数，反映了企业在没有采取任何污染治理措施之前的污染物产生状况，这是由企业所加工的原材料和其生产工艺所决定的；令 λ_t^* 表示企业在 t 时期所采取污染治理措施后单位产量排放的污染物，简称理想排污系数，这是由污染治理设施的技术工艺所决定的最小排污水平，反映了污染治理设备对污染物的处理能力。令 $\lambda_{i,t}$ 代表企业 i 在 t 时期生产单位产量的实际排污量，简称为实际排污系数。$\lambda_{i,t} \in \left[\lambda_t^*, \zeta_t^*\right]$。上述原理可用公式表示为，

$$E_t = \sum_i e_{i,t} = \sum_i q_{i,t} \cdot \lambda_{i,t} = Q_t \cdot \sum_i \theta_{i,t} \cdot \lambda_{i,t} \qquad (9-1)$$

其中，$\theta_{i,t}$ 是企业 i 在时期 t 的产量份额，$\sum \theta_{i,t} = 1$。企业实际排污系数 $\lambda_{i,t}$ 反映了企业对环境规制的服从程度。当 $\lambda_{i,t} = \lambda_t^*$，说明所有企业完全服从环境规制，此时，经济体实现污染物最低排放量，

$$E_{t,\min} = Q_t \cdot \lambda_t^* \qquad (9-2)$$

当 $\lambda_{i,t} = \zeta_t^*$，说明所有企业完全没有服从环境规制，此时，经济体污染物排放量最高，

$$E_{t,\max} = Q_t \cdot \zeta_t^* \qquad (9-3)$$

这里引入空间效应概念，将空间效应定义为实际排污量与最小排污量的比值 η_t，以此度量不同空间环境规制差异对污染物排放量所产生的影响，

$$\eta_t = \frac{E_t}{E_{t,\min}} = \frac{\sum \theta_{i,t}\lambda_{i,t}}{\lambda_t^*} \qquad (9-4)$$

$\eta_t \in \left[1, \zeta_t^*/\lambda_t^*\right]$，环境规制宽松空间的产量份额越高，则空间效应越大。如果各个空间排污系数都是理想排污系数，那么，$\eta_t = 1$；如果各个空间排污系数都是产污系数，也就是说，排污企业完全没有采取污染治理措施，那么，$\eta_t = \zeta_t^*/\lambda_t^*$。

二　2 个环境规制差异空间

理论上来说，如果能得到每个空间内企业的产量和排污系数，那么，就能得出各期污染物排放量。然而，作为研究者，很难监测或者获得每个空间内企业的实际排污系数。为简化分析起见，这里将 n 个空间减少到 2 个空间，每个空间有 1 个代表性企业，其中，一个空间环境规制较为严格，企业污染物排放系数为 $\lambda_{s,t}$，下标 s 表示严格（strict）；另一个空间环境规制较为宽松，企业污染物排放系数为 $\lambda_{l,t}$，下标 l 表示宽松（lax）。实际上，该简化所反映的现象在现实中比较普遍，发达国家和发展中国家的环境规制程度有显著的差异，在中国，城镇和农村地区环境规制程度也存在着巨大差别。简化后，式（1）为，

$$E_t = Q_t\theta_{s,t}\lambda_{s,t} + Q_t\theta_{l,t}\lambda_{l,t} = Q_t\lambda_{s,t} + Q_t\theta_{l,t}(\lambda_{l,t} - \lambda_{s,t}) \qquad (9-5)$$

其中，$\theta_{s,t} + \theta_{l,t} = 1$。相应地，污染物最小排放量、最大排放量和空间效应分别为

$$E_{t,\min} = Q_t\lambda_{s,t} \qquad (9-6)$$

$$E_{t,\max} = Q_t\lambda_{l,t} \qquad (9-7)$$

$$\eta_t = \frac{E_t}{E_{t,\min}} = \theta_{s,t} + \theta_{l,t} \cdot \frac{\lambda_{l,t}}{\lambda_{s,t}} \qquad (9-8)$$

三　城乡不同环境规制空间

假设某一经济体内有城镇、乡村两个环境规制不同的空间，城镇地区环境规制严格，污染企业完全服从环境规制，$\lambda_{s,t} = \lambda_t^*$，而农村地区污染企业完全没有服从环境规制，$\lambda_{l,t} = \zeta_t^*$。那么，该经济体污染物排放量为，

$$\begin{aligned} E_t &= Q_t\theta_{s,t}\lambda_t^* + Q_t\theta_{l,t}\zeta_t^* = Q_t\lambda_t^* + Q_t\theta_{l,t}(\zeta_t^* - \lambda_t^*) \\ &= E_{t,\min} + Q_t\theta_{l,t}(\zeta_t^* - \lambda_t^*) \end{aligned} \qquad (9-9)$$

这就是说，在城乡环境规制存在差异的情况下，污染物实际排放量是在最小排污量的基础上，加上一个贡献因素，这个贡献因素是农村地区产量与城乡排污系数差异程度的乘积。式（9-9）说明，要达到最低排放量有两个路径，一是生产企业全部集中在环境规制严格的城镇地区，二是农村地区污染企业完全服从环境规制，从而达到与城镇地区污染企业相同的排污系数。

对应的最小排污量、最大排污量和空间效应分别为，

$$E_{t,\min} = Q_t\lambda_t^* \qquad (9-10)$$

$$E_{t,\max} = Q_t\zeta_t^* \qquad (9-11)$$

$$\eta_t = \frac{E_t}{E_{t,\min}} = \theta_{s,t} + \theta_{l,t} \cdot \frac{\zeta_t^*}{\lambda_t^*} \qquad (9-12)$$

第二节　京津冀地区大气污染行业空间布局特征

京津冀地区地处华北平原，其中，京津地区被河北省环绕。西为太行山，北为燕山，燕山以北为张北高原。河北省下辖石家庄、唐山、秦皇岛、邯郸、邢台、保定、张家口、承德、沧州、廊坊、衡水11个地级市。京津冀三地国土面积分别为1.68万平方千米、1.19万平方千米和18.88

万平方千米，合计 21.75 万平方千米，占全国国土面积的 2.24%。2015
年年末常住人口为 1.11 亿人，占全国总人口的 8.11%，GDP 合计 6.94 万
亿元，占全国 GDP 的 9.60%。

一　大气污染行业从北京向天津、河北转移的幅度大于工业整体的转移幅度

　　根据 2013 年《大气污染防治行动计划》，涉及工业的大气污染物主要
来自使用燃煤锅炉的火电厂、金属冶炼、石油冶炼、化工、建材等行业和
产生挥发性有机物的石化、印刷等行业。自 2000 年以来，大气污染行业
在京津冀地区的空间分布发生了明显的改变。除电力行业外，其他行业的
重心从北京向河北、天津移动，转移幅度超过了工业整体的变化幅度。
2000 年，北京市大气污染行业占京津冀地区的比重为 27.59%，2015 年则
下降到 6.00%，降低了 21.59 个百分点，比全部工业比重下降幅度还高出
11.09 个百分点。河北与天津大气污染行业在京津冀地区的比重则分别增
长到 62.44% 和 31.56%，分别比 2000 年提高了 14.03 个和 7.56 个百分
点，分别比全部工业比重增幅高出 3.92 个和 7.18 个百分点（见表 9 - 1）。

表 9 - 1　　　　**京津冀地区大气污染行业主营业务收入比重及变化**

行业	2000 年				2015 年			
	主营业务收入（亿元）	所占比重（%）			主营业务收入（亿元）	所占比重（%）		
		北京	天津	河北		北京	天津	河北
印刷业和记录媒介复制	85.14	58.05	17.31	24.64	554.49	23.31	19.09	57.59
石油加工炼焦	559.76	46.77	24.06	29.16	3567.56	17.55	35.77	46.68
化学原料及化学制品	600.98	23.41	32.52	44.08	4264.66	8.29	31.09	60.62
非金属矿物制品业	361.68	30.19	10.90	58.91	2744.17	16.44	13.92	69.64
黑色金属冶炼和压延业	927.14	19.49	21.99	58.53	14676.19	0.73	30.62	68.65
有色金属冶炼和压延业	105.13	11.89	37.74	50.38	1543.88	4.57	63.38	32.04
电力热力生产和供应	404.35	18.61	15.74	65.65	7675.20	53.45	10.79	35.75
大气污染行业合计	2554.69	27.59	24.00	48.41	26796.46	6.00	31.56	62.44
全部工业合计	8729.84	30.90	29.86	39.25	92482.58	20.40	30.24	49.36

　　注：大气污染行业合计没有包括印刷业和记录媒介复制、电力热力生产和供应业；部分数据
采用四舍五入计算。

　　资料来源：《北京统计年鉴》《天津统计年鉴》《河北经济年鉴》（2001）、（2016）。

从工业品产量角度可以更形象地说明京津冀地区大气污染行业空间格局的变化（见表9-2）。自2000年以来，北京主要大气污染行业工业品产量和相对比重均呈下降趋势，例如，2005年北京生铁产量达到813万吨，创历年来产量峰值，此后陆续减产，至2011年全部停产。然而，与此相对照，河北主要大气污染行业工业品产量呈爆发式增长，其中，钢材产量增长了18倍，粗钢和生铁产量分别增长了14倍和9倍，生铁和粗钢产量在京津冀地区的比重达到90%，占全国生铁和粗钢产量的25%。

表9-2　　　　　　　京津冀地区大气污染行业主要工业产品产量

	水泥（万吨）	平板玻璃（万重量箱）	生铁（万吨）	粗钢（万吨）	钢材（万吨）	发电量（亿千瓦时）
2000年						
全国	59700.00	18352.20	13101.48	12850.00	13146.00	13556.00
北京	827.00	432.10	773.24	803.42	696.69	145.26
天津	267.81	417.05	227.99	356.76	315.88	211.49
河北	4694.59	2083.30	1709.23	1230.10	1306.52	844.42
2015年						
全国	235918.83	78651.63	69141.30	80382.50	112349.60	58145.73
北京	553.50	57.70	0.00	1.50	175.00	420.88
天津	777.60	3139.90	1953.20	2068.90	8186.20	622.84
河北	9126.17	14615.36	17382.30	18832.00	25244.30	2497.85

资料来源：《中国统计年鉴》（2001）、（2016）。

二　污染企业在空间上从少数城市向多个城市扩散

污染企业在空间上的扩散分为多个层面。首先，从省级层面来看，北京污染企业逐渐退出，而河北和天津的污染企业显著增加。其次，从城市层面来看，多个城市的产量超过北京的产量峰值（见表9-3）。以钢铁为例，2000年，北京市是京津冀地区钢铁产量最高的城市，粗钢产量是唐山和邯郸的2倍。然而，唐山、邯郸、天津、石家庄和承德的粗钢产量陆续超过了北京产量峰值，沧州、邢台、张家口、廊坊和秦皇岛的粗钢产量也都超过了500万吨。2013年，唐山和邯郸生铁分别是北京产量峰值的10倍和4倍多。北京水泥产量虽然尚未大幅度减产，但是与石家庄和唐山的差距在增加，天津、邢台、保定和廊坊等地水泥产量也逐渐逼近北京产量峰值。

表 9 - 3　　　　　京津冀地区"2 + 11"城市粗钢和水泥产量

地区	粗钢（万吨）				水泥（万吨）			
	2000 年	2004 年	2008 年	2013 年	2000 年	2004 年	2008 年	2013 年
北京	803.42	826.06	466.81	2.30	827.00	1128.00	876.51	901.54
天津	356.76	741.99	1654.04	2289.50	267.81	537.00	534.89	951.90
石家庄	103.67	351.55	725.90	1367.41	1145.80	1709.22	3054.33	3886.29
唐山	370.18	2927.04	5944.71	8299.35	1618.87	2696.53	2699.03	3716.88
秦皇岛	1.14	79.50	387.06	697.84	338.24	376.15	293.82	428.04
邯郸	400.37	1227.25	2602.50	4484.61	510.94	713.46	465.65	691.98
邢台	95.75	394.17	622.63	710.47	282.83	517.15	726.41	1097.99
保定	1.43	32.03	66.64	109.43	248.40	357.07	322.14	735.85
张家口	120.71	346.47	556.35	620.42	139.03	142.60	228.29	472.24
承德	107.91	272.29	528.05	1218.34	179.80	194.39	173.22	417.88
沧州	0.00	24.57	18.49	818.79	97.82	76.05	62.80	209.66
廊坊	6.53	47.61	190.29	522.52	92.10	228.22	371.57	749.24
衡水	0.00	0.00	0.00	0.44	40.76	99.75	241.86	270.19

资料来源：历年《中国统计年鉴》，《河北省经济普查年鉴》（2004）、（2008）、（2013），《河北经济年鉴》（2001）。

三　大气污染企业从城镇向乡村扩散

从主要大气污染行业在京津冀地区城镇和农村的发展情况看，农村地区污染行业规模比城镇地区增长更快（见表 9 - 4）。2013 年，农村地区污染企业主营业务收入比 2004 年增长 461%，而城镇地区增长幅度为 133.08%。2004—2013 年京津冀地区大气污染行业规模增幅的 66.88% 来自农村地区。农村地区污染企业较快的增速导致其所占的比重越来越高，2013 年京津冀地区主要大气污染行业有 60.89% 分布在农村地区，比 2004 年提高 17 个百分点。

在京津冀地区主要大气污染行业中（不包括印刷行业与电力行业），钢铁行业占有重要的地位，其主营业务收入占五大污染行业主营业务收入的一半以上，在河北的比重达到 62.51%。2004—2013 年，京津冀地区钢

铁工业规模增幅的 75.85% 来自农村地区。2013 年京津冀地区钢铁行业有
69.38% 分布在农村地区，比 2004 年提高 21 个百分点。可见，钢铁工业
在农村地区扩散的规模和幅度都更加突出。

表 9-4　　　　　经济普查年份京津冀地区大气污染行业城乡分布

地区	2004 年		2008 年		2013 年	
	主营业务收入（亿元）	农村比重（%）	主营业务收入（亿元）	农村比重（%）	主营业务收入（亿元）	农村比重（%）
大气污染行业						
北京	1359.99	14.25	2099.77	11.70	1879.96	21.42
天津	1696.33	29.13	4283.33	41.91	8263.59	33.24
河北	4271.88	58.88	11686.92	70.75	18205.03	77.51
石家庄	619.25	59.24	1558.98	72.58	2432.87	90.45
唐山	1537.36	64.52	3923.57	71.42	5906.76	75.80
秦皇岛	148.59	43.19	432.28	69.74	634.65	81.98
邯郸	621.63	62.31	2196.20	79.04	2945.09	81.00
邢台	229.18	58.90	672.70	68.54	896.41	71.89
保定	165.71	63.50	302.95	69.98	499.25	75.93
张家口	151.39	16.18	301.78	15.99	320.27	32.41
承德	136.73	40.79	453.56	55.35	729.28	61.37
沧州	341.04	35.10	935.64	64.06	2153.08	69.81
廊坊	181.78	83.54	630.98	80.19	1274.81	84.32
衡水	139.22	81.16	278.28	78.84	412.56	90.79
合计	7328.20	43.71	18070.02	57.05	28348.68	60.89
钢铁工业						
北京	406.26	2.93	568.70	2.68	161.76	65.65
天津	802.57	36.93	2617.18	51.61	4489.80	44.94
河北	2628.12	59.10	7693.37	70.90	11561.44	78.92
石家庄	162.02	55.61	448.77	77.58	706.28	89.43
唐山	1300.88	63.08	3348.65	71.52	4905.26	77.15
秦皇岛	60.20	49.56	272.58	78.05	440.74	91.41
邯郸	515.51	58.41	1866.02	77.32	2521.54	79.41
邢台	148.55	52.82	375.88	67.97	382.69	69.95

续表

地区	2004 年		2008 年		2013 年	
	主营业务收入（亿元）	农村比重（%）	主营业务收入（亿元）	农村比重（%）	主营业务收入（亿元）	农村比重（%）
钢铁工业						
保定	18.58	90.58	45.39	99.91	79.93	91.22
张家口	120.07	8.48	242.54	5.94	225.32	11.18
承德	120.89	36.61	415.74	53.07	635.95	61.49
沧州	32.62	85.06	177.17	41.97	657.26	90.22
廊坊	104.53	95.89	389.29	91.78	851.60	95.77
衡水	44.27	76.21	111.34	79.41	154.87	89.25
合计	3836.95	48.51	10879.25	62.69	16213.00	69.38

注：1. 城乡分类方法参考第三章。2. 有色金属冶炼行业是部分数据。3. 大气污染行业合计没有包括印刷业和记录媒介复制、电力热力生产和供应业。

资料来源：第一次、第二次经济普查企业数据库，2013 年工业企业数据库。

第三节　大气污染物排放量估算方法和数据处理

根据京津冀地区主要大气污染行业产品产量和在全国所占地位，选取焦炭、水泥、平板玻璃和主要钢铁产品（烧结矿、球团矿、生铁和粗钢）作为估算对象。

一　估算方法

（1）估算污染行业大气污染物排放量的两个极限值：最小值和最大值

根据公式（9 - 10）和公式（9 - 11），即污染物排放量的最小值和最大值，确定大气污染物排放的最大区间。这与企业生产的产污系数与排污系数密切相关。

以 2000 立方米高炉炼铁工艺为例，如果企业运行末端治理设施，每炼 1 吨生铁会排放 0.075 千克烟尘和 0.23 千克工业粉尘，而如果不运行末端治理设施，冶炼相同重量生铁则排放 25.13 千克烟尘、12.5 千克粉尘，分别是前者的 335 倍和 54 倍。因而，企业是否服从环境规制对于环境质量而言至关重要。

（2）假设有城乡两个不同环境规制空间，城镇空间实施严格的环境规制，而乡村实施宽松的环境规制。根据污染企业的城乡分布，确定不同环境规制空间的生产份额，从而确定大气污染物排放量 A。

（3）由于农村大型企业可能会受到环保部门的严格监管，保守起见，假定环保部用于统计的重点调查企业[1]严格服从环境规制，也就是说，产量占 85% 的企业严格服从环境规制，而其余产量占 15% 的企业位于农村地区，直接排放污染，得到实际排放量 B。这是实际排放量的保守估计，因为即使被列入统计上的农村重点调查企业，也可能存在不运行污染治理设备等违法排污现象。实际上，安装污染治理设备但不正常运行的情况相当普遍。截至 2016 年 9 月 11 日，全国各级环境保护部门共对 1019 家钢铁企业（含停产 390 家、在建 5 家）进行了现场检查，发现 173 家企业存在环境违法行为（其中违反建设项目环保规定 62 家，超标排污 35 家，未有效控制粉尘等无组织排放 25 家，自动监控设施运行不正常 5 家，以逃避监管方式排放污染物等其他违法行为 46 家[2]）。

因而，最后得到污染物排放量最大值、最小值、实际排放量 A、实际排放量 B 共 4 种情景下的估算值。最大值和最小值给出了理论上的最大区间，实际排放量 A 和实际排放量 B 给出了实际排放量的可能范围。

二　数据说明

（1）产量。钢铁工业产生大气污染物的生产工艺和环节主要包括：烧结、球团、炼铁、炼钢，对应的工业产品分别是烧结矿、球团矿、生铁和粗钢。京津冀三地的生铁和粗钢产量数据来自《中国统计年鉴》，河北省地级市生铁和粗钢产量数据来自历次《河北省经济普查资料汇编》，而京津冀与河北省地级市的烧结矿和球团矿产量根据全国烧结矿和球团矿产量和京津冀生铁产量比重来推算。假设各省市烧结矿和球团矿产量在全国的比重与生铁比重相同。全国烧结矿和球团矿产量数据来自《中国钢铁年鉴》。水泥、平板玻璃和焦炭产量数据来自《中国统计年鉴》。

---

[1]　环保部确定重点调查企业的原则是污染物排放量占全部排放量的 85%，一般都是规模较大企业。2013 年，重点调查企业数占全部工业企业数（包括规模以下）的 6.13%，工业产值占 33.01%。

[2]　环境保护部办公厅：《关于通报钢铁行业环境保护专项执法检查情况的函（环办环监函〔2016〕1750 号）》，2016 年 9 月 28 日，http：//news. china. com. cn/rollnews/news/live/2016 - 10/09/content_ 37097292. htm。

（2）污染工业城乡空间分布。这里采用企业数据进行计算，根据企业所在地的 12 位行政区划代码，判断企业所在地的城乡属性，见第三章第三节。2004 年与 2008 年企业数据来自第一次、第二次全国经济普查，2013 年来自规模以上企业数据。计算污染工业城乡空间比重采用主营业务收入指标，由于只需计算比重，不必进行价格平减。

焦炭、水泥和平板玻璃都属于四位数代码的小类行业，因而按照其对应的小类行业确定城乡分布。对于钢铁企业来说，统计上要求企业按照主营业务来确定其三位数行业代码，但是钢铁企业往往集烧结/球团、冶炼与延压于一体，因而三位数代码行业可能并不合适。所以这里假设企业同时进行烧结/球团、冶炼和延压生产活动，因而采用两位数代码的大类行业（黑色金属冶炼与延压加工业）来进行分类。

（3）生产技术和污染治理水平的确定。根据第一次全国污染源普查资料编纂委员会编制的《污染源普查产排污系数手册》（以下简称《手册》），可以查到各生产工艺产排污系数和排污系数（见表 9 - 5）。该手册反映了 2007 年前后存在的各种技术工艺。假设 2013 年采用《手册》中最先进的生产工艺，而 2004 年采用较低一级的生产工艺。

表9－5　　　　大气污染行业一次颗粒物有组织排放的产排污系数

产品	规模	产污系数（千克/吨）	排污系数（千克/吨）
烧结矿	>180 平方米	24.7400	0.3670
	50—180 平方米	31.7530	0.5650
球团矿	>8 平方米	9.4500	0.2950
	<8 平方米	9.8820	0.3580
生铁	>2000 立方米	37.6300	0.3050
	350—2000 立方米	49.7000	0.9310
粗钢	>150 吨	27.8000	0.1610
	50—150 吨	34.2000	0.2670
焦炭	炭化室≥6 米	10.0284	0.5859
	4.3—6 米	10.8271	0.6346
水泥	≥4000 吨/天	51.7600	0.2770
	≥100000 吨/年	63.3300	0.6870

产品	规模	产污系数（千克/吨）	排污系数（千克/吨）
平板玻璃	≥600 吨	1.2280	0.0650
	400—600 吨	1.2380	0.0660

注：1. 末端治理技术有两种时，取排污系数较小值；有三种时，取中位值。2. 水泥≥4000 吨/天生产工艺仅报告工业粉尘产生系数。假设其烟尘全部被捕捉。

资料来源：第一次全国污染源普查资料编纂委员会编：《污染源普查产排污系数手册》，中国环境科学出版社 2011 年版。

除有组织排放，污染物还来自无组织排放。无组织排放是没有通过排气筒集中排放的污染物。无组织排放系数取值范围很大，如烧结环节排放工业粉尘最低为 0.15 千克/吨，最高可达到 2.0 千克/吨。一般来说，吨钢粉尘无组织排放为 0.99—9.2 千克，取中值 4.6 千克。其他产品无组织排放忽略不计。

第四节　大气污染物排放量估算结果

一　大气污染物排放量

（1）最大值和最小值。根据本书的估算（见表 9－6），如果京津冀地区主要大气污染企业都采取较为先进的生产技术，那么，2013 年京津冀地区一次颗粒物有组织产生量，也就是最大排放量为 2717.34 万吨，比 2004 年增长了近 1 倍。一次颗粒物产生量主要来自钢铁和水泥生产。北京的一次颗粒物产生量从 2004 年的 172.92 万吨降低到 2013 年的 46.72 万吨，减少了 72.98%；而 2013 年河北的一次颗粒物产生量 2404.64 万吨，增长了 1 倍多。也就是说，北京的一次颗粒物大幅度减少，而河北与天津不减反增。

如果京津冀地区主要大气污染企业都采取比较先进的生产技术，而且所有企业都采取最先进的污染治理措施，那么，2013 年京津冀地区主要污染行业一次颗粒物有组织排放量最低仅有 26.55 万吨，这是生产技术和污染治理技术所能允许的最小排放值。北京基本为零排放，而天津仅排放 2.54 万吨，河北排放 23.76 万吨。2013 年一次颗粒物有组织排放量最低值比 2004 年增加 5.61 万吨，增长了 26.85%。

也就是说，2013 年京津冀地区主要大气污染行业一次颗粒物排放量有组织排放的最大区间是 26.55 万吨—2717.34 万吨，而 2004 年为 20.94 万吨—1454.16 万吨。也就是说，即使在污染治理技术提高的情况下，由于产量的增加，京津冀地区一次颗粒物排放量呈增长趋势。

表 9 – 6　　　　京津冀地区主要工业品一次颗粒物有组织排放量

估算值及环保统计值　　　　　　单位：万吨

地区	2004 年				2013 年			
	北京	天津	河北	合计	北京	天津	河北	合计
最低排放量								
焦炭	0.23	0.24	1.23	1.70	0.00	0.15	3.75	3.90
水泥	0.77	0.37	5.38	6.52	0.25	0.26	3.53	4.04
平板玻璃	0.00	0.00	0.01	0.01	0.00	0.01	0.04	0.05
烧结矿	0.51	0.30	3.47	4.28	0.00	0.93	7.11	8.04
球团矿	0.05	0.03	0.32	0.40	0.00	0.14	1.11	1.26
生铁	0.74	0.44	4.92	6.10	0.00	0.68	5.19	5.87
粗钢	0.22	0.20	1.51	1.93	0.00	0.37	3.03	3.40
合计	2.52	1.58	16.84	20.94	0.25	2.54	23.76	26.55
产生量								
焦炭	3.92	4.08	21.02	29.01	0.00	2.61	64.14	66.75
水泥	71.44	34.01	495.59	601.03	46.66	49.27	659.80	755.73
平板玻璃	0.04	0.02	0.22	0.29	0.00	0.13	0.73	0.86
烧结矿	28.57	17.12	195.07	240.76	0.00	62.36	479.55	541.91
球团矿	1.29	0.77	8.82	10.89	0.00	4.64	35.65	40.29
生铁	39.41	23.61	262.59	325.61	0.00	83.32	640.75	724.07
粗钢	28.25	25.38	192.94	246.56	0.06	63.65	524.02	587.73
合计	172.92	104.99	1176.25	1454.15	46.72	265.98	2404.64	2717.34
A								
焦炭	0.25	1.28	15.07	16.60	0.00	0.18	44.11	44.29
水泥	28.98	12.82	418.67	460.47	10.53	34.69	621.95	667.17
平板玻璃	0.02	0.00	0.05	0.07	0.00	0.01	0.26	0.27
烧结矿	1.33	6.51	116.70	124.54	0.00	28.53	379.98	408.51
球团矿	0.08	0.30	5.34	5.72	0.00	2.16	28.37	30.53

续表

地区	2004 年				2013 年			
	北京	天津	河北	合计	北京	天津	河北	合计
A								
生铁	1.87	9.00	157.19	168.06	0.00	37.81	506.80	544.61
粗钢	1.04	9.50	114.63	125.17	0.04	28.80	414.22	443.06
合计	33.57	39.41	827.65	900.63	10.57	132.18	1995.69	2138.44
B								
焦炭	0.24	0.53	5.14	5.91	0.00	0.16	15.15	15.31
水泥	8.74	3.89	122.13	134.76	3.15	9.99	178.23	191.37
平板玻璃	0.01	0.00	0.02	0.03	0.00	0.01	0.10	0.11
烧结矿	0.74	2.06	35.46	38.26	0.00	8.72	112.45	121.17
球团矿	0.06	0.11	1.74	1.91	0.00	0.71	8.81	9.52
生铁	1.06	2.86	47.94	51.86	0.00	11.17	146.90	158.07
粗钢	0.45	2.82	33.46	36.73	0.01	8.40	119.19	127.60
合计	11.30	12.27	245.89	269.46	3.16	39.16	580.83	623.15
环保统计的颗粒物排放量								
全部	10.06	10.40	144.80	165.80	5.93	8.75	131.33	146.01

资料来源：环保统计来自《中国统计年鉴》，其他数据都来自本书估算。

（2）假设城镇地区企业完全服从环境规制，而农村地区企业完全不服从环境规制，那么，2013 年京津冀地区主要大气污染行业一次颗粒物有组织排放量达到 2138.44 万吨，是技术所允许的最小排放量的 80 倍。

保守推算，假设重点调查企业服从环境规制，产量占 15% 的非重点调查企业不服从环境规制（且都在农村地区），那么，2013 年京津冀地区主要大气污染行业颗粒物排放量为 623.17 万吨。也就是说，即使保守估计，京津冀一次颗粒物有组织排放量是技术所允许的最小排放量的 23 倍。

因而，京津冀地区主要大气污染行业一次颗粒物有组织排放量的实际区间是 623 万吨—2138 万吨。

（3）无组织排放。2013 年京津冀地区钢铁工业粉尘无组织排放 97 万吨。其他行业忽略不计。

（4）总体而言，2013 年，京津冀地区主要大气污染行业一次颗粒物排放区间为 720 万吨—2230 万吨，是环保统计数字的 5—15 倍。

二　大气污染物排放的城乡空间分布

分地区来看，北京工业基本实现颗粒物零排放，但是河北与天津排放情况显著恶化。从城乡分布来看，工业企业排污量主要来自农村地区。即使农村地区企业全部服从环境规制，2013 年农村地区一次颗粒物有组织排放量占 75.38%，比 2004 年提高 16.4 个百分点。农村地区企业污染物直排比重达到 30% 左右，农村地区污染物排放达到 99%。

由于 2013 年农村地区企业所占比重更高，所以相同的比重下，2013 年农村地区企业污染物排放量更多，空间效应更大。2013 年，农村地区企业完全不服从环境规制情况下，污染物排放量是最小排污量的 81 倍，几乎比 2004 年翻了一番。

表 9-7　京津冀地区主要工业品一次颗粒物有组织排放及颗粒物浓度情景

农村地区企业污染物直排比例	0.00	0.05	0.10	0.15	0.30	0.40	0.50	1.00
2004 年								
一次颗粒物有组织排放量（万吨）	20.94	64.92	108.91	152.89	284.85	372.82	460.79	900.64
其中：农村地区（万吨）	12.35	56.33	100.32	144.3	276.26	364.23	452.20	892.05
农村地区所占比重（%）	58.98	86.77	92.11	94.38	96.98	97.70	98.14	99.05
空间效应	1	3	5	7	14	18	22	43
2013 年								
一次颗粒物有组织排放量（万吨）	26.56	132.15	237.75	343.34	660.12	871.31	1082.50	2138.44
其中：农村地区（万吨）	20.02	125.62	231.21	336.82	653.59	864.78	1075.97	2131.91
农村地区所占比重（%）	75.38	95.06	97.25	98.10	99.01	99.25	99.40	99.69
空间效应	1	5	9	16	25	33	41	81

资料来源：本书计算得到。

三　与其他研究结果的比较

本书估计的一次颗粒物产生量与环保部公布的工业颗粒物产生量接近。本书估算 2004 年京津冀地区钢铁行业产生量 824 万吨，而环保部公布全国钢铁行业颗粒物产生量为 2574 万吨，按照京津冀地区钢铁产量占 26% 计算，京津冀地区钢铁行业颗粒物排放量为 670 万吨，与本书估算结果仅相差约 20%。

本书估计的一次颗粒物最小排放量与环保部公布的排放量接近，也与其他文献的颗粒物排放清单接近。伯鑫等估算了 2012 年京津冀地区主要钢铁企业烟粉尘有组织排放量为 20.48 万吨，与本书的最小排放量相差 2 万吨。汪旭颖等估计 2012 年中国钢铁工业一次颗粒物有组织排放量为 143 万吨，无组织排放 421.5 万吨，由此推算京津冀地区钢铁工业一次颗粒物有组织排放量为 35 万吨，无组织排放 105 万吨。这一结果虽然高于本书估算的最低排放量，但比较接近。

总体来看，由于其他研究没有考虑企业环境规制服从程度与企业城乡分布的关系，因而得到的结果与本书估计的最低排放量接近，但远远低于本书估计的实际排放量。

四　对估算结果的稳健性分析

（1）生产工艺的假定。本书假设工业生产都采取当时较为先进的生产技术和治污技术。实际上，较低生产技术的产排污系数比先进技术的产排污系数要高，比如，小于 350 立方米高炉炼钢生铁，烟尘和工业粉尘产生系数分别比 2000 立方米高炉高出 40.1% 和 36.8%，排污系数则分别高出 13 倍和 1 倍。一般来说，城镇地区工业企业规模较大、技术较为先进，而农村地区企业平均规模较小，技术落后企业较多。可见，采用较高技术和治污技术的假设，低估了农村地区企业排放污染物的实际数量。

（2）普查数据与规模以上企业数据的匹配度对估算的影响。2013 年，规模以上企业数据的选取标准是主营业务收入超过 2000 万元，因此规模较小的小微企业没有在统计范围之列。根据 2004 年和 2008 年的资料，当时的规模以上企业（主营业务收入在 500 万元以上）占全部企业的 20.3% 和 24.7%。由于钢铁企业规模较大，进入规模以上企业的比例超过 30%，从业人数占全行业的 87.9%。没有进入规模以上统计范围的小微企业往往位于农村地区，因此漏掉这部分企业可能低估农村地区颗粒物的实际排放量。

综上，本书的估算可能低估了一次颗粒物的实际排放量，尤其是农村地区的排放量。但即便如此，仍足以说明官方公布的京津冀地区一次颗粒物排放量被严重低估。

第五节　对现有环境政策的讨论

一　环保部低估大气污染物排放量的原因及后果

改革开放初期，中国工业企业基本都在城镇，而环保部门的监管和统计范围就是城镇工业企业。随着乡镇企业数量增多，排污量越来越显著，环保部门把一部分乡镇企业纳入统计。然而，随着中国加入世界贸易组织，成为世界工厂，农村地区的工业企业体量日渐庞大。虽然环保部门对农村地区部分企业排污进行统计，但是其比例已远远跟不上农村工业的整体规模。环保部门所统计的重点调查企业所占企业总数的比重越来越低，而且假设所有企业遵守环境规制，都按照其污染治理技术所允许的最小排污量进行排污。然而，在农村地区生产规模巨量增长的情况下，一方面统计范围以外的漏网之鱼越来越多，另一方面普遍存在超标排放现象。这造成了中国污染物实际排放量远远高于统计上的排放量。这也是京津冀地区统计上的颗粒物排放量下降但浓度上升的真实原因。

污染物排放量的低估掩盖了污染物排放的真实来源，从而对灰霾治理产生误导。京津冀地区大气污染物浓度居高不下的原因是农村地区的巨量排放，这才是当前灰霾治理的最大短板，找到短板才能有的放矢。

二　污染企业搬迁后，城镇地区大气质量不可能独善其身

在重污染天气频繁出现的情况下，地方政府最容易采取的应对措施就是将污染企业退城搬迁。地方政府试图通过本地城镇的"去工业化"优化本地城镇产业结构，从而使得城镇摆脱大气污染困扰。那么，被城镇所放弃的污染企业能搬到哪里去？只能是环境监管薄弱的欠发达地区，比如城镇周边的农村地区。污染企业搬迁后，城镇水环境和土壤环境质量会改善，但是，由于大气污染存在区域外部性，城镇大气环境质量却未必改善。污染企业转移到农村地区之后，如果污染物排放总量不下降，那么整

个区域的大气环境质量难以改善，城镇不可能独善其身。北京也不能例外。尽管北京市绝大部分大气污染企业都实现搬迁，但是，在整个区域的大气污染物排放量巨量增长的情况下，北京大气环境质量不可能像发达国家那样实现 EKC 的拐点。

三　大气污染治理重点应是农村地区超标排放

企业在环境规制宽松的农村地区的污染物排放量有可能是规制严格地区的几十到几百倍。根据分析，要实现颗粒物最低排放有两个路径，一是生产企业全部集中在环境规制严格的城镇地区，二是农村地区污染企业完全服从环境规制，从而达到与城镇地区污染企业相同的排污系数。因而，重污染天气应着眼于加强农村地区污染行业的环境规制，激励企业采取污染治理措施或者清洁生产技术，将企业排污量降低到技术所能允许的最低值。在现行的技术选择下，只要企业安装并运行末端治理设备，京津冀地区大气污染物排放总量将大为下降。污染物是否进行末端治理的效果要远远大于技术之间的差异程度对污染物排放量的影响。因此，环境管理的重点应从城镇地区转移到农村地区，加强对农村工业污染的治理。

四　建立针对农村地区污染企业的常态化环境管理机制

短期来看，通过运动型行政手段淘汰关停落后污染产能、在采暖季对污染企业采取限产停产措施[1]可以在短期内减少污染物排放量，或者在政治敏感时期实现短期的"政治性蓝天"[2]。然而，必须看到，运动型行政手段的社会成本较高，而且治标难治本。农村地区不仅有大量"散乱污"型的小微企业，还有越来越多的大中型企业。即使暂时关停"散乱污"企业，暂时限产停产，但农村地区的大中型污染企业还在，也有超标排放隐忧。因此，从长期来看，不能对"散乱污"企业一关了之或者动辄限产停产，而必须建立起农村地区污染企业环境管理机制，包括对污染物排放的常规化环境监测、对违法排污行为的监察执法，从而建立起针对农村地区工业企业的常态化环境管理机制。

---

[1]　根据环保部《京津冀及周边地区 2017—2018 年秋冬季大气污染综合治理攻坚行动方案》，2017 年采暖季，水泥等建材行业全面停产，石家庄、唐山等重点城市钢铁产能限产 50%。

[2]　石庆玲、郭峰、陈诗一：《灰霾治理中的"政治性蓝天"——来自中国地方"两会"的证据》，《中国工业经济》2016 年第 5 期。

五　重污染天气的治理应在工业化和城镇化背景下通盘考虑

农村工业应定位于农业资源优势行业[①]。政府多次发文促进与农业相关的产业融合发展。然而，现实却是农村地区存在大量背离农业资源优势的重化工污染企业。这与中国工业化和城镇化特征关系密切。中国加入WTO之后，成为世界制造大国，钢铁、水泥等工业品产量居世界首位。与此同时，中国工业的城乡分布格局发生了重大变化。一方面，中国城镇产业结构进行"退二进三"的调整，城区不可能提供面积较大的工业用地；另一方面，地方政府通过出让农村地区价格较低的工业用地吸引大量的企业，结果造成农村地区污染企业数量多、分布广、发展快、体量大，背离农业资源优势[②]。然而，中国农村地区的行政管理及环境管理并没有适时改变，比如，农村地区的主管部门在农业部，而环保部环境管理重点在城镇，造成农村地区工业污染成为"三不管"地带。因而，当前重污染天气也是中国工业化和城镇化模式的后果之一。重污染天气的治理不能仅靠环保部，而是需要重新审视以往的工业化和城镇化模式，对中国的产业布局、土地政策和城镇化战略做出新的调整。

第六节　结论与政策含义

最近十几年，京津冀地区大气污染行业的空间布局发生了显著变化，体现在三个方面。一是河北和天津比重提高而北京下降。2015年，北京大气污染行业仅占京津冀三地的6.00%，而河北占62.44%，比2000年提高了14个百分点；二是污染行业从少数城市向多个城市扩散。唐山、邯郸、天津、石家庄和承德陆续超过了北京的钢铁产量峰值。2015年，河北生铁产量是北京产量峰值的21倍；三是城镇向农村扩散。农村地区污染行业规模比城镇地区增长更快。2013年，京津冀农村地区主要大气污染行业比重达到60.89%，比2004年提高了17个百分点。

根据对2004—2013年的估算，京津冀地区一次颗粒物的实际排放量

---

① 钟宁桦：《农村工业化还能走多远》，《经济研究》2011年第1期；成德宁、郝扬：《城市化背景下我国农村工业的困境及发展的新思路》，《学习与实践》2014年第3期。

② 李玉红：《中国农村污染工业发展机制研究》，《农业经济问题》2017年第5期。

要远远超过环保部公布的排放量。2013 年，京津冀地区主要大气污染企业有组织排放的一次颗粒物约为 620 万吨—2100 万吨，是技术所允许的最小排放量的 23—80 倍；加上无组织排放，一次颗粒物排放量达到 720 万吨—2200 万吨，是环保统计报告的京津冀地区一次颗粒物排放量的 5—15 倍。京津冀地区 75% 以上的一次颗粒物排放都来自农村地区。要达到国家空气质量二级标准，京津冀农村地区企业污染物直排比例必须低于 15%。

本书的研究有助于解释两个现象，第一，考察期内京津冀地区污染行业的颗粒物实际排放量远远超过环保部公布的数字，这能够更好地说明京津冀地区频繁出现大气重污染天气的原因；第二，本书发现京津冀地区污染企业在空间分布上出现从少数城市向多个城市、从城镇向农村分散的过程，这一发现也能较好地解释灰霾大面积出现，而非集中在大城市上空的传统模式。京津冀地区一次颗粒物已经形成农村包围城镇的局面。

环保部门对颗粒物排放量的低估掩盖了颗粒物排放的真实来源，从而对灰霾治理产生误导。京津冀地区大气污染物浓度居高不下的原因是农村地区的巨量排放，这才是当前灰霾治理的最大短板，找到短板才能事半功倍。对于京津冀地区灰霾的治理，污染企业"退城搬迁""去工业化"不应作为主要手段和目的，而应以降低整个区域尤其是农村地区的颗粒物排放量为目的。实际上，企业在环境规制宽松的农村地区的污染物排放量是规制严格地区的几十到几百倍。对整个区域而言，大气环境质量将全面恶化。城镇不可能独善其身。当前环境管理的重点应从城镇转移到农村地区，加强对农村工业污染的治理，在农村地区建立起常态化环境管理机制。环境保护力量应向污染企业集中的乡镇一级下沉。环保统计应在重点调查企业制度的基础上，对企业实际排污情况进行抽样调查，从而提供更加可靠的污染物排放数据。

在中国工业城乡空间布局发生重大变迁的背景下，政府应当对中国工业化、城镇化战略以及土地政策进行适时调整，农村工业宜定位于农产品深加工等发挥农业资源优势的行业，取消背离农业资源优势企业的土地优惠措施；对已经实现非农人口集聚的农村地区进行城镇建制，通过行政建制加大对污染企业的环境规制力度；地方政府对工业用地的总量和空间布局进行双控，在区县一级实现污染企业的适度集中，通过集中布局扭转工业污染在乡镇、村落层面的扩张趋势。

第十章　京津冀城乡细颗粒物污染
时空演变文献分析

　　京津冀区域是中国细颗粒物（PM2.5）污染重灾区。2013 年实施《大气污染防治行动计划》以来，2017 年京津冀细颗粒物浓度比 2013 年下降了 39.6%。2019 年，北京细颗粒物年均浓度下降到 42 微克/立方米，距 35 微克/立方米的国家环境空气质量二级标准又缩小了一段差距。实际上，近 20 年中国采取多项措施治理城市大气污染。1998 年，中国划定了酸雨控制区和二氧化硫控制区，在"两控区"内进行能源结构调整，推广清洁燃料和低硫煤，大中城市禁止民用炉灶燃用散煤。北京自 1998 年以来组织实施多阶段的控制大气污染措施，总悬浮颗粒物、二氧化硫、氮氧化物浓度持续下降，大气污染治理成果获得联合国环境署的肯定[①]。然而，2013 年以前京津冀细颗粒物污染状况并不清楚，公众对大气质量改善存在疑惑，北京大学中国经济研究中心 2005 年对北京 1000 户居民进行了入户随机抽样问卷调查，70% 的回答者认为北京空气质量得到改善，认为空气质量恶化的人只有 13%。2015 年，中央电视台对北京 2000 多份问卷的统计结果表明：仅有 21% 的回答者认为空气质量得到改善，而认为空气质量恶化的人上升到 50%[②]。

　　学术界对京津冀细颗粒物污染趋势的研究结果也存在分歧。气象学研究发现京津冀大城市霾日在 20 世纪 90 年代末达到高峰，之后处于下降趋势[③]，

　　① 联合国环境规划署：《北京大气污染治理效果显著》，http：//www.chinanews.com/gn/2016/05-24/7881946.shtml。

　　② 胡大源：《北京空气质量是变好了，还是变差了？》，http：//www.nsd.pku.edu.cn/teachers/professorNews/2016/1220/27908.html。

　　③ 吴兑、廖碧婷、吴蒙等：《环首都圈霾和雾的长期变化特征与典型个例的近地层输送条件》，《环境科学学报》2014 年第 1 期。

环境科学研究也表明北京细颗粒物浓度在 2000 年前后处于较高水平①。然而，近期采用遥感数据的研究却表明，2000 年以来京津冀地区 PM2.5 浓度增加，污染加剧②。

为什么针对同一现象，不同研究领域会有截然相反的科学发现，这与研究所采用的数据有什么关系，这些发现揭示出何种内在逻辑？如何评价过去 20 年京津冀区域的细颗粒物污染和灰霾（haze）变动趋势？本书梳理了有关京津冀细颗粒物浓度和灰霾研究文献，归纳各种研究所采用的数据类型及特点，总结近 20 年京津冀细颗粒物浓度和灰霾变动趋势，揭示不同数据和科学发现之间的内在统一性及其所反映的空间差异性，以期为当前打好蓝天保卫战提供科学依据。

第一节　细颗粒物和灰霾研究的数据类型及特点

一　数据类型

（一）环境空气质量监测

环境空气质量监测点直接对站点周边大气污染物浓度进行监测，是表征环境空气质量最直接、最准确的方式。世界各国官方对细颗粒物的公开监测都比较晚，美国从 1997 年开始报告细颗粒物浓度。2012 年，中国制定新的《环境空气质量标准》（GB3095 - 2012），在原有监测的大气污染物目录中加入了细颗粒物、一氧化碳和臭氧。中国从 2013 年起报告 74 个城市的细颗粒物浓度，2016 年起全国范围执行新标准。京津冀属于重点区域，根据《空气质量新标准第一阶段监测实施方案》，2012 年京津冀地级以上城市已进入新标准第一阶段实施范围，当年试运行并报告细颗粒物等污染物浓度。目前，北京、天津及河北国控站点分别为 12 个、15 个和 53 个，省控站点分别为 35 个、26 个和 388 个。

在官方监测之前，环境科学界对北京局部地点的细颗粒物浓度开展监测和研究。2001 年北京申奥成功后，由于对改善北京市大气环境质量有承诺，环境科学对细颗粒物浓度的研究迅速增加。此外，美国驻中国大使馆

---

① Lv Baolei, Zhang Bin, Bai Yuqi, "A systematic analysis of PM2.5 in Beijing and its sources from 2000 to 2012", *Atmospheric Environment*, Vol. 124, Part B, 2016.

② 刘海猛、方创琳、黄解军等：《京津冀城市群大气污染的时空特征与影响因素解析》，《地理学报》2018 年第 1 期。

和领事馆在 2008 年开始报告所在驻地细颗粒物浓度。

（二）气象资料

与环境空气质量监测相比，中国较早开展了对霾的观测。在气象学中，霾是一种大气能见度下降的气象现象。自然现象的霾每年出现的次数只有几天，而且强度不大，大多数能见度略低于 10 千米。由于人类活动大气气溶胶污染日趋严重，大城市区域霾日达到 100—200 天以上，强度也大大增加，能见度降低到 1—2 千米[①]，说明霾主要是人为活动引起的细粒子气溶胶污染。

中国从 1951 年起陆续建立气候气象地面站点，到 2007 年共有 756 个基本、基准气象站点。北京市共有 2 个基准站点，其中一个是位于东南五环的"北京"站点（54511），气象资料始于 1951 年，另一个是"密云"站点（54416）。天津与河北分别有 3 个和 21 个站点。2007 年之后，北京增加了"延庆"站点（54406）。除了国家级基本基准站点（一级站），还有国家级地面观测站（二级站），基本上每个县级单位都有一个观测站。2017 年，全国共有 2170 个地面观测站，京津冀三地分别有 19 个、13 个和 141 个，基本覆盖全部区县。

为了分析大气成分，北京建有两个大气成分站点，其中上甸子站是区域背景站，也是全球区域大气观测站点，位于海淀区的宝联站是城市大气成分站。天津城区南部建有一个城市大气成分站点。

（三）气溶胶遥感

大气气溶胶是由大气介质和混合于其中的固体或液体颗粒物组成的体系，气溶胶粒子对入射辐射的散射和吸收作用可以使入射辐射的性质和强度发生变化，通过测量入射辐射的变化可以反演气溶胶粒子特性，这是遥感气溶胶的基本原理[②]。气溶胶光学厚度（AOD）是描述气溶胶对光的衰减作用的一个数据，通过气溶胶光学厚度可以推算出大气当中的细颗粒物浓度。

大气气溶胶遥感分为地基遥感和卫星遥感。过去几十年，中国对气溶胶光学性质开展了大量观测研究，主要集中在北京、青藏高原等地区。地面观测能在点尺度上获取气溶胶垂直分布，粒子吸湿增长特性等精准信

---

① 吴兑：《近十年中国灰霾天气研究综述》，《环境科学学报》2012 年第 2 期。

② 毛节泰、张军华、王美华：《中国大气气溶胶研究综述》，《气象学报》2002 年第 5 期。

息，但无法满足大范围细颗粒物遥感监测的需要①。近年来，卫星遥感研究进展较快。美国国家宇航局（NASA）分别于 1999 年和 2002 年发射了 Terra 和 Aqua 卫星，卫星搭载有中分辨率成像光谱仪（MODIS），提供了大范围气溶胶光学厚度等特征信息②。van Donkelaar 等③将 NASA 发射卫星获取的气溶胶数据、GEOS-Chem 化学传输模型及地面观测数据加权合成，反演得到全球的细颗粒物质量浓度，并在网站公开数据资料。这是当前学界使用较多的一套遥感卫星数据。

二　数据特点

环境监测、气象和遥感数据各有特点，也都存在一定的局限性。环境监测数据最能反映环境质量状况，而大气能见度和气溶胶光学厚度是环境质量的间接反映，二者还受其他因素干扰，如大气能见度与相对湿度有一定关系，气溶胶光学厚度与云层高度、湿度等多个因素有关。

作为环境空气质量最精确的度量方法，环境监测数据有以下两个缺陷。

第一，点位有限，仅能反映局部地区的环境质量。根据《环境空气质量监测规范（试行）》要求，环境空气质量评价点代表范围一般为半径500—4000 米。目前，中国环境空气质量评价点仅覆盖城市建成区，点位数根据城市建成区人口或面积而定。气象站点类似，以某一城市命名的气象站点观测范围仅覆盖城区而非整个市域。因此，无论是气象站点还是环境站点，其观测范围都是"点"而非"面"，仅代表某一局部较小面积。卫星遥感与地面观测的不同在于，卫星遥感获得的是"面"数据，通过栅格（grid）取"面"的平均数，也就是区域总体状况，因而卫星遥感获得的"面"数据更能反映区域整体状况。

第二，环境监测数据时间段较短。根据《环境空气质量标准》（GB 3095 – 2012），中国自 2016 年开始报告细颗粒物浓度，仅北京等 74 个大

① 王桥、厉青、高健等：《PM2.5 卫星遥感技术及其应用》，中国环境出版社 2017 年版，第 21 页。

② 薛文博、武卫玲、王金南等：《中国气溶胶光学厚度时空演变特征分析》，《环境与可持续发展》2013 年第 4 期。

③ van Donkelaar, A., R. V Martin, M. Brauer. et al., "Global Estimates of Fine Particulate Matter using a Combined Geophysical-Statistical Method with Information from Satellites, Models, and Monitors", *Environ. Sci. Technol*, Vol. 50, No. 7, 2016.

城市自 2013 年起报告细颗粒物年均浓度。在科学界，细颗粒物浓度监测时间大大提前。北京细颗粒物浓度的研究年份早在 1989 年，细粒子化学成分的研究年份上溯到 1980 年。但科学研究的监测点数量少，同一观测点观测时间段较短。

气象资料的时间段最长，如北京、天津和石家庄等城市站点资料可追溯到 20 世纪 50 年代。县级行政单位的气象资料也可上溯到 20 世纪 70 年代。采用气象资料能够判断灰霾的长期趋势。需要注意的是，不同的研究对霾的界定会有细微差异，气象站的观测时间一般有四个点：2：00、8：00、14：00、20：00。有的研究取其中的单次值作为判断标准，有的研究取日平均值，有的取 14 时，等等。相对湿度也存在类似的现象，取 90% 较多，但也有 80% 或 95%。吴兑等①将霾过程分为两种，第一种是大范围持续时间长，且与一定天气系统与近地层扩散条件相关联的霾；第二种是在稳定的晴朗夜间由于辐射降温，使相对湿度升高而导致能见度下降形成的霾。这种霾一般在日出升温之后有所减轻。对于这两种霾过程，取单次值法能包括所有的霾过程，日均值法则更多地显示长时间、大范围的霾天气过程，14 时法则漏记早晚因湿度增加能见度降低的霾过程，突出长时间大范围的霾天气过程。总之，气象研究可以反映固定站点的长期趋势，但是研究成果之间不能简单作横向比较，必须注意气象站点的特定位置和对霾日的具体界定。

NASA 卫星遥感的 AOD 反演资料从 1998 年开始，最新到 2016 年。早期有研究直接采用 AOD 来表征环境空气质量，或者仅经过相对简单的处理。近期科学界认识到 AOD 受多个因素影响，因而在反演细颗粒物浓度时，考虑纳入气溶胶垂直特性、颗粒物成分特性、粒子吸湿增长特性、边界层高度、气象要素以及土地利用参数等多个因素进行订正②。由于中国地形地貌复杂，南北方、东中西区域的气候存在显著差异，因而难以采用一套通用方法实现气溶胶光学厚度向细颗粒物质量浓度的反演。目前来看遥感数据反演得到的细颗粒物浓度在精确度方面不如环境空气质量监测数据，但在描述区域整体状况方面有一定优势。

---

① 吴兑、陈慧忠、吴蒙等：《三种霾日统计方法的比较分析——以环首都圈京津冀晋为例》，《中国环境科学》2014 年第 3 期。

② 王桥、厉青、高健等：《PM2.5 卫星遥感技术及其应用》，中国环境出版社 2017 年版，第 289 页。

第二节　京津冀城乡细颗粒物污染演变特征

一　近 40 年大城市城区霾日先增加后减少

气象学界最早开始对灰霾和大气能见度进行研究，北京等大城市的研究时点可上溯到新中国成立伊始。吴兑等使用全国基本和基准气象站点资料，发现北京城区在 20 世纪 50 年代霾日较多，年霾日达到 200 天，而后逐渐减少，20 世纪 60 年代每年仅 20—30 天。20 世纪 70 年代后开始增加，20 世纪 80—90 年代基本维持在每年 200 天左右，21 世纪以来逐渐减少到年霾日 80 天左右[1]。北京市霾日"2000 年以后到北京奥运会前后，霾日持续下降，到 2010 年霾日仅 56 天，2012 年有所反弹，增加到 91 天"[2]。

与北京相比，华北地区其他大城市 20 世纪 70 年代以前霾日较少，之后开始增多。1979—1981 年为河北城市大气能见度变化的转折期，在此期间 11 个城市大气能见度迅速降低[3]。20 世纪 80 年代和 90 年代霾日相当多，如邢台在 20 世纪 80 年代霾日高达 300 天，并保持稳定。霾日变化转折点发生在世纪之交。天津市城区能见度自 2000 年以来好转[4]。石家庄城区也表现出类似的变动，20 世纪 90 年代石家庄年霾日达到 143 天，而2001—2008 年降为 23.3 天[5]，付桂芹等也得出相似结论[6]。Quan 等研究显示，华北平原 8 个城区站点在 1970 年之前霾日稳定在 20—30 天，20 世纪 80 年代开始上升，保持在 50—100 天。1999 年以后城区霾日有下降趋势。北京、石家庄、保定和邢台城区霾日下降到 50 天[7]。吴雁等研究了河北省

---

① 吴兑、吴晓京、李菲等：《1951—2005 年中国大陆霾的时空变化》，《气象学报》2010 年第 5 期。

② 吴兑、廖碧婷、吴蒙等：《环首都圈霾和雾的长期变化特征与典型个例的近地层输送条件》，《环境科学学报》2014 年第 1 期。

③ 范引琪、李二杰、范增禄：《河北省 1960—2002 年城市大气能见度的变化趋势》，《大气科学》2005 年第 4 期。

④ 刘爱霞、韩素芹、蔡子颖等：《天津地区能见度变化特征及影响因素研究》，《生态环境学报》2012 年第 11 期。

⑤ 魏文秀：《河北省霾时空分布特征分析》，《气象》2010 年第 3 期。

⑥ 付桂琴、张迎新、谷永利等：《河北省霾日变化及成因》，《气象与环境学报》2014 年第 1 期。

⑦ Quan J., Zhang Q., He H. et al., "Analysis of the formation of fog and haze in North China Plain (NCP)", Atmos. Chem. Phys., No. 11, 2011.

11 个地级市城区霾日状况，发现 1971—1997 年霾日呈波动上升趋势，1998—2002 年波动下降，2008—2012 年处于平稳状态①。

可见，尽管不同研究对于霾日的界定有所差别，然而在相同口径下，这些研究都揭示出大致相同的变化趋势，即新中国成立以来，京津冀大城市城区霾日变化有两个转折点（见表 10 - 1）。第一个转折点在 20 世纪 70 年代末，霾日迅速增加，20 世纪 80 年代到 90 年代京津冀大城市城区霾日保持在较高水平；第二个转折点在世纪之交，城区霾日从高点开始逐渐下降。

表 10 - 1　　　　　　　　京津冀灰霾和能见度研究汇总

研究成果	研究时段	气象站点	灰霾/能见度观测条件	结论
范引琪等（2005）	1960—2002 年	河北，11 城市站点	14：00，RH < 90%	城市大气能见度均呈下降趋势；1998 年后，石家庄等好转，保定持续下降
魏文秀（2010）	1971—2007 年	河北，142	地面气象观测记录表	山麓和平原霾日波动式上升，山区霾日增长缓慢
赵普生等（2012）	1980—2008 年	京津冀，107 个	14：00，能见度小于10 千米，RH < 90%	城区基本在 40—60 天内波动，非城区站点平均霾日数明显呈上升趋势；区域霾日数呈增加趋势
Quan 等（2011）	1954—2009 年	华北平原，16 个	8：00，能见度小于5千米，RH < 95%	1970 年以前年霾日稳定在 20—30 天，20 世纪 80 年代开始上升；2000 年以后城区霾日下降到 50 天；而乡村从 20 世纪 80 年代开始增多，从 20 天增加到 50 天左右
刘爱霞等（2012）	1980—2010 年	天津市区、塘沽、蓟县	14：00	以 2003 年为界，市区能见度表现为先恶化再好转；塘沽站表现为明显的持续恶化，2010 年能见度年均值与市区接近为 11.5 千米；蓟县 1991 年前下降，后保持波动性的稳定，2010 年能见度维持在 15.6 千米左右
吴兑等（2014）	1954—2012 年	京津冀晋气象台站	日均能见度 < 10 千米，RH < 90%	20 世纪 70 年代霾日开始增多，20 世纪 80 年代以后明显增多，1996—2000 年情况最为严重，2000 年以后有减少趋势

①　吴雁、王荣英、李江波等：《1960—2013 年河北省灰霾天气变化特征》，《干旱气象》2017 年第 3 期。

续表

研究成果	研究时段	气象站点	灰霾/能见度观测条件	结论
付桂琴等（2014）	1981—2010 年	河北，142 个	14：00；大气能见度≤10 千米，RH＜80%	年霾日呈逐渐增加趋势；1997 年石家庄年霾日达到历史最高值 132 天，后下降
孟金平等（2016）	1964—2013 年	北京大兴区，1 个	出现 1 次能见度＜10 千米，RH＜90%	20 世纪 60 年代处于霾少发期（18d/a），70 年代、80 年代年霾日分别为 43 天、59 天；90 年代为 42 天；2000 年以后为 84 天
钤伟妙等（2016）	1970—2013 年	石家庄，17 个	出现 1 次能见度＜10 千米，RH＜90%	石家庄地区霾日数的区域分布发生了变化；东部地区年霾日数维持不变，而西部县市年霾日数增加到 130 天以上；2000 年以后市区霾日数下降
吴雁等（2017）	1971—2013 年	河北，11 个（地级市）	出现 2 次能见度＜10 千米，RH＜90%	1971—1997 年霾日年呈波动上升趋势，1998—2002 年呈波动下降趋势，2008—2012 年处于平稳状态

　　注：1. 该研究为能见度，没有界定灰霾。2. RH 为相对湿度。所有研究都排除了雨、雪、沙尘暴等天气现象。

　　资料来源：笔者根据相关文献整理。

二　近 20 年北京城区细颗粒物浓度下降

　　环境科学界对京津冀细颗粒物浓度的研究主要集中在北京（见表 10 - 2）。陈宗良等监测到 1989—1990 年北京天安门以北 4 千米处 PM2.5 浓度为 77.5 微克/立方米，这是最早对北京细颗粒物浓度的研究[①]。1999 年以来，细颗粒物浓度研究开始增多。He 等[②]监测了车公庄和清华园空气质量，发现 1999—2000 年两个监测点 PM2.5 的年均浓度分别是 115 微克/立方米和 127 微克/立方米。杨复沫等[③]从 1999 年 9 月到 2001 年 9 月连续监测车公庄和清华园两地 PM2.5 浓度，发现周平均浓度范围为 37—364 微克/立方米，2001 年两个站点的细颗粒物浓度分别比 2000 年下降 12% 和

---

　　① 陈宗良、葛苏、张晶：《北京大气气溶胶小颗粒的测量与解析》，《环境科学研究》1994 年第 3 期。

　　② He, K., Yang F., Ma Y., et al., "The characteristics of PM2.5 in Beijing, China", *Atmospheric Environment*, Vol. 35, 2001.

　　③ 杨复沫、贺克斌、马永亮等：《北京 PM2.5 浓度的变化特征及其与 PM10、TSP 的关系》，《中国环境科学》2002 年第 6 期。

19.6%。对北京东四、北京大学、永乐店、机场和明十三陵五个点观测的研究发现，2000年市区细颗粒物年均浓度约105.3微克/立方米，比清洁对照点明十三陵高34.2微克/立方米[1]。朱先磊等[2]对北京市区3个地点监测发现2000—2001年PM2.5浓度为125微克/立方米。王京丽等[3]监测了2001年北京东四、北京大学和中国气象局大气观测基地3个地点，得到细颗粒物浓度均值为109.6微克/立方米。对车公庄和清华园观测点的后续研究[4]发现，2001年8月—2002年9月两地PM2.5年均浓度分别为96.5微克/立方米和106.9微克/立方米。2003年，北京细颗粒物浓度冬春季为100微克/立方米[5]。

　　于娜等在北京定陵、北京大学、奥体中心、良乡、通州共5个地点采样，得到2004年PM2.5浓度约为104.2微克/立方米，其中，定陵观测点浓度低于市区和近郊[6]。对宝联监测点的研究显示，2005—2007年细颗粒物浓度有所下降，2007年为84.5微克/立方米[7]。对2007年9月—2011年4月在北京北五环外站点的采样分析[8]发现，2008年、2009年和2010年PM2.5浓度分别是88.7、80.5和80.9微克/立方米。唐宜西等[9]发现，2005—2012年北京宝联站和密云上甸子观测站PM2.5年均浓度整体呈下降趋势，两站点年均浓度从2005—2007年平均值87.1微克/立方米和53.4微克/立方米分别下降到2008—2012年的67.7微克/立方米和42.1

① Zheng, M., Salmon L. G., Schauer J. J. et al., "Seasonal trends in PM2.5 source contributions in Beijing, China", *Atmos. Environ*, Vol. 39, 2005.

② 朱先磊、张远航、曾立民等：《北京市大气细颗粒物 PM2.5 的来源研究》，《环境科学研究》2005 年第 5 期。

③ 王京丽、谢庄、张远航等：《北京市大气细粒子的质量浓度特征研究》，《气象学报》2004 年第 1 期。

④ Duan F K, He K B, Ma Y L, et al., "Concentration and chemical characteristics of PM2.5 in Beijing, China: 2001 - 2002", *Science of Total Environment*, Vol. 355, 2006.

⑤ 于建华、虞统、魏强等：《北京地区 PM10 和 PM2.5 质量浓度的变化特征》，《环境科学研究》2004 年第 1 期。

⑥ 于娜、魏永杰、胡敏等：《北京城区和郊区大气细粒子有机物污染特征及来源解析》，《环境科学学报》2009 年第 2 期。

⑦ Zhao, X., Zhang X., Xu X., et al., "Seasonal and diurnal variations of ambient PM2.5 concentration in urban and rural environments in Beijing", *Atmos. Environ*, Vol. 43, 2009.

⑧ Chen, Y., Schleicher N. Chen, Y. et al., "The influence of governmental mitigation measures on contamination characteristics of PM2.5 in Beijing", *Sci. Total Environ.* Vol. 490, 2014.

⑨ 唐宜西、张小玲、徐敬等：《北京城区和郊区本底站大气污染物浓度的多时间尺度变化特征》，《环境科学学报》2016 年第 8 期。

微克/立方米。杨复沫等[1]监测到 2005—2006 年清华大学和密云的细颗粒物浓度分别为 118.5 微克/立方米和 68.4 微克/立方米。王占山等[2]通过分析北京 35 个自动空气质量监测子站的 PM2.5 数据，发现 2013 年主城区细颗粒物浓度为 91.8 微克/立方米。对于个别站点来说，细颗粒物浓度可能偏高，如对北京大学观测点的研究[3]显示，2009 年 4 月—2010 年 1 月细颗粒物平均浓度高达 135 微克/立方米，而 2009 年美国大使馆数据显示北京东三环附近细颗粒物浓度高达 101.8 微克/立方米，处于较高水平[4]。但是从同一研究团队对某一固定站点的连续观测来说，细颗粒物浓度呈现下降趋势，如中国环境科学研究院（环科院）[5] 观测点细颗粒物浓度从 2008 年的 111.5 微克/立方米下降到 2013 年的 81.3 微克/立方米。

表 10 - 2　　　　　　　　　　北京细颗粒物浓度研究汇总

研究成果	研究时间	采样点	细颗粒物浓度（微克/立方米）
陈宗良等（1994）	1989 年 4 月 30 日—5 月 16 日；1989 年 5 月 20 日—1990 年 5 月 14 日	天安门东北 5 千米；西北 4 千米；距地面 3 米（二环内）	77.5
He 等（2001）	1999 年 7 月—2000 年 9 月	车公庄（西二环）	115
		清华园（北四环外）	127
Zheng 等（2005）	2000 年 1 月、4 月、7 月、10 月	东四（1 层，二环内）、北京大学（5 层，北四环外）、机场（1 层，北五环外）、永乐店（2 层，郊区）和明十三陵（1 层，郊区）	101

① Yang F, Tan J, Zhao Q, et al.，"Characteristics of PM2.5 speciation in representative megacities and across China"，*Atmos. Chem. Phys.*，Vol. 11, 2011.

② 王占山、李云婷、陈添等：《2013 年北京市 PM2.5 的时空分布》，《地理学报》2015 年第 1 期。

③ Zhang, R.，Jing, J.，Tao, J. et al.，"Chemical characterization and source apportionment of PM2.5 in Beijing: seasonal perspective"，*Atmos. Chem. Phys.*，Vol. 13, 2013.

④ 赵好希、陈义珍、杨欣等：《北京市中心城区 PM2.5 长期变化趋势和特征》，《生态环境学报》2016 年第 9 期。

⑤ 王浩、高健、李慧等：《2007—2014 年北京地区 PM2.5 质量浓度变化特征》，《环境科学研究》2016 年第 6 期。

续表

研究成果	研究时间	采样点	细颗粒物浓度（微克/立方米）
朱先磊等（2005）	2000 年 4 月 24—30 日；8 月 18—25 日；10 月 30—11 月 4 日；2001 年 1 月 9—14 日	北京联合大学化学学院楼顶（东四环外）；中国预防科学研究院（3 层，南二环）和中国环境科学研究院（4 层，北五环外）	125
杨复沫等（2006）	2000 年 9 月—2001 年 9 月	车公庄（西二环）	95.8
		清华园（北四环外）	97.7
Duan 等（2006）	2001 年 8 月—2002 年 9 月	车公庄（西二环）	96.5
		清华园（北四环外）	106.9
王京丽等（2004）	2001 年 3 月、6 月、9 月、12 月	中国气象局观测场（东南），北京大学（北四环外），东四（二环内）	109.6
于建华等（2004）	2003 年 1 月 16 日—5 月 5 日	西二环与西三环之间；北京市环境保护监测中心楼顶	100
Chan 等（2005）	2003 年 8 月 10—25 日	中科院大气物理所（北四环外）；国家气象局（西三环外）；东南五环。	93.6
于娜等（2009）	2004 年 1 月 10—19 日；4 月 9 日—4 月 24 日；7 月 10 日—7 月 28 日；10 月 9 日—10 月 24 日	定陵（郊区）、北京大学（北四环外）、奥体中心（北四环）、良乡（郊区）、通州（东五环外）	104.2
Zhao 等（2009）[①]	2005—2007 年 2005 年 2006 年 2007 年	宝联（海拔 75 米，西三环外）、上甸子（海拔 294 米，远郊）	85.2、46.2 93.5、64.6 84.5、51.9
Zhang 等（2013）	2009 年 4 月、7 月、10 月 2010 年 1 月	北京大学（距地 26 米，北四环外）	135
Chen 等（2014）	2008 年度 2009 年度 2010 年度	中国环境科学院（距地 20 米，北五环外）	88.7 80.5 80.9
唐宜西等（2016）	2005 年 1 月 1 日—2012 年 12 月 31 日 2005 年 2012 年	北京市宝联（西三环外）、上甸子（远郊）	83.8、45.9 69.3、40.0
王占山等（2015）	2013 年 1 月 1 日—12 月 31 日	北京市 35 个监测点	91.8（城区）89.1（郊区）88.7（区域）

续表

研究成果	研究时间	采样点	细颗粒物浓度 （微克/立方米）
赵妤希等 （2016）	2008—2015 年	美国大使馆（东三环外）	88.9、101.8、 104、99.1、 90.8、101.9、 97.8、82.6
王浩等 （2016）	2008—2013 年	中国环境科学研究院（北五环外）	111.5、95.8、 94.8、80.5、 75.2、81.3

注：①表示1年均值取四季均值。

资料来源：笔者根据相关文献整理。

根据环境科学研究结果基本能够判断（如图10－1所示），20世纪80年代末北京中心城区细颗粒物浓度已经处于较高水平，到90年代末北京市城区细颗粒物浓度达到峰值。1998年以后，随着北京采取大气污染防治

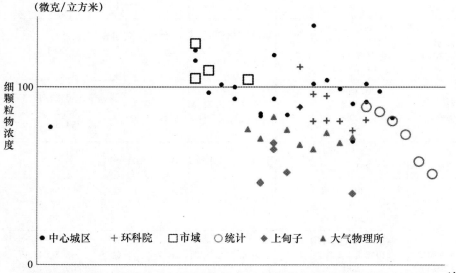

图 10－1　北京细颗粒物浓度研究汇总

注：中心城区包括车公庄、清华园、北京大学、宝联、美国大使馆等。市域包括中心城区在内的机场、定陵等站点。统计来自2013年起北京市环保局公布的数据。

资料来源：笔者根据相关文献整理。

措施，北京城区细颗粒物污染浓度趋于下降，从世纪之交的 100 微克/立方米以上降低到 2013 年之后的 90 微克/立方米以下。这与气象科学发现的城区能见度趋于好转的结论相一致[1]。

三　近 40 年京津冀大城市郊区和县域霾日增多

Quan 等[2]发现，近 40 年华北平原乡村霾日比城区低，但在城区霾日下降的情况下，乡村霾日保持上升趋势。1980 年以前华北平原乡村年霾日为 19 天，仅为城区的一半。1980 年开始霾日有所增加，从 19 天增加到 50 天左右。城区霾日从 1999 年后开始减少，但是乡村并没有下降趋势，依然维持在 50 天，与城区霾日基本持平。赵普生等[3]分析了 1980 年以来京津冀区域 89 个非城区气象站点资料，发现非城区站点的年均霾日数呈明显上升趋势，而且与城区站点霾日数的差距越来越小。北京密云上甸子是郊区站，霾日数低于城区各站点，但 2000 年以来霾日呈增加趋势，2009 年达到 50 天。天津县域武清站点霾日迅速增加到 100 天。该研究说明，影响霾天气形成的气溶胶污染在非城区范围逐渐加重，且和城区逐渐趋于一致。

采用单个或局部站点的连续性资料也反映出乡村地区霾日增多的事实。孟金平通过对北京大兴气象资料的研究发现，大兴霾日自 20 世纪 70 年代以来持续增加，20 世纪 80 年代为 59 天，而 2000 年以后达 84 天[4]。河北省山区霾日呈上升趋势[5]。付桂芹对河北各气象站进行单站霾日数统计发现，1981—1990 年霾日大值中心主要在石家庄地区，前六位依次为石家庄、平山、磁县、赞皇、隆尧和武安，年平均霾日为 66.2—44.6 天。1991—2000 年霾日排在前 6 位的分别为行唐、赞皇、石家庄、武安、隆尧和赵县，年平均霾日为 111.6—66.5 天。2000—2010 年，霾日中心依然集中在太行山东部地区，排序前 6 位的分别为赞皇、武安、柏乡、行唐、井

---

①　Lv Baolei, Zhang Bin, Bai Yuqi, "A systematic analysis of PM2.5 in Beijing and its sources from 2000 to 2012", *Atmospheric Environment*, Vol. 124, Part B, 2016.

②　Quan J., Zhang Q., He H. et al., "Analysis of the formation of fog and haze in North China Plain（NCP）", *Atmos. Chem. Phys.*, No. 11, 2011.

③　赵普生、徐晓峰、孟伟等：《京津冀区域霾天气特征》，《中国环境科学》2012 年第 1 期。

④　孟金平、杨璐、赵晨等：《近 50 年大兴区雾、霾气候特征及影响因素分析》，《环境科学与技术》2016 年第 S2 期。

⑤　魏文秀：《河北省霾时空分布特征分析》，《气象》2010 年第 3 期。

陉和平山，年平均霾日为 117—71 天①。在这三个不同的时间段，河北霾日峰值逐渐升高，而石家庄城区从排名第一降到第三，最后退出前六位。太行山东麓等县域大气能见度呈恶化趋势，已经超过石家庄城区成为灰霾最为严重的地区。对石家庄地区 17 个县市气象资料的研究②也印证了这一点，该研究发现自 2000 年后石家庄市区霾日下降，然而石家庄西部各县域的霾日显著增加，超过了石家庄市区。

乡村地域的气溶胶浓度曾经被认为是理想的区域背景值。1980 年，科学家以北京长城八达岭作为华北农村大气气溶胶基准值，监测了春季气溶胶细粒子成分③。从北京环境监测点来看，市区细颗粒物浓度高于郊区及县域，但与郊区细颗粒物浓度的差异在缩小。2005 年北京市区宝联站细颗粒物浓度比密云上甸子高出 39 微克/立方米，2007 年这个差距为 33 微克/立方米，2012 年差距缩小到 29 微克/立方米④。王占山等⑤测算 2013 年北京城区和郊区细颗粒物浓度相差仅有 2.7 微克/立方米。

四 区域细颗粒物污染趋于恶化

根据上述文献分析可知，20 世纪末以来北京等大城市城区大气能见度有所改善，而非城区和县域则有所恶化，那么，区域整体状况如何呢？

2016 年，Van Donkelaar 等对 NASA 卫星获取的气溶胶光学厚度（AOD）数据进行了订正⑥，在科学界得到广泛应用。王桂林等⑦使用这套数据发现京津冀区域细颗粒物浓度自 2000 年的 45.65 微克/立方米，逐年

---

① 付桂琴、张迎新、谷永利等：《河北省霾日变化及成因》，《气象与环境学报》2014 年第 1 期。

② 钤伟妙、陈静、王晓敏等：《1970—2013 年石家庄地区霾变化特征》，《气象与环境学报》2016 年第 4 期。

③ Winchester J W, Lü Weixiu, Ren Lixin, et al., "Fine and coarse aerosol composition from a rural area in North China", *Atmospheric Environment*, Vol. 15, No. 6, 1981.

④ Zhao, X., Zhang X., Xu X., et al., "Seasonal and diurnal variations of ambient PM2.5 concentration in urban and rural environments in Beijing", *Atmos. Environ*, Vol. 43, 2009.

⑤ 王占山、李云婷、陈添等：《2013 年北京市 PM2.5 的时空分布》，《地理学报》2015 年第 1 期。

⑥ Van Donkelaar, A., R. V Martin, M. Brauer et al., "Global Estimates of Fine Particulate Matter using a Combined Geophysical-Statistical Method with Information from Satellites, Models, and Monitors", *Environ. Sci. Technol*, Vol. 50, No. 7, 2016.

⑦ 王桂林、杨昆、杨扬：《京津冀地区不透水表面扩张对 PM2.5 污染的影响研究》，《中国环境科学》2017 年第 7 期。

增加到 2014 年的 77.3 微克/立方米。刘海猛等①使用相同的数据发现，2000 年京津冀区域只有城市建成区范围的零星区域年均浓度超过 75 微克/立方米，然而到 2014 年，京津冀大约 1/3 区域的 PM2.5 浓度超过 75 微克/立方米，京津冀 202 个区县中，有 92 个区县 PM2.5 浓度大于 75 微克/立方米。罗毅等研究②显示，2000 年京津冀区域只有邯郸的少部分地区 PM2.5 年均浓度达 65—75 微克/立方米，而 2004—2010 年，京津冀大部分区域细颗粒物浓度达到 65—75 微克/立方米。

另外，同时使用城区和县域气象资料的研究也证明了京津冀区域整体的大气能见度趋于下降。赵普生等采用京津冀区域内 107 个地面站气象资料发现，尽管单一站点趋势不一致，霾日数水平也有很大差异，但从长时间大范围的角度来看，1980—2008 年京津冀区域霾日数呈增加趋势；北京 20 个地面站从 1980 年的年均 50 天左右增加到 2008 年的 72 天，天津 5 个站点从 30 天左右增加到 95 天，河北 82 个站点从 1970 年的年均 28 天增加到 2007 年的 42 天③。此外，对 1980—2016 年北京 20 个地面气象观测站的研究④发现，北京整体霾日增多，其中，持续 4 天以上的大范围霾日呈增加趋势。魏文秀对 1971 年以来河北 142 个地面气象站点资料进行分析，认为河北霾日总体呈波动上升状态⑤。

综合卫星遥感和地面气象资料来看，近 40 年京津冀区域大气能见度整体呈下降趋势，近 20 年京津冀区域细颗粒物浓度呈上升趋势。也就是说，虽然大城市城区霾日减少、但是非城区污染增多，导致整体污染呈现加重趋势。

第三节　结论与启示

通过对京津冀细颗粒物浓度和灰霾文献的荟萃分析发现：①近 40 年

①　刘海猛、方创琳、黄解军等：《京津冀城市群大气污染的时空特征与影响因素解析》，《地理学报》2018 年第 1 期。

②　罗毅、邓琼飞、杨昆等：《近 20 年来中国典型区域 PM2.5 时空演变过程》，《中国环境科学》2018 年第 7 期。

③　赵普生、徐晓峰、孟伟等：《京津冀区域霾天气特征》，《中国环境科学》2012 年第 1 期。

④　Pei L, Yan Z, Sun Z, et al. ，"Increasing persistent haze in Beijing: potential impacts of weakening East Asian winter monsoons associated with northwestern Pacific sea surface temperature trends"，Atmos. Chem. Phys. ，Vol. 18，2018.

⑤　魏文秀：《河北省霾时空分布特征分析》，《气象》2010 年第 3 期。

京津冀大城市城区霾日先增加后减少，大气能见度有所改善。北京细颗粒物浓度从世纪之交的超过 100 微克/立方米降低到 2013 年的 90 微克/立方米。②近 40 年京津冀县域乡村霾日增多，大气能见度趋于下降，与城区大气能见度的差距缩小。北京远郊区细颗粒物污染程度加深，逐渐接近城区污染水平。石家庄县域霾日数甚至超过了城区。③虽然近 20 年京津冀大城市城区霾日有所减少，但是县域乡村的大气污染呈现加重趋势，导致整个区域细颗粒物污染区面积扩大，灰霾污染加重。

对于北京来说，1998—2013 年北京大气污染防治措施对细颗粒物污染的治理不如二氧化硫的治理有效，二氧化硫浓度从 1998 年的 120 微克/立方米下降到 2013 年的 26 微克/立方米，降幅接近 100 微克/立方米，而同期细颗粒物浓度降幅仅有 10—20 微克/立方米。即使是在污染治理措施最为严厉的 2008 年奥运会期间，北京市细颗粒物平均浓度为 40—60 微克/立方米，虽然低于往年夏季污染水平①，但是依然高于世界卫生组织和美国的日均浓度标准。另外，北京细颗粒物污染区面积也在扩大。同样是对北京城区的观测，2000 年北京城市建成区面积仅有 490 平方米，2013 年扩张到 1300 平方米，城区面积增加了 165.3%。1989 年仅城市中心区范围的细颗粒物浓度达到 77.5 微克/立方米，2000 年北京车公庄观测点为 115 微克/立方米，随着城市建成区面积的扩大，2013 年环保统计将空气较为洁净的顺义、怀柔等县域城区加入环境空气质量评价点，细颗粒物浓度尚且高达 89 微克/立方米，可见，2013 年北京市细颗粒物污染形势相当严重。近期大气污染防治措施对降低细颗粒物污染起到了积极的效果，说明细颗粒物污染治理有别于二氧化硫，还必须采取具有针对性的防治措施。

可以看到，环境、气象与遥感研究得到的科学结果并不矛盾，其所使用的数据代表不同的地理空间，因而，各种研究发现是不同地理空间的不同特征。由于中国传统大气污染集中在城市城区，县域农村的环境空气质量被认为是洁净的，因而城市气象和环境空气质量评价的对象都是城区。从气象观测点来看，以城市命名的观测点位于城区，而环境空气质量评价点覆盖城市建成区，因而气象和环境研究反映的是近 20 年京津冀地区大

---

① Chan, C. Y., Xu, X. D., Li, Y. S. et al., "Characteristics of vertical profiles and sources of PM2.5, PM10 and carbonaceous aerosols in Beijing", *Atmospheric Environment*, Vol. 39, 2005.

城市城区"点"的能见度趋于改善,北京细颗粒物浓度趋于下降。遥感资料观测的是城区和县域乡村的整体状况,由于许多县域乡村地区大气能见度下降,霾日增多,与城区污染水平差距缩小,因而遥感得到的区域整体细颗粒物污染加重。县域乡村细颗粒物污染区的增多,不仅能够解释区域灰霾污染加重的现象,而且解释了华北地区灰霾污染呈现大面积范围而不是"点状"分布的现象。

本研究发现,区分大城市城区与县域乡村这两类不同地域类型,对于区分京津冀不同地理空间灰霾演变差异从而揭示细颗粒物污染空间来源具有重要意义。一直以来,政府和学界将环境空气质量关注点放在大城市的城市建成区,默认县域乡村地区空气质量较好,将之作为区域背景值。实际上,近20年京津冀大城市城区大气环境质量趋于好转,但县域乡村地区大气环境质量状况却不容乐观,部分县域的细颗粒物污染甚至超过了城区,导致灰霾在地理空间上大面积出现。未来要进一步降低京津冀区域的细颗粒物浓度水平,须加强对县域灰霾状况的研究和污染治理。京津冀区域灰霾治理不仅要关注大城市工业污染源,而且要重视县域乡村工业污染治理。从工业布局来说,在大城市城区"去工业化"的背景下,县域乡村将是各种产业集聚区和工业生产活动的主要空间。县域工业在乡镇一级不能过于分散,应适当集中。从环境管理来看,县域乡村是环境管理最为薄弱地带,也是级别较低工业集聚区的选择地,应加强对县域工业集聚区的环境监测和监管,防止其成为新的污染来源。

第十一章 农村工业源重金属污染现状、动因与对策[*]

近年湖南大米镉污染事件在社会上引起巨大反响，引发了社会公众对农产品质量的恐慌。继 2009 年以来频繁发生的群体性血铅中毒事件之后，重金属污染又一次成为全社会关注的焦点。中国农村重金属污染相当严重，据调查，1/6（2000 万公顷）以上的耕地受重金属污染，受污染的粮食达 1200 万吨[①]，形势非常严峻。

农村重金属污染的来源是多方面的，既有化肥和农药等农资造成的污染，也有工矿企业产生的"三废"污染。在快速工业化和城镇化的背景下，由于工业污染源的排放强度最高，从而危害也最为严重，这对农民健康、粮食安全和农村可持续发展都形成了巨大的威胁。

在社会科学领域中，对工业源重金属污染研究并不多见。这可能与社会科学研究中存在的现实困难有关，如环保部公布的数据以城市为主要调查对象，缺乏农村地区的统计信息；企业环境指标以化学需氧量（COD）、二氧化硫（SO_2）等污染物为主，相当长时期不含有重金属排放统计；农业部乡镇企业局公布的行业数据比较笼统，掩盖了高污染细分行业的信息。基本数据的不完整使得从产业或企业层面对中国农村地区重金属污染的实证研究非常少见。

治理重金属污染，既要从科学技术上有所突破，更要分析其发生的社会经济根源，从源头上加以控制。本章对中国农村工业源重金属污染展开研究，分析重金属污染形成的社会经济机制和防治对策。本章的特色在于，采用企业层面的经济普查数据和年度数据，从污染来源角度分析中国

---

　* 本章内容已经发表于《农业经济问题》2015 年第 1 期。
　① 吴晓青：《污染农村影响"美丽乡村"建设》，《西部大开发》2012 年第 11 期。

农村的重金属污染，从而突破当前农村重金属排污信息缺乏的瓶颈。

本章内容安排如下，首先，介绍农村工业源重金属污染现状与污染企业概况；其次，分析农村工业源重金属污染的社会经济机制；最后，讨论重金属污染的特点以及治理思路，最后是结论和对策。

第一节　农村工业源重金属污染与污染企业概况

一　农村工业源重金属污染概况

重金属[①]污染是指现代人类工农业生产活动排放的重金属超过环境容量所造成的污染。重金属污染是对环境污染最严重和对人类威胁最大的污染之一，大多数重金属具有可迁移性差、不能降解等特点，能在水生生物和农作物中大量富集，对生物体产生毒性，危害人体健康[②]。

农村工业重金属污染由来已久。传统乡镇企业布局分散、规模小、设备陈旧、工艺落后和技术水平低，又被局限于资源加工等重污染行业，环境治理滞后，造成了严重的资源浪费、环境污染和生态破坏问题[③]。1995年，中国乡镇企业工业废水中重金属（铅、汞、铬、铜）排放量达到1321.4吨，占全国工业废水中重金属排放总量的42.4%；砷排放量1875.3吨，占63.3%[④]。1996年《国务院关于加强环境保护若干问题的决定》明令取缔关停的15种重污染小企业，至少6种与重金属排污直接相关。

据第二次污水灌区环境质量状况普查统计（基准年为1995年），中国污灌农田面积为361.8万公顷，其中，直接引用工业及城市下水道污水灌溉的面积为51.2万公顷；使用超过农灌水质标准的面积为310.7万公顷，占污灌面积的85.9%。中国对造成污染比较严重的22个省47个污灌区的

---

① 重金属有多种不同定义，科学界把比重大于5的金属称为重金属，如铜、锌、铅、镉、铬、汞、镍等45种。环境领域指的是对生物有明显毒性的金属或类金属。一般常见的、对生物毒性较大的重金属有铬、铅、镉、汞和类金属砷。

② 滕葳等：《重金属污染对农产品的危害与风险评估》，化学工业出版社2010年版，第1—10页。

③ 姜百臣、李周：《农村工业化的环境影响与对策研究》，《管理世界》1994年第5期。

④ 国家环境保护局、农业部、财政部、国家统计局：《全国乡镇工业污染源调查公报》，转引自《中国乡镇企业年鉴》（1998），农业出版社1998年版，第380—381页。

20.7 万公顷耕地进行的调查结果表明，大约 90% 的重点污染区为重金属污染，相当部分的农田重金属含量已超过土壤环境质量 II 级标准，几乎所有农田上生长的农作物都受到一定程度的危害，表现为减产或农产品污染物超标。据 2000 年对 10 个省会城市的调查，有 7 个城市郊区农产品重金属超标率在 30% 以上[①]。

2007 年，国家环保局等有关单位组织了第一次全国污染源普查，中国工业排放总铬、汞、铅和镉合计 1872.2 吨，砷为 185.0 吨。2011 年环保部等重点整治铅蓄电池企业，共排查 1962 家，其中，取缔关闭、停产整治和停业共 1585 家[②]。80.8% 的电池企业违法排污，表明相关行业重金属污染排放情况非常严重。尽管普查和整治没有区分工业排污的城乡分布，但是最近几年中国发生的多起群体性血铅中毒事件绝大部分都发生在农村地区，肇事者均为工业企业，从这一现象可以管窥近期中国农村工业造成的重金属污染的严重性。

二　农村重金属污染企业概况

（一）重金属污染行业的范围

工业生产中很多工艺和产品都使用重金属，因此重金属污染来源非常广泛。为了区分不同行业的污染强度，本书筛选出高污染的重点行业，这更具有针对性。《重金属污染综合防治"十二五"规划》确定了 6 类重点污染行业，其中 5 类与工业生产有关。对应的行业代码分别是：有色金属矿采选业（09），皮革鞣质加工（1910），毛皮鞣质加工（1931），无机酸制造（2611），无机盐制造（2613），涂料制造（2641），颜料制造（2643），初级形态的塑料及合成树脂制造（2651），常用有色金属冶炼（331），贵金属冶炼（332），稀有稀土金属冶炼（333），金属表面处理及热处理加工（3460），电池制造（3940）。除此之外，本书加上印制电路板（4062），该行业电镀环节也产生重金属污染。本书把有色金属矿采选业和有色金属冶炼业归为矿产型污染行业，其他行业归为制造型污染行业。

---

① 国家环境保护总局编著：《全国生态现状调查与评估综合卷》，中国环境科学出版社 2005 年版，第 48—49 页。
② 张秋蕾：《国务院九部门联合召开 2012 年全国整治违法排污企业保障群众健康环保专项行动电视电话会议》，《中国环境科学》2012 年第 4 期。

　　本书使用的是 2004 年第一次全国经济普查的企业数据和 2004—2009 年主营业务收入在 500 万元以上（简称规模以上）企业数据。企业数据的优点是提供大量信息，能够揭示汇总数据所掩盖的结构特征，如行业信息可以具体到四位数代码，根据企业所在位置判断其城乡属性等等。

　　（二）农村重金属污染行业在国民经济中的地位

　　根据第一次经济普查资料（见表 11-1），2004 年，农村地区重金属污染行业共有 3.49 万家企业，占农村工业企业总数的 3.6%，就业人数为 194.6 万人，销售收入为 5041 亿元，分别占工业总量的 3.8% 和 5.3%。从所有制来看，私营企业数居多，占 67.7%，集体企业占 15.6%，二者共占 83.3%。与农村其他行业相比，重金属污染企业属于规模较大、劳动生产率较高的企业；而与城市企业相比，农村重金属污染企业数量多，但是企业规模较小，劳动生产率较低。

　　农村企业具有重金属污染偏向，首先，在城乡分布上，农村重金属污染企业占全国企业数的 74.1%，就业人数和销售收入超过或接近 50%，经济总量已经超过了城镇。其次，在产业结构上，农村重金属污染企业数占全部工业企业数比重比城市高 0.7 个百分点，其中，矿产型污染企业贡献了 0.49 个百分点，制造型污染企业贡献 70.21 个百分点。这说明农村重金属污染企业不仅受矿产资源地理分布的影响，而且与农村地区制造业的发展密切相关。

表 11-1　　　农村重金属污染行业在国民经济中地位（2004 年）

行业	农村			城镇		
	企业数（家）	就业人数（万人）	销售收入（亿元）	企业数（家）	就业人数（万人）	销售收入（亿元）
有色金属矿采选业	5355	42.1	602.9	733	14.4	299.4
有色金属冶炼	4140	39.2	1552.5	1383	46.7	1722.6
皮革毛皮鞣质加工	2259	14.3	430.7	525	4.7	124.8
化学原料	15069	50.7	1514.4	5812	40.3	1675.6
金属表面处理	5831	23.1	312.1	1901	8.0	127.6
电池制造	1419	13.9	284.9	1128	20.3	511.7
印制电路板	827	11.3	343.6	689	18.6	649.2
国有企业	2855	40.5	1030.4	1896	58.5	1583.5

行业	农村			城镇		
	企业数（家）	就业人数（万人）	销售收入（亿元）	企业数（家）	就业人数（万人）	销售收入（亿元）
集体企业	5426	27.2	651.3	1931	11.8	210.2
股份制企业	484	12.8	439.6	292	17.4	935.9
私营企业	23439	82.5	1649.0	6330	27.7	543.9
港澳台企业	1235	17.0	460.2	779	16.8	567.9
外资	938	13.3	797.6	802	20.6	1267.1
合计	34900	194.6	5041.0	12171	153.1	5110.8
所占城乡比重（%）	74.1	56.0	49.7	25.9	44.0	50.3
全部工业合计	957317	5143.6	94445.9	418235	4404.6	123997.4
占全部工业比重（%）	3.6	3.8	5.3	2.9	3.5	4.1

注：对企业登记注册类型进行了合并，把联营企业中与国有企业联营类型归并为国有企业，有限责任公司归并为国有企业，股份合作制企业归为集体企业，其他类型企业约500家，这里省略。

资料来源：2004年第一次全国经济普查企业数据。

第二节　农村工业源重金属污染的社会经济机制分析

一　社会经济背景

（一）中国成为新的世界工厂，必然导致污染排放规模越来越多

发达国家在工业化阶段，都排放了大量工业污染，经历了环境质量恶化的阶段。随着中国对外开放的深入，尤其加入WTO之后，中国制造业发展迅速，已经成为新的世界工厂，其间必然伴随更多的污染物排放，造成环境质量恶化。

（二）地方政府发展经济动机强烈，但对环境问题重视不够

与世界工厂地位相呼应的是，各级地方政府发展地方经济的动机非常强烈，但是在环境管理上相当滞后。改革开放后，乡镇工业迅速进入快速发展阶段，而环境管理工作却迟迟没有列入政府的议事日程，更有甚者，有些官员片面地追求产值增长，对乡镇工业污染采取放任自流的态度，甚至对污染源企业采取变相开绿灯的做法，致使环境影响评价等

制度形同虚设，对乡镇工业污染加剧起了推波助澜的作用①。部分地方政府以低廉的土地出让价格和其他各种优惠竞相招商引资，但对高污染企业的环境排污行为把关不严、管理滞后，乡村成为高污染企业的避风港。

浙江虽然经济发达，但同时也是重金属污染的重灾区。例如，1995年乡镇企业重金属类排放占全国的 90.9%②（范剑勇等，1999）；又如，2012年环保部重点整治的重金属排污企业中，浙江大部分排污企业都位于乡村：温州电镀企业与皮革鞣制企业中的 98% 位于乡村；杭州、宁波、嘉兴三地的电镀企业 3/4 都设在乡村；湖州的 32 家铅蓄电池企业全部位于乡村；台州的 11 家涉重金属矿采选和冶炼企业也都在乡村（王学渊等，2012）③。

（三）二元结构下，城乡环境规制存在着差异

中国长期实行城乡分治的户籍管理制度，城乡居民在经济、政治和社会等方面享有不同的国民待遇，形成"城乡分治、一国两策"的局面（陆学艺，2005）④。在微观层面，农村基层环保管理几乎空白。中国县级以下行政区划不设立环保机构，江苏、浙江等乡镇企业发达的省在有条件的乡镇配备环保人员和机构，但是整体而言，农村环境管理"无机构、无人员、无经费"，是中国环境保护的薄弱环节。在宏观层面，环境管理沿袭了重城市、轻农村的二元治理思路。中国环保政策长期存在着"重城市、轻农村"的倾向。现行的环境立法特别是污染防治立法，在适用的对象方面，突出表现了大中城市利益中心主义和大中企业中心主义的特征。适应乡村和乡村企业环境的专门制度甚至可以说基本是空白⑤。中国城乡规划、管理和建设方面，缺乏城乡统筹⑥。

---

① 李周、尹晓青、包晓斌：《乡镇企业与环境污染》，《中国农村观察》1999 年第 3 期。

② 范剑勇、来明敏：《浙江农村工业废水污染现状及其防治对策》，《管理世界》1999 年第 2 期。

③ 王学渊、周翼翔：《经济增长背景下浙江省城乡工业污染转移特征及动因》，《技术经济》2012 年第 10 期。

④ 陆学艺：《"三农"新论——当前中国农业、农村、农民问题研究》，社会科学文献出版社 2005 年版，第 118 页。

⑤ 李启家：《中国环境法规》，转引自郑易生编《中国环境与发展评论》（第 1 卷），社会科学文献出版社 2000 年版，第 309—321 页。

⑥ 李青：《国土规划、区域发展与农村生态环境》，转引自张晓编《中国环境与发展评论（第五卷）——中国农村生态环境安全》，中国社会科学出版社 2012 年版，第 61—73 页。

中国科学院国情报告①发现，城市中落后的高污染技术和产业在向周边农村地区转移或扩散，东部地区污染已呈现出从城市向农村迅速蔓延并逐渐连成一片的趋势。郑易生把乡镇工业看作是城乡间环境问题的一次大转移，认为20世纪90年代后期某些大中城市环境质量改善的一个重要原因是大城市强行关停了一些污染严重的企业，这些企业不少被转移到农村②。这解释了中国环境质量"局部好转、总体恶化"的趋势。

二 直接原因

（一）农村地区重金属污染企业迅速增加

随着经济发展，农村地区重金属污染企业数逐年增多。以规模以上企业为例，2009年农村地区重金属污染企业数为11944家，比2004年增加了47.2%，年均增长8.0%（见表11-2）。其中，增长最快的是电池制造业，年均增速14.1%。这也是近期中国农村地区血铅中毒事件频发的重要原因。如果考虑那些规模较小没有进入统计的企业，重金属污染企业的数量会更多。

表11-2　　　　　农村地区规模以上重金属污染企业数量及增长率　　　　单位：家

年份	有色金属矿采选	有色金属冶炼	皮革毛皮鞣质加工	化学原料	金属表面处理	电池制造	印制电路板	全部合计
2004	1184	1489	664	3247	864	416	252	8116
2005	1234	1484	632	3077	789	407	233	7856
2006	1496	1690	698	3315	861	436	240	8736
2007	1476	1678	618	3482	998	500	285	9037
2008	—	—	781	4414	1446	750	410	—
2009	2036	2112	800	4391	1429	803	373	11944
年均增长率（%）	11.5	7.2	3.8	6.2	10.6	14.1	8.2	8.0

资料来源：全国规模以上企业数据库。

---

①　中国科学院国情分析研究小组：《城市与乡村——中国城乡矛盾与协调发展研究（续）》，《资源节约和综合利用》1995年第3期。
②　郑易生：《环境污染转移现象对社会经济的影响》，《中国农村经济》2002年第2期。

（二）技术水平低

中国传统乡镇企业的技术设备一般从城市企业淘汰而来，设备陈旧、工艺落后。即使在现在，中国农村企业技术水平普遍偏低，以高学历人才为例，农村企业高学历人才比重仅有8.0%，比城镇企业低9.4个百分点，高技术产业如电池制造和印制电路板业的城乡差距更大（见表11-3）。

表11-3 **2004年城乡地区重金属污染行业高学历人才比重**

地区	有色金属矿采选	有色金属冶炼	皮革毛皮鞣质加工	化学原料	金属表面处理	电池制造	印制电路板	全部
农村（%）	6.1	7.7	5.6	10.2	4.8	10.1	8.7	8.0
城镇（%）	14.2	16.6	10.8	19.9	11.3	20	18.1	17.4

注：高学历人才比重为大专及以上学历从业人数占全部从业人数比重。

资料来源：2004年第一次全国经济普查企业数据。

（三）企业布局分散

中国重金属污染企业布局相当分散，并没有因其高污染特征而有所集中。根据普查资料，2004年，全国共有2.1万个村落有重金属污染企业，其中，70%以上的村庄有1家，10%左右的村庄企业数超过3家（见表11-4）。开发区企业密度最高，但是与其他类型村庄密度差别不大。重金属污染企业在农村形成"遍地开花"的排污点，污染物通过大气沉降、地表水等迁移途径扩散到周边耕地，形成较大的土壤污染面。当然，在大部分村庄企业分散的情况下，出现了少量专业化程度很高的工业村，如铝加工专业村、皮革专业村，总共约有200个村庄。这些村庄依靠当地的资源优势和经营传统，实现了产业集聚。这有利于污染的监管和集中处理。

表11-4 **2004年重金属污染企业在村庄的分布统计特征**

行政区划	有企业的行政村数（个）	平均每个村企业数（家）	分位点									
			60%	65%	70%	75%	80%	85%	90%	95%	99%	最大
镇辖村	14714	1.68	1	1	1	2	2	2	3	4	9	54
乡辖村	3436	1.57	1	1	1	1	2	2	2	4	9	85
城镇郊区[①]	2592	1.66	1	1	2	2	2	3	3	4	7	29

行政区划	有企业的行政村数（个）	平均每个村企业数（家）	分位点									
			60%	65%	70%	75%	80%	85%	90%	95%	99%	最大
开发区	294	1.69	1	2	2	2	2	2	3	4	7	11
全部	21036	1.66	1	1	1	2	2	2	3	4	8	85

注：①街道辖区内村委会。

资料来源：2004 年第一次全国经济普查企业数据。

第三节　重金属污染的特点和治理思路

一　重金属污染具有不可逆性

每一种污染物都具有独特的危害，但是，重金属污染不同于一般的污染物的特征在于其不可逆性。具体来看，重金属污染的特性有：第一，难以修复。重金属污染物进入土壤是一个不可逆的过程。重金属污染物最终形成难溶化合物沉积在土壤环境中，即使污染源消失，土壤中的污染还在。因此，土壤一旦遭受重金属污染很难恢复。中国沈阳、抚顺污水灌溉区遭受土壤重金属污染后，采用了施加改良剂、深翻、清水灌溉、植物修复等各种治理措施，经过十多年的努力，付出了大量劳动与代价，但收效甚微（郑国璋，2006）。

第二，在食物链中累积。重金属具有可转移性差和不能降解等特点，因此即使浓度很低，也能在藻类等植物和水体底质中蓄积，并经过食物链逐级浓缩累积而造成危害。水俣病就是含甲基汞的工业废水通过食物链和生物浓缩后使生物中毒，人食用有毒生物后，由于摄入甲基汞而引起发病。镉也有累积性，如水稻吸收水中的镉。

第三，在人体内潜伏时间长，具有很强的隐蔽性。日本富山县神通川流域部分地区的居民因长期饮用受镉污染的河水（含镉达每升 100 微克）和食用含镉的大米（每升 1 微克）而死亡的人有 207 人（截至 1977 年）。痛痛病从 20 世纪 50 年代出现症状，到 70 年代发病死亡，经过十多年，是一种痛苦的慢性病，而且往往死于其他并发症（方如康，2007）①。

---

①　方如康主编：《环境学词典》，科学出版社 2007 年版，第 25 页。

二　重金属污染治理思路

首先，重金属污染的治理必须改变"先污染、后治理"的常规思路。1991 年，Grossman 和 Kruger 在一篇有关北美自由贸易协定（NAFTA）环境影响的论文中，对世界各地城市空气质量与人均 GDP 的关系进行研究，发现某些空气污染物浓度与人均 GDP 呈现出倒"U"形的关系（Grossman and Kruger, 1991）。由于该图形与库兹涅茨提出的收入不平等曲线形状的相似，被后来的研究者（Panayotou, 1993）称为环境库兹涅茨曲线（Environmental Kuznets Curve）①，即环境质量随着经济增长先恶化再好转，其成立的前提之一是环境污染具有可逆性。一般而言，大气和地表水受到污染后，如果切断污染源，可以通过稀释作用和自净化作用使得污染得以逆转。以灰霾为例，它受气象条件影响很大，只要控制住人为排放，很容易得到控制。如发达国家曾经有过的"伦敦雾"，控制住了煤炭燃烧，伦敦雾就显著缓解并逐渐消除。许多研究据此认为工业化阶段的环境质量恶化会随着国民收入水平的提高而得到改善，这也是发达国家经历过的"先污染、后治理"道路。然而，重金属污染不具备可逆性。对耕地而言，尽管治理重金属污染土壤有各种生物、化学和物理等修复手段，就效果而言，最有效的办法是土壤置换，然而土壤置换投资大、成本高（郑国璋，2006）②。一般只有大城市的土地价格高到一定程度，土壤置换在经济上才是可行的。对于农用地来说，通过土壤置换的办法进行污染治理基本上是不可行的。因此，对重金属污染治理不能抱有"先污染、后治理"的幻想，必须从源头上防控重金属污染。

其次，重金属污染企业必须集中布局，扭转污染扩散态势。当前，农村重金属企业排污点"遍地开花"，形成大面积的土壤污染面。然而，由于准入条件的限制，高污染企业常常难以进入工业园区（郑玉歆，2012）③，而偏远地带乡镇招商引资的选择空间小，对高污染企业放开限

---

① Grossman, G. and Alan Krueger, "Environmental Impacts of A North American Free Trade Agreement", NBER working paper, No. 3914, 1991.

② 郑国璋：《农业土壤重金属污染研究的理论与实践》，中国环境科学出版社 2007 年版，第 15 页。

③ 郑玉歆：《我国土壤污染形势严峻，防治工作步伐急需加快》，转引自张晓编《中国环境与发展评论（第五卷）——中国农村生态环境安全》，中国社会科学出版社 2012 年版，第 95—113 页。

制，客观上加剧了污染企业的分散布局。因此，可行的办法是在某一行政区域内成立特定产业园区，将重金属污染企业集中布局，对污染物集中处理。这也有利于污染物回收利用，变废为宝。

最后，对于污灌造成的重金属污染问题，关键是提高工矿企业的污水处理水平。2013 年，国务院办公厅发布了《近期土壤环境保护和综合治理工作安排》，规定禁止在农业生产中使用含重金属、难降解有机污染物的污水[①]。该政策出发点很好，但须进一步明确责任主体。排污者是企业，用污者是农民，如果排污者不治理污染，而又禁止农民用污水，那么要么农业减产，要么农民用成本较高的地下水（如果有的话）。在有更高收益的选择下，农民不会做低收益的选择。如果强制农民做低收益选择，让农民承担企业排污的社会成本，这样做有失公平。只有提高工矿企业的污水处理能力，才能做到"谁排污、谁治理"。

第四节　结论与对策

中国农村地区因工业发展造成的重金属污染非常严重。中国的"世界工厂"地位、地方政府发展经济的强烈动力以及城乡环境规制的差异，是造成农村工业源重金属污染严重的社会经济背景。本书通过对第一次全国经济普查数据和近期规模以上企业数据的分析，发现：（1）农村地区重金属污染企业数量多、增速快。2004 年中国有 3.49 万家重金属污染企业分布在农村地区，占全国企业数的 74.1%；且规模以上企业以每年 8.0% 的速度递增；（2）农村污染企业技术水平较低，高学历人才比重不到城镇企业的一半；（3）污染企业在农村的分布极为分散。2004 年重金属污染企业分布在 2.1 万个村落中，其中 70% 以上的村落只有 1 家。

应当看到，土壤重金属污染不可逆，"先污染、后治理"的老路行不通，而中国在相当长一段时期内还将处于工业化阶段，重金属排污不可避免。面对这一矛盾，本书认为必须尽快扭转重金属污染扩散态势，将污染对耕地和农业的损害控制在最小范围内。本书提出以下三点政策建议：

第一，重金属污染企业须集中布局。"遍地开花"式分布既污染大量

---

① 国务院办公厅：《近期土壤环境保护和综合治理工作安排的通知》（〔2013〕7 号），http：//www.gov.cn/zwgk/2013 - 01/28/content_ 2320888.htm。

耕地，也不利于重金属污染的治理。因此，污染企业要进入特定工业园区，减少占用耕地，同时发挥工业园区在环境监管和治理方面的规模优势。

第二，加强对重金属污染排放的监测。当前对企业 COD、SO_2 和能源消耗的监测比较严格，但是对重金属排放的监测不足或缺失。这不利于对重金属污染的监控和防治，应针对重点行业，加强对企业重金属污染物排放的实时监测，督促企业治理污染，通过治污革新技术工艺。

第三，治理农村重金属污染须多个部委和各级政府的协作。一般来说，农业农村部负责农业问题，环保部分管工业排污，但农村工业造成的土壤污染本质上是发展方式问题，凭农业农村部或生态环境部一己之力难以解决，须国家发改委、住房和城乡建设部、自然资源部等多部委协作。地方政府要落实科学发展观，转变发展方式，以实现农业和工业的协调和可持续发展。

第十二章　中国重金属排放行业
专项整治的环境和
经济影响评估[*]

　　鱼，我所欲也，熊掌，亦我所欲也。长期以来，中国经济增长与环境保护的关系，如同鱼和熊掌不可兼得。在创造中国奇迹、成为世界工厂的情况下，中国总体环境质量却在不断恶化。《中共中央关于制定国民经济和社会发展第十三个五年规划的建议》提出，"十三五"期间，中国要坚持发展是第一要务，同时，以提高环境质量为核心，实行最严格的环境保护制度，实现环境质量总体改善。经济增长与环境保护的协调发展问题，一直是困扰学术界的重大现实问题，环境库兹涅茨曲线[①]和波特假说给出了针锋相对的观点。哈佛大学 Porter 教授认为，严格的环境管制能够激励企业更新旧设备，采用新设备；开发新的清洁生产型和能源节约型技术，从而降低企业的成本，提高生产效率，提高企业和整个产业的技术水平。与国外同行业那些没有环境管制的企业相比，环境管制下的企业更加清洁和节约能源，处于技术领先地位[②]。"十三五"期间，如何在保持经济中高速增长的情况下加强对高污染行业的环境管理，扭转过去几十年生态环境局部改善、总体恶化的趋势，对这个问题的研究具有重要的现实意义。

　　重金属污染是指人类生产生活过程中排放的重金属（及其化合物）超过环境容量所造成的污染，是对环境污染最严重和对人类威胁最大的污染

---

　　[*] 本章部分内容发表于《中国环境管理》2016 年第 5 期。

　　[①]　Grossman, G. and Alan Krueger, "Environmental Impacts of A North American Free Trade Agreement", NBER working paper, No. 3914, 1991. Panayotou, T., "Empirical Tests and Policy Analysis of Environmental Degradation at Different Stages of Economic Development", Working Paper WP238, Technology and Employment Programme (Geneva: International Labor Office), 1993.

　　[②]　Porter, M. E. and Class van der Linde, "Toward a New Conception of the Environment-Competitiveness Relationship", *Journal of Economic Perspectives*, Vol. 9, No. 4, 1995.

之一。"十五"以来，中国工业企业排污导致的重金属污染群体性事故频发，引起政府高度关注，采取了一系列措施。吴舜泽等（2015）①总结了《重金属污染综合防治"十二五"规划》实施成效和经验，但是总体来看，学术界对重金属排放行业污染治理政策的研究较少。本章以 2011 年对铅蓄电池行业的环保专项整治为例，分析有史以来最严厉的政府环保行动在重金属污染治理上取得了何种成效，以及对行业产能、技术水平、赢利能力和就业等方面所产生的影响，以此探讨污染治理与产业发展之间的冲突与协调问题，并为化解中国部分行业的过剩产能、实现创新发展和绿色发展有机结合提供参考。

第一节　重金属排放行业专项整治的社会经济背景

一　重金属排放行业在国民经济中不可或缺、迅速发展

重金属排放行业主要包括有色金属开采、冶炼、化学原料及制品、金属表面处理（电镀）、皮革、铅蓄电池等行业。从投入产出表来看，这些行业与国民经济关系紧密，既向轻工业、化学工业和机械工业等行业提供重要的生产资料，如无机酸、塑料和有色金属，又是某些金属制品的必要工艺，如金属表面处理（电镀），也为居民提供日常消费品，如皮革制品。总起来看，重金属排放行业是国民经济中不可或缺的组成部分。

在过去的三十多年，中国工业化取得了举世瞩目的成就，其中，重金属排放行业发展尤为迅猛。"十五"以来，中国消费结构和产业结构发生了较大变化，居民对住房和汽车需求猛增，重化工业得到快速发展。相应的冶金、电镀、皮革鞣质、化学原料制造以及电池制造等重金属排放行业得到了迅速发展。以铅酸蓄电池行业为例，由于近年来国内汽车工业的高速发展和电动自行车的快速崛起，作为启动和储能电源，铅蓄电池工业以年均两位数的速度扩张，已经成为世界上最大的铅蓄电池生产国，铅蓄电池产量占世界总产量的 1/4 以上，消耗金属铅 280 多万吨②。2013 年，中

---

①　吴舜泽、孙宁、卢然等：《重金属污染综合防治实施进展与经验分析》，《中国环境管理》2015 年第 1 期。

②　王金良、孟良荣、胡信国：《我国铅蓄电池产业现状与发展趋势——铅蓄电池用于电动汽车的可行性分析（1）》，《电池工业》2011 年第 2 期。

国铅蓄电池产量达到20502.74万千瓦时，是2000年的7.44倍，年均增长16.7%（见表12-1）。

表 12-1　　　　　2000 年以来重金属排放行业产品产量

年度	硫酸（万吨）	烧碱（万吨）	10 种有色金属（万吨）	其中：原铝（万吨）	铅（万吨）	铅蓄电池（万千瓦时）	工业增加值增长指数（2000＝100）
2000	2427.00	667.88	783.81	279.41	109.99	2755.30	100.00
2001	2696.32	787.96	883.71	337.14	119.54	2838.00	108.67
2002	3050.40	877.97	1012.00	432.13	132.47	2980.00	119.51
2003	3371.22	945.27	1228.00	554.69	156.41	3371.00	134.74
2004	3928.89	1041.12	1443.62	668.88	193.45	4513.30	150.25
2005	4544.66	1239.98	1639.02	780.60	239.14	7065.00	167.65
2006	5033.17	1511.78	1917.10	935.84	274.27	8459.00	189.23
2007	5412.56	1759.29	2379.15	1258.83	275.74	8882.00	217.44
2008	5097.95	1926.01	2550.73	1317.82	345.18	9716.77[1]	239.03
2009	5960.91	1832.37	2604.43	1289.05	377.29	11930.25	259.90
2010	7090.47	2228.39	3136.02	1624.41	415.75	13773.82	291.26
2011	7482.70	2473.52	3438.86	1813.47	460.36	14229.73	321.49
2012	7876.63	2696.82	3697.04	2025.10	459.09	17486.20	346.19
2013	8122.60	2858.95	4154.17	2315.54	493.51	20502.74	372.37

注：[1]该数字根据 2009 年产量增长率倒推。

资料来源：铅蓄电池数据来自历年《中国轻工业年鉴》，有色金属数据来自历年《中国有色金属工业年鉴》，其他产品来自历年《中国统计年鉴》。

二　现有环保制度不能遏制企业违法排污导致的重金属污染的恶化

中国环境保护有三大常规制度："三同时"、环境影响评价和排污收费，其他的还有排污许可证、排污权交易和限期治理等。在过去十几年，重金属排放企业迅速发展，而现有环保制度却不能有效地遏制重金属污染的恶化。原因有四个：

首先，"三同时"和环境影响评价仅仅是事先手段，必须有环境执法的事后监督才能起作用，而针对重金属污染排放的环境监测和环境执法能力严重滞后。"十一五"期间，二氧化硫和化学需氧量是环境约束硬指标，受到地方政府和环保部门的重视，而重金属不在硬指标之列，其排放监测非常薄弱；重金属排放企业即使通过了"三同时"和环境影响评价，在日常运行过程中，环保设备却不一定正常运行。

　　其次，排污收费等事后惩罚手段处罚较轻，导致企业违法成本低而守法成本高，因此企业宁愿缴纳排污费，也不愿意治理污染。中国排污收费制度对污染治理起作用的机制是通过将政府所征收资金集中用于治理污染严重的地区（葛察忠、王金南，2001）①。对于企业来说，排污费并不能激励企业有效地治理污染。因此，排污收费并不是有效的事后惩罚手段。其他如限期治理等手段对于企业污染治理更是遥遥无期。

　　再次，环境管理主体与工业污染源在空间布局上不匹配。中国约有一半的重金属排放企业位于农村地区②（李玉红，2015），而中国环境保护机构都处于县级及以上行政区划内，乡镇及以下的环保机构相当缺乏，少数乡镇地区设有环保员，2012 年约有 7653 人，占全部环保工作人员的 3.73%。从投资来看，中国环境污染治理投资中，至少一半以上投向于城市环境基础设施建设，而农村地区的环境基础设施建设需要地方自筹。因此，农村地区工业企业的环境管理几近空白。

　　最后，工业污染治理投资严重滞后于工业发展速度。"十五"以来，中国工业规模扩张速度很快，但是相应的工业污染治理投资滞后。从图 12－1 看，中国工业污染治理投资在工业的固定资产投资中的比重呈现下降趋势。2005 年，工业污染治理投资占固定资产投资的比重达到了 1.21%，这是最近十几年的最高点，随后持续下降，2012 年降低到最低点，仅有 0.32%。2012 年之后该比重有所上升，2014 年，中国工业污染治理投资为 997.65 亿元，仅占当年工业固定资产投资的 0.49%。

　　总之，现有的环保制度并没有有效地遏制重金属排放企业违法排污行为，中国重金属污染逐步恶化，并最终导致重金属污染群体性事故频发。这种情况不仅限于重金属污染行业，还是高污染行业普遍存在的现象。

---

　　① 葛察忠、王金南：《利用市场手段削减污染：排污收费、环境税和排污交易》，《经济研究参考》2001 年第 2 期。

　　② 李玉红：《农村工业源重金属污染：现状、动因与对策——来自企业层面的证据》，《农业经济问题》2015 年第 1 期。

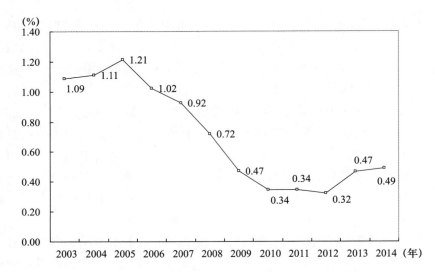

图 12-1　工业污染治理投资占工业固定资产投资的比重

资料来源:《中国统计年鉴》(2015),《中国环境统计年报》(2013),《中国环境统计公报》(2014)。

三　重金属污染引发的社会问题

从国际经验来看,发达国家在工业化阶段曾经造成不同程度的重金属污染,如日本第二次世界大战后有多起环境公害与工业开发引起的重金属污染直接相关、日本熊本县和新潟县有机汞中毒引起的水俣病、富山县镉中毒引起的痛痛病都被列入世界八大公害事件。在重金属排放行业快速发展的情况下,中国也没有幸免。

"十五"以来,中国重金属污染群体性事故进入高发期。据不完全统计,2006—2013 年,新闻媒体报道了 22 起群体性血铅中毒事件。可以看到,这些事件有如下特点:第一,除了云南昆明事件与工业企业排污没有直接关系外,95.2%的污染事件是工业企业排污导致。第二,绝大多数事故发生在环境监管薄弱、污染治理设施落后的农村地区。第三,污染事故来源从矿产型污染转向制造型污染。2009 年以前,污染事故以铅锌冶炼厂事故为主,在此之后,电源生产企业事故居多数。22 起事故中,有 12 起是电源生产企业事故,占 54.5%。第四,污染企业并没有集中在工业园区。像铅蓄电池生产这类高污染企业,一半以上分布在工业区以外,造成污染在空间上的扩散。第五,所有事故都是通过大气污染所导致。

人类对环境污染的认识主要是通过污染对人体健康所造成的危害。一般来说，大气是对污染反应最快的媒介，也最容易转移到水环境和土壤环境。人类须臾不能离开周围的空气，因而，人体健康与周边的空气质量息息相关。重金属排放企业的污染问题最先通过大气污染导致周边居民普遍感觉不适而反映出来，尤其是抵抗力较弱的儿童人群反应最大。就在群体性事故频发的同期，中国又频繁传出"镉米"的报道，引发公众对粮食安全的恐慌，这是重金属污染向水环境和土壤环境进一步扩散的反映。因此，群体性血铅事故频发是重金属排放企业破坏生态环境、威胁人类生存的警示灯。

第二节　重金属排放行业专项整治的政策工具与环保效果

自 2003 年开始，环保部等多部委实施《整治违法排污企业保障群众健康环保专项行动》，对严重危害人民群众身心健康和正常生活，影响社会稳定的违法排污行为进行整治。群体性污染事故所引发的社会不安情绪和反映出的环境污染本质促使中央政府下决心治理重金属排放行业的污染问题。2009 年起，环保部等九部委发起的环保专项行动集中开展涉砷行业全面清查，实际上对其他涉重金属行业也进行了检查。2010 年对涉铅、镉、汞、铬和类金属砷企业进行全面排查①。2011 年，将铅蓄电池企业作为整治的首要任务，2012 年以有色金属矿采选、冶炼为重点。2013 年"回头看"，针对重金属排放企业的专项整治基本结束。

（一）专项整治运用的政策工具

一般来说，环境政策分为市场调节和命令控制两种。在运动型的污染治理过程中，命令控制型工具占主导，通常在较短的时间内进行地毯式检查，高效率地执行现有政策。专项整治主要采用加强行政执法和信息公开手段。

1. 加强执行已有环保等法律法规

专项整治对违法排污企业采取取缔、停产和停产整治等严厉措施。对

---

① 环保部等：《关于 2010 年深入开展整治违法排污企业保障群众健康环保专项行动的通知》（〔2010〕44 号），《化工安全与环境》2010 年第 14 期。

于不符合国家产业政策、应淘汰的落后生产工艺和设备，进行取缔。对于环境保护、安全设施、职业卫生"三同时"执行不到位的，要求停止生产。对于未经环境影响评价或达不到环境影响评价要求的、无污染治理设施的、污染治理设施不正常运行或者超标排放的、不能依法达到防护距离要求的，要求停产整治。

在整治措施中，取缔最为严厉，要求拆除生产设备。停止生产次之，要对生产设备进行较大的改动，短期内难以完成。停产整治尚有改进的余地，企业在一定时间内达到专项整治的要求，可以复工。

可以看到，专项整治并没有提出新的政策工具，而是一项多目标的联合执法行为。专项整治集中了环保部、国家发展改革委、工信部、监察部、司法部、住建部、国家工商总局、国家安监局和电监会九部门的力量，每个部门都有自己的目标和任务。环保部执行已有的环境保护等法律法规；国家发改委实施调结构，抑制产能过剩和重复建设；工信部淘汰落后产能；监察机关督促地方政府及部门认真履行法定职责，等等。

2. 通过信息公开获得政府和社会支持

专项整治充分利用各种公共媒体，公开曝光一批严重损害群众身体健康、屡查屡犯的典型环境违法案件，如震动全国的一系列儿童血铅超标事件，从而营造全社会高度关注的氛围，使得对重金属排放企业的整治获得政府和社会一致的支持和认可。

从 2011 年起，环保部要求各省级环保部门每半年在公共媒体公开铅蓄电池企业整治信息，2012 年公开了全部涉重企业的整治信息，并在环保部和省级环保部门网站"重点行业环境整治信息公开"栏目中公布结果。从 2013 年起，涉重企业的检查基本完成，部分省份不再公开企业信息（见表 12 - 2）。

表 12 - 2 　　　　　各地区铅蓄电池企业信息公开情况一览表

	2011 年	2012 年	2013 年	2014 年
北京	7	0	0	4
天津	16	16		
河北	106	82	84	54
山西	9	9	未公布	未公布

续表

	2011 年	2012 年	2013 年	2014 年
内蒙古	7	6	未公布	5
辽宁	18	16	16	未公布
吉林	4	4	未公布	3
黑龙江	3	1	1	1
上海	19	1	1	1
江苏	492	248	247	154
浙江	331	57	95	未公布
安徽	102	72	未公布	未公布
福建	99	83	83	49
江西	60	56	公布但链接无效	公布但链接无效
山东	134	94	95	72
河南	95	62	62	50
湖北	61	50	未公布	未公布
湖南	36	30	31	23
广东	196	156	153	99
广西	15	14	14	6
海南	0	0	0	0
重庆	47	30	30	16
四川	58	28	29	23
贵州	13	11	11	9
云南	21	16	16	14
西藏	0	0	0	0
陕西	5	3	3	3
甘肃	3	3	已公布链接无效	未公布
青海	0	0	0	0
宁夏	3	3	未公布	未公布
新疆	2	0	未公布	未公布
合计	1962	1151	971	586

注：表格空白处表示缺失。

资料来源：环保部和各省环保厅公开信息。

（二）专项整治的环境效果

专项整治从三个方面改善了重金属污染物排放情况，第一，总量效应。2009 年，专项检查涉铅、镉、汞、铬和类金属砷企业 9123 家，查处环境违法企业 2183 家[1]，其中取缔 231 家、停产整治 641 家[1]。2010 年，共排查重金属排放企业 11515 家，查处环境违法企业 1731 家[2]，占排查企业的 15.0%。2011 年重点整治铅蓄电池企业，共排查 1952 家，其中，取缔、停产和停产整治分别为 677 家、523 家和 376 家，合计共 1576 家（见表 12-3）。

这里界定两个指标，借以显示专项整治的效果。第一个是整治幅度，定义为采取取缔、停产、停产整治等措施的企业与整治前企业数的比值（不包括在建企业）。第二个是整治份额，即各地区采取整治的企业数占全国（不包括在建企业）的比重。以铅蓄电池为例，2011 年，铅蓄电池行业的整治幅度高达 83.74%，整治幅度较高的地区如山西、内蒙古和吉林，企业全部被取缔或停产整治，浙江、四川、河南、河北和江苏的整治幅度都超过了全国平均水平。从整治份额来看，江苏、浙江和广东是重灾区，整治份额合计为 54.44%。专项行动取缔、关停了大量企业，有效地减少了污染源和污染物总量。

表 12-3　　　　　　　2011 年各地区铅蓄电池企业整治情况

	企业总数	其中：					整治幅度（%）	整治份额（%）
		取缔	停产	停产整治	在建	在生产		
合计	1952	677	523	376	71	305	80.74	100.00
北京	7	3	1	0		3	57.14	0.25
天津	16	1	5	0	0	10	37.50	0.38
河北	106	24	14	55	1	12	87.74	5.90
山西	9	0	7	2	2	0	77.78	0.44
内蒙古	7	2	2	2	1	0	85.71	0.38

① 环保部环境监察局：《找准重点、重拳出击、确保重金属排放企业专项整治取得实效》，2010 年 6 月 1 日。

② 张力军：《深入开展环保专项行动 让人民群众远离污染危害——在 2011 年环保专项行动电视电话会议上的讲话》，《环境保护》2011 年第 8 期。

续表

	企业总数	其中：					整治幅度（%）	整治份额（%）
		取缔	停产	停产整治	在建	在生产		
辽宁	18	2	8	3	1	4	72.22	0.82
吉林	4	1	0	2	1	0	75.00	0.19
黑龙江	3	2	0	0	0	1	66.67	0.13
上海	17	0	3	0	0	14	17.65	0.19
江苏	484	153	249	0	22	60	83.06	25.51
浙江	331	228	54	23	7	19	92.15	19.35
安徽	102	31	25	24	2	20	78.43	5.08
福建	99	16	5	64	1	13	85.86	5.39
江西	60	14	11	14	5	16	65.00	2.47
山东	134	42	18	40	4	30	74.63	6.35
河南	95	28	23	26	8	10	81.05	4.89
湖北	61	11	20	14	3	13	73.77	2.86
湖南	36	8	11	10	1	6	80.56	1.84
广东	196	51	36	64	1	44	77.04	9.58
广西	15	1	8	3	0	3	80.00	0.76
重庆	47	18	5	13	1	10	76.60	2.28
四川	58	32	6	10	6	4	82.76	3.05
贵州	13	2	7	1	0	3	76.92	0.63
云南	21	7	0	8	1	5	71.43	0.95
陕西	5	0	2	0	2	1	40.00	0.13
甘肃	3	0	2	0	0	1	66.67	0.13
宁夏	3	0	1	0	0	2	33.33	0.06
新疆	2	0	0	0	1	1	0.00	0.00

注：1. 海南、西藏和青海企业数为零。上海和江苏企业数分别比网站公布的企业数少2家和8家。2. 停产包括以下五种情况：停产、停建、转产、停业转产和自行停产。取缔包括：取缔、已搬迁、已拆除、已关闭、关停；在建包括：在建、未建成；在生产包括：在生产、试生产和试运行。

资料来源：环保部"重点行业环境整治信息公开"专栏。

第二，结构效应。按照国务院和工信部要求①，专项整治取缔了国家规定的落后产能，这些落后产能往往也是高污染企业；对环保要求不达标企业进行停产整治。对污染产能的淘汰和治理，从结构上优化了行业的环境绩效。

第三，技术效应。根据《中华人民共和国清洁生产促进法》第二十七条规定，"使用有毒、有害原料进行生产或者在生产中排放有毒、有害物质的""应当实施强制性清洁生产审核"。以铅蓄电池行业为例，2012 年，铅蓄电池行业在生产企业为 420 家，其中 239 家已经开展了清洁生产审核，正在开展审核的企业有 164 家，只有 17 家企业尚未开展审核，仅占 4.05%。采用清洁生产技术对于提升行业整体的污染治理水平有重要作用。

另外，从公开报道来看，血铅群体性事故高发期集中在 2011 年及以前。从 2012 年开始，重金属群体性污染事故骤减，显示出专项整治对企业违法排污治理的有效性。

第三节　专项整治对铅蓄电池行业的经济影响分析

本节重点考察专项整治对铅蓄电池行业的产出、技术水平、产业集中度、经济绩效、空间布局以及就业等方面所产生的影响。需要说明的是，铅蓄电池行业按照其生产类型分为极板加工、电池组装和回收利用。目前，回收利用企业较少，如无特殊说明，本节提到的铅蓄电池行业指极板加工和电池组装企业。

2011 年，铅蓄电池企业共有 1952 家，其中极板生产企业 622 家，电池组装企业 1519 家，电池回收企业 185 家，其余为无法识别的企业。由于有些企业没有报告产能数据，或者统计口径有问题等，无产能数据的极板加工和电池组装企业有 196 家，其中，绝大部分是被取缔或关停，另有 14 家是在建企业，实际有产能数据的极板加工企业 529 家（包括在建、试

---

① 国务院：《国务院关于进一步加强淘汰落后产能工作的通知》（国发〔2010〕7 号），《环境经济》2010 年第 10 期；工信部：《关于下达 2012 年 19 个工业行业淘汰落后产能目标任务的通知》（工信部产业〔2012〕159 号），《中国能源》2012 年第 5 期。

生产企业），实际有产能数据的电池组装企业 1315 家。本节主要采用了有产能数据的企业进行分析。有些企业的产能数据与 2012 年以后报告的产能存在较大出入，本书则以最新公开信息为准。

一　产能与产量

专项整治后，短期内行业过剩产能大幅度压缩，产能利用效率得到改善。专项整治前，极板加工和电池组装行业的产能保守估计分别为 2.53 亿千瓦时和 3.36 亿千瓦时，93 家极板加工企业未报告其产能，204 家电池组装企业未报告其产能，因此这里报告的产能数要小于实际产能。2010 年铅蓄电池产量为 1.38 亿千瓦时，约占整治前产能的 40%，考虑到还有企业无法识别或者无产能数据，实际的产能利用率更低，说明行业内存在严重的产能过剩。经过整治，2011 年极板加工和电池组装产能分别减少到 1.28 亿千瓦时和 1.48 亿千瓦时，分别占整治前产能的 50.63% 和 44.12%，过剩产能被大幅度压缩（见表 12-4）。2011 年，铅蓄电池产量为 1.42 亿千瓦时，产能利用率达到 95.95%。

表 12-4　　　　　　　专项整治对铅蓄电池行业产能的影响

生产类型	总计	其中：				
		取缔	停产	停产整治	在建	在生产
极板加工						
产能（万千瓦时）	25325.92	919.68	4848.53	4048.82	2687.33	12821.55
比重（%）	100	3.63	19.14	15.99	10.61	50.63
电池组装						
产能（万千瓦时）	33616.94	3176.51	7098.08	5600.31	2909.11	14832.93
比重（%）	100	9.45	21.11	16.66	8.65	44.12

注：这里统计的是有产能数字的企业。

资料来源：环保部和各省环保厅公开信息。

专项整治后，潜在产能逐步释放，产量恢复快速增长。2011 年专项整治对企业整治幅度高达 83.74%，当年产能压缩了一半以上，铅蓄电池产量同比减产 3.1%。可见，专项整治对行业短期的产能和产量有一定的负面影响。然而，整治真正取缔的产能不足 10%，停产企业产能约占 20%。

如果将停产整治和在建产能考虑在内，那么行业的潜在产能约占整治前的70%，产能过剩形势不容乐观。

因此，当停产整治企业和在建企业在 2012 年陆续恢复生产和开工后，当年极板加工和电池组装企业的产能迅速恢复到 2.11 亿千瓦时和 2.37 亿千瓦时。2013 年和 2014 年有些省份没有公开信息，无法统计全国产能情况。仅以铅蓄电池行业第一大省江苏为例，专项整治后，江苏省铅蓄电池产能被压缩到不足原来的一半，但是到 2014 年，处于生产状态的铅蓄电池产能已经与整治前不相上下（见表 12 - 5）。从全国来看，铅蓄电池产量又恢复了两位数的增长速度。2013 年，铅蓄电池产量突破了 2 亿千瓦时大关。

表 12 - 5   专项整治对江苏省铅蓄电池行业产能的影响

生产类型	2011 年整治前		2011 年整治后		2014 年	
	极板加工	电池组装	极板加工	电池组装	极板加工	电池组装
企业数（家）	192	350	34	48	59	65
产能（万千瓦时）	5802.64	6097.22	2824.36	2825.15	6308.08	4994.85

注：这里统计的是有产能数字的企业。

资料来源：江苏省环保厅公开信息。

总体来看，专项整治大幅度压缩了行业产能，改善了产能的利用效率。基于产能大量过剩的现实，短期内虽然对产量有所影响，但没有改变产量的增长趋势。由于在建项目陆续投入生产，国家相关部门收紧了新项目的审批手续，因此，2014 年的在建项目产能较少，行业产能快速扩张情况会有所减缓。

二   行业技术水平与企业规模

铅蓄电池是一种传统产业，技术门槛较低、设备投资少，最原始的可采用全手工的加工方式，还可以分段式生产，如单一加工极板或单一进行电池组装等，生产规模可大可小，小的甚至可以实现家庭作坊式的生产①。

① 王金良、孟良荣、胡信国：《我国铅蓄电池产业现状与发展趋势——铅蓄电池用于电动汽车的可行性分析（1）》，《电池工业》2011 年第 2 期。

一般而言，大多数中小企业会采用落后的生产设备，生产效率低，无有效的环保设施或环保设施不正常运行。

在 2011 年的专项整治中，取缔了一批不符合国家产业政策、采取落后生产工艺和设备的中小企业，如图 12 - 2 所示。对于年产 10 万千瓦时以下的企业，极板生产和电池组装的整治幅度分别高达 89.45% 和 92.20%，而年产 300 万千瓦时以上的企业，整治幅度分别下降为 25.00% 和 21.43%。年产 200 万—300 万千瓦时的电池组装企业整治幅度较高，是因为这一档企业多属于浙江省，而浙江省的整治力度非常大①，因此导致该档企业的整体整治幅度偏高。

总体来看，中小企业采取"取缔""关停"措施的比例较高，而大企业采取"停产整治"的比例较高。淘汰落后产能对于提升铅蓄电池行业的整体技术水平具有重要的作用。

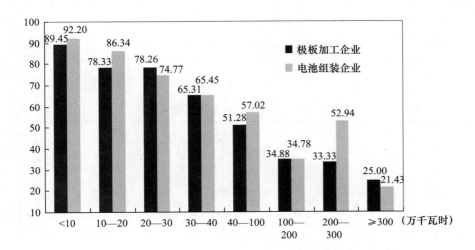

图 12 - 2　不同产能电池企业的整治幅度

资料来源：根据环保部和各省环保厅公开信息整理。

专项整治取缔、关停了大量中小型企业，大大提高了企业的平均生产规模。整治后，极板加工和电池组装行业的生产企业数（有产能数据）分

①　在《重金属污染综合防治"十二五"规划》中，浙江省长兴县被列入重点防控区域，要求 2015 年前，重金属污染物排放量削减 15%。

别减少了 72.78% 和 82.97%，平均产能分别从整治前的 47.88 万千瓦时和 25.56 万千瓦时提高到了 89.04 万千瓦时和 66.22 万千瓦时。

三　产业集中度

产业集中度是某一行业内少数大企业所占的市场份额，用来度量行业的竞争和垄断程度。专项整治提高了大企业在行业中的比重。以极板加工为例，整治后产能[①]超过 100 万千瓦时的企业数占 31.25%，但是产能占 71.85%，比整治前提高了 10 个百分点，其中，产能超过 300 万千瓦时的企业仅占企业总数的 6.25%，但产能占行业总量的 27.79%，比整治前提高了 6 个百分点。

产业集中度一般用行业四个最大企业（CR4）或八个最大企业（CR8）的市场份额来表示。由表 12 - 6 可见，整治前，极板加工和电池组装行业的 CR4 和 CR8 都较低，如 CR8 分别仅有 13.59% 和 11.66%。整治之后，CR4 和 CR8 都翻了 1 倍左右，其中，CR8 分别达到了 26.20% 和 26.03%。然而，该行业依然为竞争型而非寡头型行业，行业的垄断程度不高，竞争激烈。

表 12 - 6　　　　　　　整治前后铅蓄电池行业集中度变化情况

指标	整治前				整治后			
	极板加工产能（万千瓦时）	比重（%）	电池组装产能（万千瓦时）	比重（%）	极板加工产能（万千瓦时）	比重（%）	电池组装产能（万千瓦时）	比重（%）
CR4	2092.00	7.58	2023.00	6.67	1950.00	15.65	1962.00	15.37
CR8	3753.00	13.59	3534.30	11.66	3263.21	26.20	3323.30	26.03

注：仅包括那些报告产能数据的企业。

资料来源：环保部和各省环保厅公开信息。

四　空间布局

中国大部分铅蓄电池企业位于农村地区或者城镇郊区，布局较为分散。从整治后的效果看，大量工业园区以外的中小型企业被取缔关闭，分散布局状况有所改善。这里的工业园区包括工业园区、高新区、经济开发

---

① 一般来说，企业产能与产量以及销售收入成正比。

区、产业集聚区、试验区、保税区、创业基地和集中区等工业集聚区。2011 年在生产的 283 家企业中，有 167 家位于工业园区内，企业数占59.01%，产能约占 70%。但是，依然有约 41% 的铅蓄电池企业零星地分布于村庄或社区，其分散布局需要引起重视。

如图 12 - 3 所示整治铅蓄前，江苏、浙江、山东和广东是铅蓄电池行业的主产地，其中，江苏、浙江、山东和广东的铅蓄电池组装产能合计占铅蓄电池组装行业总产能的 54%。整治后最大的变化是浙江的产能排序下降到第六位，比重减少了 8 个百分点。江苏、山东和广东的比重都不同程度地提高，合计产能占 47.18%，比整治前提高了 8 个百分点。江西、安徽、湖北与湖南的比重下降了 4.73 个百分点。西部的份额也有所减少。总的来看，整治后铅蓄电池企业向东部地区有所集中。

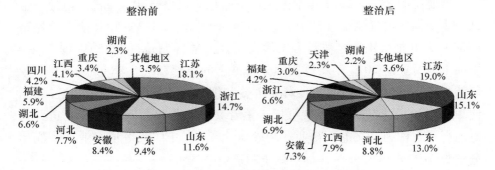

图 12 - 3　整治前后铅蓄电池组装行业的产能分布

资料来源：环保部和各省环保厅公开信息。

五　经济绩效

在整治之前，电池行业规模以上企业的利润率与制造业的利润率走势趋同，水平略高（如图 12 - 4 所示）。在整治的前一年，即 2010 年，中国电池行业规模以上企业有 1637 家，主营业务收入为 4456.00 亿元，利润总额为 376.30 亿元，利润率高达 8.44%，比同期全部规模以上制造企业的平均利润率高出 1.43 个百分点。专项整治后，电池行业的利润率明显降低，2011 年下降到与制造业平均利润率基本持平。自 2011 年以来，制造业的整体利润率处于下降趋势，但是，电池行业下降幅度更大。2013 年，电池行业利润率为 3.89%，比制造业平均水平低 1.74 个百分点。

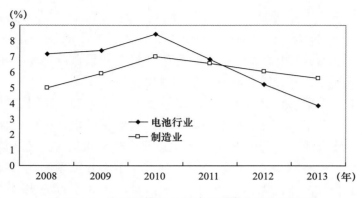

图 12-4　中国规模以上制造业和电池行业利润率

资料来源：电池行业数据来自《中国轻工业年鉴》，制造业数据来自《中国统计年鉴》。

需要说明的是，2012 年中国执行新的行业划分标准，原有的电池行业细分为锂离子电池制造（3841）、镍氢电池制造（3842）和其他电池制造（3849），并把太阳能电池归为光伏设备及元器件制造（3825）。图 12-4 中的电池行业是 2012 年新行业划分标准下的电池制造（384）。由于 2012 年新行业划分标准将原有电池行业拆分和细分，其数据前后不可比。为了使 2012 年的数据与之前保持可比，笔者又将光伏设备及元器件制造并入电池行业，称为广义电池行业。2012 年和 2013 年广义电池行业的利润率分别为 3.97% 和 3.98%，仍然低于制造业平均水平。

上面是规模以上企业的利润率变化。考虑到专项整治对小企业的整治幅度更大，因此短期内整个行业的盈利水平下降幅度比规模以上企业还要大。专项整治要求企业对于环境保护、安全设施、职业卫生"三同时"执行到位，执行并达到环境影响评价的要求，污染治理设施正常运行，污染物达标排放，这无疑在短期内增加了企业的运行成本，压缩了其盈利空间。尽管专项整治在短期内削弱了行业的盈利能力，但是从长期来看，这是高污染行业发展所必须经历的"阵痛"。只有建立在环境可持续发展的前提下，企业才有长远发展的可能性。

六　就业

2013 年，电池行业规模以上企业就业人数为 52.29 万人，广义电池行业就业人数为 78.01 万人。广义电池行业包括了光伏设备及元器件制造

（3825）和电池制业（384）。可见，整治后规模以上企业的就业并没有显著减少，而是温和上升。

如前所述，由于专项整治对中小企业采取取缔、关停的比例较高，所以对中小企业的就业影响较大，对规模较大企业的就业影响相对较小。

表 12 - 7　　　　　　电池行业规模以上企业的就业人数

年份	2006	2007	2008	2009	2010	2011	2012[2]	2013
广义就业数[1]（万人）	34.82	40.2	48.56	50.72	61.34	66.68	72.35	78.01

注：[1] 2006—2011 年是 2002 年《国民经济行业分类》标准下的电池行业（3940），2012 年起采用 2011 年《国民经济行业分类》，广义电池行业包括了新划分标准中的电池行业（3840）与光伏设备及元器件制造（3825）。

[2] 2012 年无统计数字，故取 2011 年和 2013 年平均值代替。

资料来源：2006—2011 年数据来自《中国轻工业年鉴》，2013 年数据来自《中国工业统计年鉴 2014》。

整体来看，铅蓄电池专项整治的短期经济影响可以分为两个方面。一方面，专项整治提高了行业技术效率。落后的、过剩的产能得到清理，产能利用率提高，行业技术水平提升，行业集中度有所提高，企业向东部地区集中。另一方面，专项整治削弱了企业的盈利能力，影响了中小企业的就业。

第四节　对专项整治的思考

一　环境保护工作的短板在于执法能力滞后

企业生产过程必然产生污染物。在中国工业化过程中，政府制定了大量的有关环境保护的法律法规，但是，由于"有法不依"和"执法不严"，现有的环境保护法律和规章制度难以对企业违法排污行为形成有效的制约。实际上，专项整治并没有制定新的法律法规，完全是在既有的法律法规框架下，加强执行现有的法律法规。

可见，执行力缺乏是中国实施环境保护工作的短板。加强环保执法，一方面要通过完善环保部门机构设置提高其执法能力。为解决地方发展主义和保护主义对环保执法的干预，"十三五"规划提出，实行省以下环保机构监测监察执法垂直管理制度。这对于增强环保部门的独立性和客观性具有重要的作用。另一方面，环保执法还要借助于全国公检法系统。2013年，中国环保部门工作人员已经达到 20 多万人，其中，监察人员为 6.3 万人，约占 30% 。目前，对于企业违法排污问题，主要是通过环保部门收取排污费进行处罚，这种处罚手段过轻，起不到法律的震慑作用。2013 年最高人民法院、最高人民检察院发布的《关于办理环境污染刑事案件适用法律若干问题的解释》规定，"非法排放含重金属等严重危害环境、损害人体健康的污染物超过国家污染物排放标准或者省、自治区、直辖市人民政府根据法律授权制定的污染物排放标准三倍以上"被认定为"严重污染环境"，其中，列举 14 种情形认定为"严重污染环境"，11 种情形为"后果特别严重"。如果按照这一规定进行执法，中国将有大量企业触犯《刑法》第 338 条"污染环境罪"。对于造成严重后果的污染事故责任人，应当移交司法部门，追究其刑事责任。通过公检法系统追究企业的违法排污行为，将极大地增强法律的震慑作用。

二 专项整治效果的可持续性

在专项整治中，政府动员了环保部等九部委的行政力量，这种超常规的运动型治理固然可以取得明显的短期效果，但是其可持续性较弱。一方面，政府所能动用的行政资源是有限的。对于重金属排放企业的专项整治，必然干扰了其他污染物的治理；类似地，当专项整治的对象转移到其他污染物的治理上，用于重金属污染治理的行政资源就相应减少。另一方面，高污染企业的生产行为和排污行为是长期性的，随着专项行动的结束，企业很有可能恢复违法排污行为。用短期的超常规手段来解决长期问题，其效果只能是暂时的。治理高污染企业的违法排污问题，必须加强常规治理手段，用常规的手段来解决长期问题。

2011 年，中国通过了《重金属污染综合防治"十二五"规划》，重点开展了铅酸蓄电池行业、电镀和聚氯乙烯、铬盐等行业环境准入标准的制定和实施，提高了相关行业生产工艺和污染防治总体技术水平，为源头防控提供了基础和前提①。自 2012 年起，环保部开展了铅蓄电池和再生铅企

---

① 吴舜泽、孙宁、卢然等：《重金属污染综合防治实施进展与经验分析》，《中国环境管理》2015 年第 1 期。

业环保核查工作,要求铅蓄电池和再生铅企业自查自纠并提交核查申请,经环保部复核后向社会公布名单。对于未通过复核的企业,各级环保部门不予审批其新(改、扩)建项目环境影响评价文件,不予受理其上市环保核查申请,不得为其出具任何方面的环保合格、达标或守法证明文件[①]。这些常态化工作有助于巩固专项整治的效果。

三　通过加强环境执法手段解决行业过剩产能问题

"十五"以来,中国工业产能迅速扩张,部分行业存在严重的产能过剩。"十三五"规划提出,更加注重运用市场机制、经济手段、法治办法化解产能过剩。类似专项整治的行政手段固然可以快速削减产能过剩,但是其缺点也不容忽视,如上述提到的可持续性较弱,另外,容易被诟病为政府过度干预企业。

专项整治通过加强执行现有的法律法规,大大削减了铅蓄电池行业的产能过剩,提高了行业产能利用效率;落后产能的淘汰提升了行业整体技术水平。这对于解决高污染行业的产能过剩问题,具有参考意义。通过在高污染行业进行严格环保执法,既关闭了民怨载道的污染源,又合理合法地淘汰了落后产能和治理违法企业。将专项整治这种短期行政行为转变为常规的严格执法,将会成为解决产能过剩问题的长期有效手段。

实际上,专项整治是一项多目标的政府联合执法行为。专项整治集中了环保部、国家发展改革委、工信部、监察部、司法部、住建部、工商总局、安监总局和电监会九部门的力量,每个部门都有自己的目标和任务。环保部执行已有的环境保护等法律法规;国家发改委实施调结构,抑制产能过剩和重复建设;工信部淘汰落后产能;监察机关督促地方政府及部门认真履行法定职责;等等。

四　不能坐等环境库兹涅茨曲线拐点的到来

著名的环境库兹涅茨曲线呈现倒"U"形,即环境质量随着经济增长先恶化再好转。这个观点容易将人们的注意力集中于经济增长,只要保持经济增长,依赖于经济增长的环境质量问题将随着拐点的到来而得到解决。这一观点有很大问题,首先,累积性污染一般是不可逆的,如重金属

---

① 环保部:《关于开展铅蓄电池和再生铅企业环保核查工作的通知》(〔2012〕325 号)。

污染、持久性有机化合物污染、温室气体等。这些不可逆的环境污染物不服从倒"U"曲线。其次，即使是可逆污染物，如灰霾，也可能在收入达到拐点之前，其污染程度已经难以被公众接受。

在过去的十几年，随着重化工业的迅猛发展，中国重金属污染、持久性有机化合物污染等累积性污染已经相当严重，不仅造成了儿童血铅中毒等群体性事故，而且耕地污染已经威胁到粮食安全。全国粮食调查发现，重金属 Cd、Hg、Pb、As 超标率占 10%（周健民，2013）[①]。但是，土壤重金属污染治理的成本相当高。从矿石中生产 1 吨铅的盈利很可能远远低于从污染土壤中回收或处理 1 吨铅污染物的成本，也就是说，重金属污染的恢复成本非常高。因此，对于类似重金属污染这类严重影响居民健康、关乎粮食安全的环境问题必须坚决治理，越早进行治理，经济的和社会的代价越小。

五　实现创新发展与绿色发展的有机结合

"十三五"规划提出完善创新、绿色等五大发展理念。作为永续发展的必要条件和人民对美好生活追求的重要体现，绿色发展是目标，本质上要通过理论、制度和科技等创新发展来实现。如果没有创新发展作为支撑，绿色发展将成为无本之木。高污染行业的污染治理，不能局限于污染的末端治理，而是要通过严格执法，对企业违法排污形成威慑，使得企业对政府治理污染的严厉态度形成明朗的预期，从而激励企业在法律框架内，开发新的清洁生产型和能源节约型技术，以此降低企业的成本，提高生产效率，提高企业和整个产业的技术水平，实现所谓的波特假说。

第五节　结论与政策含义

"十五"以来，中国重金属排放行业高速发展，既是中国国民经济的重要组成部分，又造成了严重的环境污染，对中国的社会稳定和粮食安全构成了威胁。重金属排放行业所面临的行业发展与环境污染的冲突是中国高污染行业普遍面临的困局。

本章以铅蓄电池行业为例，分析了环境专项整治对重金属排放行业污

---

① 周健民：《我国耕地资源保护与地力提升》，《中国科学院院刊》2013 年第 2 期。

染治理的效果和经济运行的影响。研究发现，专项整治通过加强行政执法和公开企业信息手段对铅蓄电池企业违法排污问题进行治理。企业整治幅度高达83.74%，取缔落后产能10%，95.95%的企业通过或正在进行清洁生产审核，从总量效应、结构效应和技术效应三个方面提升了行业整体的污染治理水平。

专项整治对行业经济影响分为两个方面，一方面，专项整治后行业短期盈利能力有所下降，2010年电池行业利润率比制造业平均水平高1.43个百分点，2011年之后电池行业利润率则低于制造业平均水平。整治对中小企业的就业有一定负面作用。另一方面，专项整治提升了行业效率，优化了行业结构与布局。首先，行业产能利用率显著提高。整治前，电池组装产能保守估计为3.36亿千瓦时，整治后企业产能压缩一半以上，产能利用率从整治前的40%提高到整治后的96%。2011年，铅蓄电池产量减产3.1%，但随着潜在产能释放，2012年起又恢复了两位数的快速增长。其次，专项整治提升了行业技术水平，优化了行业结构。整治后极板加工和电池组装企业的平均规模分别达到89.04万千瓦时和66.22万千瓦时，约是整治前的两倍；产业集中度提高了1倍以上，产能超过300万千瓦时的极板加工企业仅占极板加工企业总数的6.25%，但产能占行业总产能的27.79%，比整治前提高了6个百分点。最后，行业空间布局趋向集中。整治后约60%的生产企业集中在工业园区，江苏、山东和广东的电池组装产能占全国比重比整治前提高了8个百分点。

总体来看，铅蓄电池行业专项整治取得了较好的环境、经济和社会效果。这对于"十三五"期间高污染行业的环境治理具有重要的参考价值。要实现环境质量总体改善，必须遏制高污染行业以破坏环境为代价的高速扩张模式，对企业违法排污行为进行治理，严格控制污染物排放量。

然而，专项整治是超常规的运动型治理手段，其效果是短期的、暂时的。要治理企业违法排污这种长期现象，当务之急是吸收专项整治中好的做法和经验，建立常规的、有效的环境保护制度，而且这种制度能够兼顾到其他社会经济发展目标。本书提出政策建议如下。

1. 坚持全面依法治国，加强常规的环保执法能力

当前，中国环境保护工作的短板在于环境执法能力滞后，导致现有环境保护法律法规难以对企业违法排污行为形成有效的制约。通过增强日常的环境保护执法能力，将短期超常规手段转变为长期的常规手段，将有效

地遏制高污染企业违法排污行为。

加强环保执法，既要通过完善环保部门机构设置提高其执法能力，也要通过公检法系统追究严重污染环境的排污企业的刑事责任。通过提高违法成本，对企业形成震慑，从源头上遏制违法排污行为。

2. 根据污染企业的空间布局建设相应的环保机构，增强农村地区的环保执法能力

中国有大量的高污染企业分布在城市郊区和农村，但是环境保护机构和环境基础设施建设投资都集中于城市，这不利于郊区和农村地区工业污染的治理。"十三五"规划提出，中国要逐步建立省以下环保机构监测监察执法垂直管理。建议在污染企业密集的乡镇建立以环境监测为主的环保机构，作为市（地）级环保局的派出机构，加强对农村地区工业污染的治理。

3. 公开污染企业信息，提高公众参与环保的能力

专项整治期间，环保部和各省环保厅公开披露了所有重金属排放企业的排污和整治信息。这对于地方政府、环保机构和污染企业都形成了有力的监督，对公众参与环境保护提供了必要的信息支持。这种做法值得在更多的高污染行业进行推广。

4. 通过加强环保执法，化解部分行业的过剩产能

专项整治通过加强执行现有的法律法规，大大削减了铅蓄电池行业的过剩产能。高污染行业内产能的技术水平参差不齐，往往越是落后产能，环境污染程度越高。通过环保执法取缔高污染行业中的落后产能，可以成为解决高污染行业过剩产能问题的长期有效手段之一，实现"十三五"规划提出的"运用法治办法化解过剩产能"。

5. 创新发展与绿色发展有机结合，通过创新发展实现绿色发展

绿色发展是目标，创新发展是实现绿色发展的手段。高污染行业的污染治理，长期来看要通过严格环境执法，激励企业在法律框架内，开发新的清洁生产型和能源节约型技术，提高企业和整个产业的技术水平，从而提升其国际竞争力。通过环境保护约束，激励企业进行技术创新，最终实现绿色发展。

需要指出的是，不能忽视环境保护的短期社会成本，最突出的是中小企业的就业问题。如何解决这部分人群的下岗和再就业问题，需要一系列配套措施，如社会失业救济、职业培训和继续教育等，还需要学界进一步的研究和政府相关部门的努力。

第十三章 中国工业环境规制的
城乡空间差异

　　随着工业化和城市化进程的加快，中国环境污染问题日益突出。学术界对环境规制的研究通常局限在全国和省级层面，由于数据所限，城乡层面的研究较少，因此尽管学界就中国环境管理"重城轻乡"达成共识①，但此类研究都以案例分析为主，难以获得统计意义上的证据支持。实际上，在城市产业结构调整和污染企业退城搬迁的过程中，中国工业的空间布局发生了很大变化。如何度量中国环境规制空间差异，不仅是学术界的难点问题，也是政府有针对性地加强环境规制从而打好污染防治攻坚战所急需的参考依据。

　　本章以环保部等九部委开展的一次对高污染密集型行业的环境保护专项行动为样本，考察中国工业环境规制在城乡各地域空间的差异。自上而下的环境保护专项行动对污染企业的地毯式排查弥补了常规性执法难以兼顾到非重点地区和非重点企业的缺点，能够反映出全部企业和全部地区环境规制的空间差异。根据企业详细地址定位企业所在城乡类型和产业集聚区类别，判断污染企业在城乡和不同级别产业园区的分布状况；根据污染企业所接受的环境整治结果，判断企业所在城乡和产业集聚区环境规制的强弱，并采用多元 Logistic 模型进行了验证。本研究特色和贡献体现在以下三个方面，第一，采用企业层面数据揭示环境规制的空间异质性。已有对环境规制度量采用全国或省域汇总数据，而汇总数据掩盖了区域内部城乡空间差异性。采用企业数据，可以详细观察企业所在地的空间特征，如

---

① 李周、尹晓青、包晓斌：《乡镇企业与环境污染》，《中国农村观察》1999 年第 3 期。郑易生：《环境污染转移现象对社会经济的影响》，《中国农村经济》2002 年第 2 期。王学渊、周翼翔：《经济增长背景下浙江省城乡工业污染转移特征及动因》，《技术经济》2012 年第 10 期。洪大用：《我国城乡二元控制体系与环境问题》，《中国人民大学学报》2000 年第 1 期。

是否产业集聚区，是否分散于城乡，等等。第二，对各类产业集聚区环境规制程度进行比较。产业集聚区已经成为中国工业布局的主要形态和趋势，目前尚未有对开发区环境规制的研究。第三，探索新的度量环境规制差异的方法。已有方法采用常规性环保数据，而常规数据通常仅覆盖重点区域和重点调查企业。环保专项行动通过地毯式排查得到的数据可反映区域整体和企业全貌，是对已有方法的重要扩展。

第一节　文献回顾

目前，环境规制相关研究是学术界的热点，环境规制与产业转移、技术进步以及经济增长等经济变量都有密切关系。然而，大部分研究仅仅把环境规制作为解释变量，对环境规制本身关注的并不多。环境规制是政府对排污者污染排放行为所进行的干预。环境规制的构成要素有：实施干预行为的主体、客体以及干预手段或工具①。度量环境规制的方法较多。王勇等将环境规制度量方法分为几类，基于污染治理投入、基于污染物排放、综合指标以及自然试验等②。李钢等将环境规制强度度量方法归为三类：定性描述、投入型或绩效型指标、综合指数型指标③。张红凤等建立了环境规制效率评价指数④。也有学者认为公民、非政府组织（NGO）或新闻媒体参与对抗企业排污和公开报道环境污染的行为属于非正式（informal）的规制⑤。

通常，环境规制强度可以从企业的服从程度来判断。企业为服从某一或某些环境规制会采取各种措施，反映在两个指标上：第一，企业为减少污染而付出的经济成本；第二，企业污染物排放量的减少。企业污染治理成本包括了投资和运行费用。中国企业污染治理成本对应的指标有企业

① 熊艳：《中国工业环境规制的效果评价及其经济增长效应》，中国社会科学出版社 2014 年版，第 1 页。
② 王勇、李建民：《环境规制强度衡量的主要方法、潜在问题及其修正》，《财经论丛》2015 年第 5 期。
③ 李钢、李颖：《环境规制强度测度理论与实证进展》，《经济管理》2012 年第 12 期。程都、李钢：《环境规制强度测算的现状及趋势》，《经济与管理研究》2017 年第 8 期。
④ 张红凤、张细松等：《环境规制理论研究》，北京大学出版社 2012 年版，第 153—157 页。
⑤ 赵玉民、朱方明、贺立龙：《环境规制的界定、分类与演进研究》，《中国人口·资源与环境》2009 年第 6 期。

"三同时"投资、工业污染治理投资、废水、废气污染治理设施运行费用，等等。赵红采用单位产值的废水和废气污染治理设施运行费用度量环境规制[1]，也有研究采用单位产值的"治理工业污染的总投资"[2]。

很多研究同时采用了污染治理投入与污染物排放量度量环境规制。田光辉等[3]设计了单位污染物排放量的环境治理投入来度量环境规制，其中，环境治理投入采用了"三同时"环保投资、工业污染源治理投资和工业废气、废水的污染治理设施运行费用的总和。有的研究往往采用污染治理投资的某一部分来度量环境规制，如，单位污染排放的工业污染治理设施运行费用[4]，等等。还有研究采用污染物排放强度来度量环境规制[5]。由于企业层面的数据很难获得，国内尚未见到采用企业数据的研究。研究者多采用行业、区域、国家层面的数据，因而出现了环境规制度量的各种问题，如指标的多维性、可比性问题，指标存在的不一致、难获得、不准确、内生性问题等缺陷，降低了实证研究结果的说服力和互相印证、反驳的能力[6]。

少数研究对区域环境规制差异进行了研究，张可云等考虑到各省市的产业结构差异，用实际排污强度与理论排污强度的比值度量环境规制，该研究发现，以北京、上海等为代表的东部省份环境规制较强，而中西部省份环境保护力度较弱[7]。屈小娥对中国各省域环境规制强度进行测度，发现广东、北京和浙江等经济发达地区环境规制最为严格[8]。如果说经济发展水平与环境规制存在同步关系，那么城乡经济发展水平的巨大鸿沟意味

①　赵红：《环境规制对中国产业技术创新的影响》，《经济管理》2007 年第 21 期。

②　曾贤刚：《环境规制、外商直接投资与"污染避难所"假说——基于中国 30 个省份面板数据的实证研究》，《经济理论与经济管理》2010 年第 11 期。张成、于同申、郭路：《环境规制影响了中国工业的生产率吗——基于 DEA 与协整分析的实证检验》，《经济理论与经济管理》2010年第 3 期。

③　田光辉、苗长虹、胡志强等：《环境规制、地方保护与中国污染密集型产业布局》，《地理学报》2018 年第 10 期。

④　李小平、李小克：《中国工业环境规制强度的行业差异及收敛性研究》，《中国人口·资源与环境》2017 年第 10 期。

⑤　傅京燕、李丽莎：《环境规制、要素禀赋与产业国际竞争力的实证研究——基于中国制造业的面板数据》，《管理世界》2010 年第 10 期。

⑥　李钢、李颖：《环境规制强度测度理论与实证进展》，《经济管理》2012 年第 12 期。

⑦　张可云、傅帅雄、张文彬：《产业结构差异下各省份环境规治强度量化研究》，《江淮论坛》2009 年第 6 期。

⑧　屈小娥：《我国环境规制的规制效应研究》，经济科学出版社 2019 年版，第 82 页。

着城乡空间在环境规制上存在差异。

自中国实施环境保护政策以来，一直存在着重城轻乡的现象，这在学术界基本形成共识。如洪大用认为，城乡环境保护在组织、制度和舆论等控制手段方面都存在城市强、农村弱的现象[①]。农村环境保护政策执行不力问题十分突出[②]。然而，由于中国工业环境数据并不区分城乡，几乎没有统计上的证据支持城乡环境规制差异。另外，随着企业向园区集中，各种类别的产业集聚区已经成为中国工业企业分布的重要形态，这些产业集聚区污染企业分布和环境规制状况也需要进行深入研究。

第二节　中国工业环境规制城乡差异的典型事实

一　乡镇企业时期

在计划经济时期，中国工业主体分布在城镇。改革开放之后，乡镇企业崛起，由于技术水平较低和从事资源开采加工等行业[③]，乡镇工业企业排污量较大。由于乡镇企业处于两不管的夹缝中，"身在农口，工业不管"，在农口又不务农，农口也管不了多少[④]。当时无论在经济上还是污染治理上对乡镇企业的管理都滞后。

中国曾经在 1989 年和 1995 年对乡镇企业污染情况进行过两次较为全面的调查。从这些调查来看，乡镇企业的污染治理水平远低于位于城镇的县级及以上企业。1989 年，乡镇企业工业废水符合排放标准的仅占 14.8%，而县及县以上工业企业废水符合排放标准的占 47.73%。1995 年，全国乡镇工业废水处理量占其废水排放总量的 40.1%，而县以上工业废水处理率为 76.8%；乡镇工业燃料废气消烟除尘率和生产废气净化处理率分别为 26.0% 和 27.9%，而县及县以上工业分别达到 89.7% 和 70.8%；乡镇工业固体废物综合利用率为 30.9%，县及县以上工业为 42.9%。

---

①　洪大用：《我国城乡二元控制体系与环境问题》，《中国人民大学学报》2000 年第 1 期。

②　彭向刚、向俊杰：《论生态文明建设视野下农村环保政策的执行力——对"癌症村"现象的反思》，《中国人口·资源与环境》2013 年第 7 期。

③　魏后凯：《对中国乡村工业化问题的探讨》，《经济学家》1994 年第 5 期。姜百臣、李周：《农村工业化的环境影响与对策研究》，《管理世界》1994 年第 5 期。

④　汪海波：《中华人民共和国工业经济史》，山西经济出版社 1998 年版，第 461 页。

中国乡镇企业发达的浙江、山东、广东和福建等地，乡镇企业污染周边环境的案例俯拾皆是①。但是由于乡镇污染密集型企业整体体量较小，当时污染影响并不大。

二　"入世"后时期

2001 年加入世界贸易组织之后，中国工业体量迅速增大，成为新的世界工厂。与此同时，中国环境污染事故也进入高发期。从现实情况来看，农村地区成为环境污染事故高发区域。据研究，2000—2009 年中国累计新增"癌症村"186 个，占全部时段"癌症村"一半以上，而水体污染是造成癌症村的主要原因②。

农村大气污染事故也频繁发生。以血铅中毒事故为例，以往城市儿童由于空气污染会出现血液重金属铅含量超标现象。然而，自 2006 年以来，全国农村各地陆续出现儿童群体性血铅超标事故，据不完全统计，2006—2013 年新闻媒体报道的 21 起群体性血铅中毒事故，绝大部分发生在农村地区。这些事故可以分为两类，一类是铅冶炼企业引发事故，发生在中西部欠发达地区农村，如青海、甘肃、河南、陕西与湖南；另一类是铅蓄电池制造企业引发事故，基本上发生在东部发达省份的欠发达地区，如广东和江、浙、沪的农村。农村环境污染事故频发说明农村污染企业较多，并且污染物超标排放较为严重。

第三节　研究框架

环境规制通常包括两个层面，第一个是文本层面，包括环境法律法规、部门规章、行业标准等。第二个是执法层面。没有得到执行的文本就是一纸空文。目前来看，执法环节是中国环境规制的短板。中国环境规制空间差异主要体现在执行层面，也就是有法不依、执法不严。

一　环境保护执法的两种手段：常规性执法与专项行动执法

中国环境执法可以分为两类，一类是地方政府实施的常规性执法，另

①　李周、尹晓青、包晓斌：《乡镇企业与环境污染》，《中国农村观察》1999 年第 3 期。
②　龚胜生、张涛：《中国"癌症村"时空分布变迁研究》，《中国人口·资源与环境》2013 年第 9 期。

一类是由中央政府实施的自上而下的环保专项行动。

（一）常规性执法

常规性执法是地方环保部门对本辖区企业排污状况进行的日常监管，包括巡查、抽查、监测、信访接待等。这些日常监管活动都需要投入人力和物力。由于地方环保部门的人力、物力有限，环境监管只能覆盖面积有限的重点地域和数量有限的重点企业。通常情况下，重点地域就是一个城市的门面，也就是中心城区，重点企业就是大中型企业，而工业企业比较分散的乡镇地域、规模较小的企业很难得到有效的常规性监管。另外，目前中国企业技术水平参差不齐，相当一部分企业尚未达到波特假说提出的通过环境保护提高企业和行业竞争力的程度。如果不进行污染治理，企业尚且能够保持微薄的利润，一旦进行污染治理，很多企业将濒临亏损。地方政府为了维持本地的财政收入和就业，往往对污染密集型企业抱有同情态度，在环境监管方面较为宽松。

然而，污染问题客观存在，企业违法排污造成周边环境污染，即使小企业也会因为长期违法排污形成严重污染。污染问题日积月累，逐渐形成较大的环境风险。最终，有些环境风险会爆发，发展成为群体性污染事故，如血铅中毒，或发展成区域性污染，如灰霾，这些污染事故引发社会强烈关注。最终由中央政府从上而下，派出环保部等中央部委到地方执法。

（二）环保专项行动

在环境保护专项行动中，执法主体通常是以环保部为代表的中央部委。在专项行动中，中央部委从其他岗位抽调大量人力、物力，将有限的执法资源聚焦在社会反响强烈的重大污染问题上，将平时难以被地方政府发现，或者发现而监管不彻底的污染企业全部覆盖到。在这种运动式环境执法过程中，平时难以被常规性执法的"探照灯"发现的污染企业会得到曝光和整治。中国自2003年起，针对企业违法排污屡禁不止现象，国家环保总局等多部委组织开展"整治违法排污企业保障群众健康环保专项行动"，每年都针对某类环境污染问题进行集中治理。环保专项行动起到监督、补充地方政府环境常规性执法的作用。

总之，常规性环保执法是一种有选择的执法形式，如果采用常规性执法来度量环境规制，必然仅仅突出城区和大中型企业，忽略了广大县域乡村地区和小企业，而环境保护专项行动在地域空间和企业规模上的全覆盖，可以从某一截面反映出不同地域空间和不同规模企业服从环境规制程度的原貌。

二　环境保护专项行动与环境规制的关系

环保专项行动执法内容与常规性执法非常类似，即检查企业是否执行已有的规制文本，比如防治污染设施是否与主体工程同时设计、同时施工和同时投产使用（"三同时"），是否进行"环境影响评价"，污染治理设施是否正常运行，等等。如果企业存在上述违法排污行为，会被处以停产等整治措施，如果企业不存在违法排污行为，可以继续生产。

在环保专项行动之前，地方政府常规性环境执法与企业服从程度存在一定的关系。一般来说，某一地区常规性环境执法程度越严，企业对环境规制的服从程度越高，存在违法排污问题的概率越小；常规性环境执法程度越低，企业服从程度越低，趋向于违法排污。因而，企业违法排污程度反映了本地常规性环境规制强度。然而在环保专项行动之前，企业真正的违法排污程度是未知的，尤其是未被常规性执法覆盖的非重点区域和非重点调查企业。

在环保专项行动中，所有企业都被灯照亮。某一地区企业被发现的违法排污比例越高，说明该地区常规性环境执法程度越低，即环境规制程度越宽松；违法排污企业比例越低，说明其平时的环境规制程度越严格。

这一关系的成立条件是企业同质性较强，排除产业结构差异的干扰，保证环境规制对于企业具有相同的约束力。

第四节　模型设计、方法与数据

一　模型设计

（一）环保专项行动背景

2011 年，环保部等九部委采取环保专项行动，对全国所有铅蓄电池企业开展了地毯式检查[①]。铅蓄电池行业是高污染密集型产业，其生产和回收环节排放的含铅废气会引起人体血液铅含量超标。铅蓄电池行业是中国最近 20 年工业快速增长的典型代表。2002 年"非典"爆发以来，中国汽

[①]　环保部等：《关于 2011 年深入开展整治违法排污企业保障群众健康环保专项行动的通知》（环发〔2011〕41 号），http：//www.mee.gov.cn/gkml/hbb/bwj/201104/t20110414_209192.htm。

车工业和电动自行车产量激增，带动上游的铅蓄电池工业快速增长，中国成为世界上最大的铅蓄电池生产国，铅蓄电池产量占世界总产量的 1/4 以上①。然而，由于污染治理滞后，高增长也引起了高污染。2009 年，全国集中爆发多起铅蓄电池企业违法排污引起的群体性血铅中毒事故，经媒体报道后在社会上引起巨大反响。2011 年在整治之前，该行业共有 1900 多家企业，整治后仅有 17% 的企业继续生产，其他企业被处以取缔、停产和停产整治等严厉措施。这为本书识别中国工业环境规制空间差异提供了可靠的研究样本。

（二）环保专项整治结果

环保专项行动对违法排污企业采取的措施按严格程度排序有：取缔、停产和停产整治。合格企业可以继续生产。

1. 取缔

不符合国家产业政策、应淘汰的落后生产工艺和设备要取缔。这是最为严厉的处理，所依据的是国家发改委制定的《产业结构调整指导目录》对淘汰类产业的规定。淘汰类主要是不具备安全生产条件，严重浪费资源、污染环境，需要淘汰的落后工艺、技术、装备及产品。

2. 停产

环境保护、安全设施、职业卫生"三同时"执行不到位的要停产。中国环境保护、安全生产和职业病防治分别规定了"三同时"。《环境保护法》第 41 条规定，"建设项目中防治污染的设施，应当与主体工程同时设计、同时施工、同时投产使用"。

3. 停产整治

未经环境影响评价或达不到环境影响评价要求的、无污染治理设施、污染治理设施不正常运行或者超标排放的、不能依法达到防护距离要求的要停产整治。《环境保护法》第 19 条规定"未依法进行环境影响评价的建设项目，不得开工建设"；第 41 条规定，"防治污染的设施应当符合经批准的环境影响评价文件的要求，不得擅自拆除或者闲置"。

二　模型设定

采用多元离散 Logistic 模型模拟企业受到的整治结果。Y 表示企业所受

---

① 王金良、孟良荣、胡信国：《我国铅蓄电池产业现状与发展趋势——铅蓄电池用于电动汽车的可行性分析（1）》，《电池工业》2011 年第 2 期。

处理结果，分别有取缔、停产、停产整治和继续生产，分别以 1、2、3、4 表示。以继续生产为对照，用累积 Logistic 模型表示为，

$$p(y_i \mid x, i \leqslant k) = \frac{1}{1 + e^{-z}} \quad k < 4 \qquad\qquad (13-1)$$

$$OR = \frac{p(y_i)}{1 - p(y_i)} = \exp(z) \qquad\qquad (13-2)$$

OR 取对数后与回归变量呈线性关系，

$$\ln\left(\frac{p(y_i)}{1 - p(y_i)}\right) = \alpha_i + \sum_i^m \beta_i type_i + \gamma_1 production1 + \gamma_2 production2$$

$$+ \sum_i^n \delta_i province_i + \varepsilon \qquad\qquad (13-3)$$

其中，截距项分别对应与取缔、停产和停产整治，$type$ 是企业所在地的空间地域属性，$production$1 是极板生产企业生产规模，$production$2 是电池组装企业生产规模，$province$ 是企业所在省份，用以控制省际差异。

三　数据说明

本章数据来自环保部"重点行业环境整治信息公开"栏目。根据环保整治要求，全国各省级环保厅于 2011 年年底在网站公开所有铅蓄电池企业的整治信息，具体包括企业名称、详细生产地址、整治状态、生产类型、产能、废水废气排放情况等。

（一）企业所在地空间地域属性的确定

首先，根据企业详细生产地址信息，确定企业所在的省、市、县、镇和村（社区），并在国家统计局公布的《2011 年统计用区划代码和城乡划分代码》予以确认。其次，对于地址不详细的企业，根据企业名称在互联网搜索其地址信息，确定企业所在地。最后，如果企业位于开发区，根据《中国开发区审核公告目录（2006）》，确定企业所在产业园区或开发区的级别。

企业所在地根据企业是否集聚划分为分散型地域和集聚型地域。分散型地域有以下类型：①城区。街道 + 社区；街道 + 村（门牌号）；区 + 路名。②镇区。镇 + 路（门牌号）。③郊区。街道 + 村。④乡镇辖村。镇或乡 + 村。集聚型地域是各类产业园区或开发区：⑤国家级开发区。⑥省级开发区。⑦省级以下开发区。市/区 + 镇/村工业区。这些开发区名称多种多样，没有固定称谓，如开发区、产业集聚区、工业区、工业园、工业园

区、工业小区、工业示范区、工业集中区、试验区，等等。

（二）城乡地域界定

国家级开发区一般位于地级及以上城市的主城区周边，而省级开发区在县级行政区划城区或城关镇周边。省级以下开发区主要分布在乡镇，有的靠近镇区，大部分在乡镇辖村。随着城镇边界的扩张，国家级开发区和省级开发区逐渐与主城区融合，成为城区的一部分。省级以下产业园区远离主城区，很难发展为城镇。

城镇地域包括城区、镇区、省级开发区和国家级开发区，农村地域包括郊区、乡镇辖村和省级以下开发区。

第五节　结果与讨论

一　污染企业在不同地域空间类型的分布

2011 年环保专项整治共排查铅蓄电池企业 1962 家，有生产地址信息和整治处理结果的企业共有 1848 家，其中，铅蓄电池生产企业 1680 家，电池回收企业 168 家。电池回收企业在拆解过程铅污染严重，由于数量少，而且基本上都分布在农村地域，不再详细展开。这里主要以铅蓄电池生产企业为代表，污染企业分布特点如下。

（一）农村地域是污染企业分布的主要空间

从表 13 - 1 可见，铅蓄电池生产企业在各城乡地域类型都有分布，但是农村地域污染企业数量最多。整治前，城郊、乡镇辖村和省级以下开发区污染企业合计达 1054 家，农村地域污染企业占比达到 62.74%，而城镇地区污染企业占 37.26%，城区和镇区仅占 21.13%。整治后，农村地域生产企业占比降低到 46.75%，但一部分停产整治企业整改合格后将恢复生产，农村依然是污染企业的主要空间。

（二）产业园区是企业空间分布的重要形态和趋势

整治前，产业园区共有 701 家生产企业，占 41.73%，979 家分散于产业园区之外的城区、镇区、郊区和乡镇辖村，合计占 58.27%，这说明整治前污染企业以分散型分布为主，整治后，产业园区生产企业占比提高到 67.89%，分散型分布企业降低到 1/3，产业布局得到优化。

（三）省级以下产业园区是污染企业选址的重要空间

在产业园区中，省级以下产业园区的污染企业最多。整治前，省级以下开发区有430家污染企业，占全部污染企业的25.60%，整治后污染企业比例提高到31.30%。国家级开发区污染企业数量最少，整治前仅有32家，省级开发区污染企业数量居中，有239家。根据《中国开发区审核公告目录（2006）》，中国共有222家国家级开发区、1346家省级开发区。实际上，中国还有大量乡镇产业园区不在审核目录中。由于省级及以上开发区具有特定的产业布局要求，对规模小、污染密集型企业有一定的进入门槛。在这种情况下，乡镇产业园区就成为污染密集型企业的主要选择，导致大部分污染企业选址在省级以下产业园区。

（四）东部地区污染企业集中，整治比例较高

铅蓄电池行业在省域分布上相当集中，江苏、浙江、广东和山东集中了全国60%的铅蓄电池生产企业，产能占全国的一半以上。然而，企业参差不齐，小企业众多，尤其是浙江企业整治比例高达94.33%，江苏也达91.06%。安徽和湖北等中部地区则大企业较多，整治比例较低，体现出一定的后发优势。

（五）从整治比例来看，农村地域超过城镇，企业分布分散型空间超过集聚型空间

铅蓄电池生产企业被整治比例达85.36%，仅有14.64%的合格企业继续生产（见表13-1）。分城乡看，农村地域污染企业继续生产比例仅有10.91%，被整治比例达89.09%，比城镇整治幅度高出10.02个百分点。城区、镇区、城郊和乡镇辖村等企业分散型分布空间合格比例都低于产业园区，省级以下、省级和国家级开发区继续生产比例依次提高。

表13-1　　按城乡类型分铅蓄电池生产企业环境整治处理结果

城乡类型	全部企业	其中：				所占比重（%）			
		继续生产	取缔	停产	停产整治	继续生产	取缔	停产	停产整治
全部	1680	246	598	475	361	14.64	35.60	28.27	21.49
城区	137	23	50	36	28	16.79	36.50	26.28	20.44
镇区	218	18	79	83	38	8.26	36.24	38.07	17.43
城郊	248	18	128	54	48	7.26	51.61	21.77	19.35
乡镇辖村	376	20	170	116	70	5.32	45.21	30.85	18.62
省级以下开发区	430	77	115	123	115	17.91	26.74	28.60	26.74

续表

城乡类型	全部企业	其中：				所占比重（%）			
		继续生产	取缔	停产	停产整治	继续生产	取缔	停产	停产整治
省级开发区	239	75	48	62	54	31.38	20.08	25.94	22.59
国家级开发区	32	15	8	1	8	46.88	25.00	3.13	25.00
城镇地域	626	131	185	182	128	20.93	29.55	29.07	20.45
农村地域	1054	115	413	293	233	10.91	39.18	27.80	22.11

注：部分数据采用四舍五入计算。

资料来源：环保部"重点行业环境整治信息公开"专栏。

二　估计结果

对公式（13-3）的估计显示，全局系数为零的假设被拒绝，各变量系数为零假设都被拒绝，说明选取的变量对因变量有显著影响（见表13-2）。模型1是没有加入生产规模变量的估计结果，模型2和模型3分别是对极板生产和电池组装两个生产过程进行估计。城乡类型变量以城区为参考，省域以浙江为参考。估计系数为正，企业被处以整治的概率较大，说明环境规制较为宽松，系数越大，环境规制越宽松；系数为负，企业被处以整治的概率较小，说明环境规制较为严格，系数越小，环境规制越严格。估计结果显示：

（1）在企业分布分散型空间类型中，镇区、郊区和乡镇辖村的估计系数都为正，意味着这些地域类型的环境整治概率都比城区高，说明城区环境规制最严格，镇区次之，郊区和乡镇农村环境规制程度较低，郊区环境规制最为宽松。

（2）在产业园区中，3类产业园的估计系数都显著为负值，说明产业集聚区环境规制程度都比城区严格。国家级开发区的估计系数最小，说明其平时的环境规制最为严格，省级开发区次之，而省级以下开发区环境规制最为宽松。

（3）企业规模与环境整治有反向关系，规模越大企业受到环境整治的概率越低。这也印证了大企业平时受到较为严格环境监管的事实。

（4）分地区来看，显著比浙江环境规制严格的地区有上海和天津，而显著比浙江环境规制宽松的地区有江苏、安徽和四川。其他地区系数并不显著。也就是说，大部分省域之间的环境规制差异并不显著。

综合来看，农村各地域类型环境规制程度普遍低于城镇各地域类型，产业园区环境规制程度普遍高于分散型地域。

表 13-2   多元 Logistic 模型估计结果

变量		模型 1		模型 2		模型 3	
		估计值	P 值	估计值	P 值	估计值	P 值
Type	镇区	0.4044	0.0015	0.3194	0.0138	0.2819	0.0308
	郊区	0.6322	< 0.0001	0.5090	< 0.0001	0.4638	0.0004
	乡镇辖村	0.5705	< 0.0001	0.4708	< 0.0001	0.4452	< 0.0001
	省级以下开发区	−0.3488	0.0007	−0.3631	0.0005	−0.3728	0.0004
	省级开发区	−0.8276	< 0.0001	−0.6672	< 0.0001	−0.6604	< 0.0001
	国家级开发区	−1.0747	0.0002	−0.8052	0.0082	−0.7005	0.0207
Production1	极板生产			−1.72E−6	< 0.0001		
Production2	电池组装					−1.56E−6	< 0.0001
Intercept1	取缔	−1.5103	< 0.0001	−1.3408	< 0.0001	−1.2998	< 0.0001
Intercept2	停产	−0.0468	0.7488	0.1795	0.2271	0.2251	0.1312
Intercept3	停产整治	1.3930	< 0.0001	1.7251	< 0.0001	1.7686	< 0.0001
n		1680		1680		1680	
R square			0.2551		0.3107		0.3128

注：限于篇幅，省域估计结果省略。表格空白处表示无估计。

资料来源：笔者自制。

三　稳健性检验

空间地域类型变量的估计系数符号在模型 1、模型 2 和模型 3 中保持一致，而且都在 5% 的显著性水平上显著不为 0，说明估计结果具有稳健性。从省域变量来看，大部分地区环境规制程度差异不显著。为了检验省域环境规制差异程度，在模型 1、模型 2 和模型 3 回归中省略地域类型变量，保留省域变量。从估计结果来看，大部分省域变量估计系数依然不显著，与原估计结果基本保持一致。这说明对于铅蓄电池这一类污染企业而言，环境规制空间差异主要在城乡而不在省域。

第六节　结论与政策含义

在过去十几年，中国铅蓄电池行业高速发展，同时也引发严重的污染问题。本章以环保部等九部委对铅蓄电池行业采取的自上而下环保专项行动为样本，揭示了中国污染密集型企业的空间分布，并定量验证了中国环境规制程度的空间差异。研究显示：

（1）农村地域是污染企业分布的主要空间。整治前农村地域污染企业占比达到62.74%，城区仅占8.15%。农村地域已经取代城镇成为污染企业分布的主要空间。

（2）产业园区是企业空间分布的重要形态和趋势。产业园区污染企业占比从整治前的41.73%提高到整治后的67.89%；省级以下产业园区是污染企业分布的重要空间。乡镇产业园区成为污染密集型企业的主要选择。

（3）在企业分布分散型地域中，镇区、城郊和乡镇辖村的环境规制强度都低于城区，城郊和乡镇农村的环境规制程度低于城区和镇区，城郊环境规制最为宽松。在产业园区中，国家级开发区的环境规制最为严格，省级开发区次之，而省级以下开发区相对最为宽松。各类产业园区环境规制程度普遍高于分散型地域。

（4）分地区看，显著比浙江环境规制严格的地区有上海和天津，而显著比浙江环境规制宽松的地区有江苏、安徽和四川。其他地区系数并不显著。也就是说，大部分省域之间的环境规制差异并不显著。

总之，中国环境规制在分散型和集聚型城乡空间存在明显差异，城镇地域比农村地域严格，集聚型空间环境规制要比分散型空间更为严格。这些研究发现的政策启示包括：①常规性环境执法资源宜向环境规制薄弱地带转移。中国常规性环境执法往往对大企业和城镇地区秉持"放大镜"，投入"重兵力"，而忽略农村地区和中小企业。这容易出现鞭打快牛现象，而真正的拖后腿污染源得不到有效监管。在污染防治攻坚战中，应有效分配常规性环境执法资源，执法重心向薄弱地带转移，加强对省级以下开发区、郊区和乡镇地域的环境监管。这一点已在京津冀大气污染治理对"散乱污"企业整治所取得的效果得到印证。②针对城乡不同功能区的工业布局进行立法，保护耕地和基本农田不受工业污染。2012年5月，工信部和环保部发布了《铅蓄电池行业准入条件》，对企业布局作出规定："各级各类自然保护区、文化保护地等环境敏感区内，以及土地利用总体规划确定的耕地和基本农田保护范围内，禁止新建、改扩建铅蓄电池及其含铅零部件生产项目。"其他污染行业也应作出类似规定，在耕地和基本农田保护范围内，禁止新建和改扩建污染企业，促进企业向产业园区集中。

第十四章　改制后时期工业
污染治理思考[*]

中国工业化进程远未结束。在今后较长一段时期内，以先进制造业为主体的工业依然是支撑中国经济实现持续稳定的中高速增长的重要动力，继续推进深度工业化依然任重而道远[①]。在未来相当长一段时期，工业化仍然是中国的主要任务，工业在提升国家整体实力、提高居民收入水平方面仍然起到主导作用。工业化的长期性决定了工业污染的长期性。要解决中国工业污染治理问题，就必须正视农村工业污染的治理。

本章总结农村工业现状，探讨当前工业污染治理存在的问题，对未来进行展望。目前来看，农村工业污染的治理仅依靠环保部门难以得到根本解决，必须从国家整体角度，改变以往的工业增长模式，在习近平生态文明思想的指导下，探索一条与新型城镇化和乡村振兴相结合的新道路。

第一节　改制后时期农村工业特征总结

本节主要总结改制后时期农村工业发展特征。这里首先对中国农村工业做一个全貌性说明，第一，农村工业分布并不均匀。根据第二次经济普查资料，中国 50% 的行政村并没有非农企业，属于典型的农业村，而另外 50% 的行政村有不同程度的兼业。对于工业企业来说，198 万家工业企业分布在 24.6 万个村委会（包括城郊村）当中。也就是说，中国 40% 的行政村有工业企业。

---

* 本章节部分内容发表于《经济学家》2018 年第 9 期。
① 魏后凯、王颂吉：《中国"过度去工业化"现象剖析与理论反思》，《中国工业经济》2019 年第 1 期。

第二，城乡地域范围不断发生动态变化。一般来说，农村地域向城镇地域转化。2004—2008 年，中国居委会数量增加了 5000 个，城镇建成区面积增长了 25.86%。同一在位企业约有 12% 所在行政区划由农村地域转变为城镇地域。

一　农村地域工业规模与城镇工业分庭抗礼

加入 WTO 之后，中国逐步成为世界制造中心。无论是以全部企业还是规模以上工业企业计，同一口径下的农村地域工业总量持续增长。2008年，农村地域工业从业人数占中国全部工业从业人数的 45.5%；2013 年，农村规模以上工业企业从业人数占规模以上工业企业从业人数的 50.1%。

2000 年以来城镇建成区面积增加了 1 倍以上，在城镇地域面积不断扩张、农村地域面积逐步缩小的情况下，农村工业依然能够和城镇工业分庭抗礼，说明农村地区工业企业和工业集聚区具有强大的增长动力。

二　农村工业以私营企业为主，所有制结构多元化

改制后，农村工业企业所有制结构趋于多元化。乡村两级集体工业企业就业量持续减少，2008 年就业量下降到 249.12 万人，不足 1985 年就业量的 1/10，仅占同期农村工业企业就业量的 4.6%。乡村集体工业企业在吸纳农村劳动力就业方面的能力已经大幅度萎缩，农村私营工业企业逐渐成为提供就业的主要力量。2008 年，私营工业企业从业人数为 3169.28 万人，是集体企业的 12 倍，占农村工业企业就业量的 59.0%。

农村地域国有企业、港澳台与外资企业占有一定比例。2013 年农村规模以上工业企业实收资本金中，个人资本金数量最多，占 35.2%；其次为法人资本金，占 34.7%。国家资本金占 10.8%，港澳台和外资企业资本金占 16.3%，国家资本金、港澳台和外资资本金合计占农村工业的 27.1%。

三　农村工业企业在空间布局上集中与分散状况并存

农村地域工业企业分布既有集聚也有分散。集聚一般是自发形成的专业村，或是各级政府设立的省级以下开发区、乡镇企业园区等工业集聚区。根据第二次全国经济普查资料，2008 年，1 万多个村庄工业企业从业人数超过了 900 人，这些村庄工业从业人数占全部农村地区的一半，也就

是说，有一半的农村工业企业集中在 1 万多个村庄，而另一半农村工业企业分散在 21 万个村庄里。这些分散的企业有的是农产品加工企业，有的是资源开采和加工企业，还有一些是被工业集聚区挡在门槛外的高污染企业。

四　过半数小微工业企业和 1/3 大中型工业企业聚集在农村地域

根据第二次全国经济普查资料，2008 年，中国城区和镇区工业企业共有 59.51 万家，占企业总数的 30.07%。农村地域工业企业为 111.24 万家，占工业企业总数的 56.71%，其中，位于镇辖村的工业企业有 91.63 万家，占工业企业总数的 46.30%。可见，农村地域是工业企业分布的重要空间。

按照《统计上大中小微型企业划分办法》，2008 年中国大中型工业企业为 51387 家，从业人数为 5165.5 万人，其中，企业数的 41.9% 和从业人员的 32.5% 分布在农村地域；小微工业企业为 192.8 万家，从业人数为 6667.7 万人，其中，企业数的 57.1% 和从业人员的 55.4% 分布在农村地域。

五　农村地域成为污染密集型工业企业分布的主要空间

2008 年在农村地域的污染密集型工业企业数占全国的 66.37%，从业人数占全国的 54.23%。非金属矿物制造、金属冶炼加工和化学原料及化学制品制造业等重化工业以及涉重行业在农村地域占有较高比重，其中，非金属矿物制造业企业数和从业人数在农村地域的比重分别达到 74.44% 和 68.70%，在农村地域占有主导地位。

农村规模以上农产品加工企业主营业务收入占农村工业的 1/3，从业人数占农村工业从业人数的 40%，农产品加工业有较大的成长空间。

六　各地区农村工业经济处于不同发展阶段

经过 30 多年发展，京津沪等大城市在城镇化推动下，农村地区逐渐转变为城镇；江苏、广东、浙江等农村工业在 20 世纪末就已经相当发达，进入 21 世纪企业面临着产业转型升级的挑战；而曾经的工业欠发达地区正积极推动工业化。对于工业后起之秀而言，农村地域成为工业化的主要空间，如河北农村地域规模以上企业主营业务收入占本省规模以上企业主营业务收入的 70.0%，河南占 59.5%，山西占 55.3%，福建和贵州比重也都超过了全国平均水平。

第二节　中国工业污染治理存在的主要问题与对策

一　主要问题

（一）政府环境管理机构设置与工业城乡空间布局关系错位

企业排污具有外部性，因而政府必须予以监督。空间距离越近越容易实地监测、调查和取证，而较远的空间距离则意味着花费较多的交通时间和人工成本，因而增加了监督成本和环保支出。在预算有限的情况下，环保部门的监督范围是有限的。

计划经济时期和改革开放初期，中国工业项目绝大部分安排在城镇。环保机构解决的主要是城镇工业污染问题，因而环境保护的重心在城镇。20 世纪 90 年代前，中国环保机构和工作人员全部都在县级及以上行政单位。当时的环境保护力量与中国工业的城乡分布基本相匹配，如图 14 - 1 情景 A 所示。

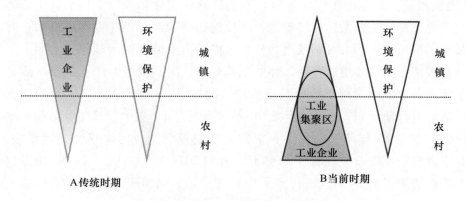

图 14 - 1　中国工业企业与环境保护投入的城乡分布示意图

注：图中虚线以上为城镇，虚线以下为农村。

资料来源：笔者自绘。

然而，以城镇为重心的环境保护模式并没有随着中国工业空间格局的演化而改变。时至今日，中国工业空间已经逐步从城镇建成区转向了农村各类工业集聚区和村庄，城区和镇区内的污染密集型企业仅占22%左右，但中国环境保护的重心依然在城镇，如图14-1情景B所示。县环保局一般设置在中心镇，管辖力量集中在中心镇，没有覆盖整个农村地区。在广东肇庆地区，有的县级市有环保局，有的县则没有环保局而是通过建设局或城管局履行环境卫生局，高新技术开发区也没有环保局，由规划建设局实施环境卫生保护职能。村委会更难以履行环境保护的职能①。

从投资来看，中国城市环境基础设施建设投资来自财政资金，而农村环境基础设施建设主要来自地方自筹。2017年，中央财政拨付60亿元农村环境综合整治专项资金，达到了历史新高。然而，这笔经费主要用于村庄垃圾回收、生活污水处理，工业污染治理尚未排上日程。中国工业污染治理投资主要用于位于城镇的老工业污染项目治理。对于"三同时"投资，尽管执行率很高，但是实际上很多位于农村的中小企业并没有安装污染治理设备，大中型企业尽管安装了污染治理设施，也会因为环境监管不足而不运行治理设施。

（二）农村工业集聚区重经济、轻环保，基层政府环境监管意识薄弱

工业集聚区在中国工业化过程中发挥越来越大的作用。东部发达地区在21世纪初期就提出乡镇企业向园区集中，在城市"去工业化"过程中，"退城搬迁"企业的新厂址一般是各类级别的工业集聚区。然而，中国各类产业集聚区主要发挥经济职能，环境保护等社会职能建设严重滞后。除某些离城镇较近的、级别较高的开发区能借助主城区的环境保护力量，对开发区企业进行环境监管外，那些城镇远郊、级别较低的工业集聚区则处于环境监管范围之外，企业污染治理状况堪忧。根据2015年颁布的《水污染防治行动计划》（"水十条"）第一条规定，"集中治理工业集聚区水污染"。"2017年年底前，工业集聚区应按规定建成污水集中处理设施，并安装自动在线监控装置。"② 然而，直到2018年1月底，中国省级及以上工业集聚区的94%建成污水集中处理设施，91%安装在线监控装置③，

① 李挚萍、陈春生等：《农村环境管制与农民环境权保护》，北京大学出版社2009年版，第243—244页。
② 国务院：《国务院关于印发水污染防治行动计划的通知》（国发〔2015〕17号），http：//www.gov.cn/zhengce/content/2015-04/16/content_9613.htm。
③ 生态环保部：《关于〈水污染防治行动计划〉2017年工业集聚区水污染防治任务完成情况的公示》。

而那些省级及以下工业集聚区既不在环境考核范围之内，又远离城镇，其污染治理情况尚未进入环境监管范围。据调查，江苏某县14个乡镇工业园区中，只有1个园区建有污水处理厂①。至于那些分散在村庄的工业企业的环境监管情况更薄弱。比如，2017年京津冀"2＋26"城市大气污染防治强化督察行动发现农村和城乡接合部的"散乱污"企业没有任何污染治理措施②。

农村地区工业环境管理非常薄弱，一方面是环境管理机构设置缺失问题，另一方面与基层政府环境监管意识薄弱有关。河北省霸州市有一家味精生产集团，长期向农田排放污水，令周边千亩农田荒芜，最终被中央电视台"焦点访谈"节目曝光才被罚款停产整改。这一事件暴露出地方政府环保意识不强③。总体来看，农村地区工业污染是基层政府环境管理的薄弱地带。

（三）社会环保力量集中在城镇

从民众参与环境保护的程度看，城镇居民无疑拥有较高的环保意识和较大的话语权。城镇的行政级别越高，居民受教育程度和生活水平越高，对环境质量的期望越高，对环境保护的参与就越积极，越能推动所在区域环境质量水平的提升。另外，民间环保组织在城镇更为强大，而农民的知识水平较低、环保和法制意识较弱④，难以通过环境保护机构表达自己的诉求。

王芳从社会学角度考察了上海市民如何维护自己的环境权益⑤。计划经济时期，上海是中国重要的工业基地。很多有污染的工业项目安排在城镇周边，与居民区有一定距离。然而，随着城镇规模的扩大，这些工业污染源附近也建设了居民区，成为工业和居住混合区。在污染源附近的市民通过信访举报、寻求代言人（人大代表、政协委员）、求助新闻媒体、法

---

①　叶东升、浦爱军、乔光兵等：《江苏省沭阳县乡镇工业园区发展存在的问题及对策研究》，《经济师》2017年第8期。

②　生态环保部：《环境保护部2018年2月例行新闻发布会实录》，http：//www. mep. gov. cn/gkml/sthjbgw/qt/201802/t20180227_ 431875. htm。

③　孙丽欣、丁欣、张汝飞、于振英：《农村生态环境建设的政策和制度研究——以河北为例》，经济科学出版社2017年版，第65页。

④　洪大用：《我国城乡二元控制体系与环境问题》，《中国人民大学学报》2000年第1期。

⑤　王芳：《环境社会学新视野——行动者、公共空间与城市环境问题》，上海人民出版社2007年版，第103—117页。

律途径和闹事等方式，对工业污染企业形成了较大的压力，有的企业被迫治理污染，有的企业则迁址他处。工业污染问题逐步得到解决。

当然，农民环保意识和环保力量也在不断变化。一般来说，经济较为发达、农民受教育水平高、信息较为灵通的地区，农民环保意识也较强。浙江农民较早开展了环保抗争。

实际上，对于刚刚解决温饱的绝大多数村民而言，事先不清楚工业污染的危害，事后也不知道如何保护自己的环境权益。农民对于工业污染带来的危害往往在企业落地后才能发现，而农民主张自身环境权益的手段和能力非常有限，只有污染对人体造成的危害显现出来、以群体性事件引起社会关注的时候，才能对当地政府形成一定的压力，从而督促企业进行污染治理。

（四）账面污染物排放量减少，家底不清

中国现有污染物排放统计制度的运行建立在一个重要的假设之上，即企业都是按照环境影响评价和"三同时"验收时生产工艺所允许的最低排污水平，因而，用排污系数估算其排污量。然而，这是企业工况和污染治理设施运行最好的情况[①]，是理想排污系数。随着技术水平的提高，理想排污系数不断下降。但企业在实际运行过程中可能存在各种超出最低排污水平的情况，第一，企业根本就没有通过环境影响评价和"三同时"验收，属于违法生产，这种情况通常发生在生产工艺较为落后、排污水平较高的企业。比较常见的是小微企业；第二，企业通过了环境影响评价和"三同时"验收，但由于污染治理设备运行成本较高，因此企业将污染治理设施闲置。有这种情况的不乏大中型企业。

企业对污染物的处理程度取决于政府对环境污染的监管强度。在环境监管缺失情况下，企业为节约成本不处理污染物而直接排放。农村地区企业缺乏政府和社会力量的环境监督，污染物排放超标现象比较普遍。但由于企业"被假想"为污染物达标排放，结果造成工业污染物账面排放量不增反降的奇特现象。例如，据环保部门统计，中国工业部门化学需氧量（COD）从 2000 年的 705 万吨减少到 2015 年的 293 万吨。烟粉尘排放量从 2000 年的 2045 万吨减少到 2015 年的 1232 万吨。实际上，近几年中国

---

① 董广霞、景立新、周冏等：《监测数据法在工业污染核算中的若干问题探讨》，《环境监测管理与技术》2011 年第 4 期。

河流、湖泊、水库、近海海域的污染呈现总体上升态势①，多地出现灰霾天气。可见，账面排污量低估了实际的污染物排放量，难以反映真实的环境质量状况。

总体来看，由于农村地区企业和工业集聚区环境监管薄弱，工业污染排放量被低估，造成账面上工业污染物排放量减少。由于家底不清，导致中国环境管理始终不能抓住工业污染的重要来源，环境管理效率大打折扣。

二　对策

中国工业污染分布随着工业空间布局的转变而出现显著改变，即从大城市向以工业集聚区为代表的农村地区蔓延。农村地区在分散的企业污染与工业集聚区污染叠加基础上而呈现出污染扩散与恶化趋势。对农村地区缺乏环境监管的各类工业集聚区和分散企业的污染问题必须引起重视。

（一）中国工业污染防治重点应从城镇向农村工业集聚区转移

中国已经成为世界重要的制造中心。在城镇地区进行产业结构调整、污染企业"退城搬迁"趋势下，位于农村地区的各类工业集聚区将继续成为中国工业化的重要空间。在工业企业尤其是高污染工业企业规模剧增的情况下，其排污量也远远超过传统乡镇企业时期"村村点火"的规模。这种情况必须引起政府主管部门的重视，将工业污染防治重点从城镇地区转移到农村地区的各类工业集聚区。

（二）针对农村工业污染源实际分布状况，加强各类工业集聚区环境保护力量

工业污染治理的关键是控制企业超标排污。目前中国对省级及以上开发区的环境管理逐渐步入正轨，但是限于人力、物力，对省级以下开发区和工业集聚区的环境管理尚未列入日程。由于省级以下开发区和工业集聚区数量多、分布广，在环境监测、监督和监管方面存在较多的漏洞。

结合"十三五"规划提出的"省以下环保机构监测监察执法垂直改革""工业污染源全面达标排放计划"和"覆盖所有固定污染源的企业排放许可制"，建立覆盖各类产业集聚区的工业污染源环境监测监察、排污许可体系。从难度较小的环境监测开始，摸清各类产业集聚区企业产排污

---

① 张晓：《中国水污染趋势与治理制度》，《中国软科学》2014 年第 10 期。

情况；逐步在各类工业集聚区建立针对工业污染的环境保护机制。

（三）地方政府对污染密集企业的空间布局应有科学规划

在"多规合一"中重视、突出环境规划的作用，合理规划污染企业空间布局。在区县范围内实现产业园区或工业企业的适度集中，避免污染企业在乡镇一级过于分散分布。工业园区相对集中容易发挥污染治理的规模经济，并且有助于提升区县一级的城镇化，实现工业化与城镇化良性互动。

第三节　再论农村地域工业发展的原因

本书写到这里似乎可以结束了。然而，就环境论环境、就污染论治理只是看到问题的表象。能不能找到更为深层次的原因，从引起污染问题的发展模式入手，从根本上解决环境问题？

中国之所以有如此庞大的农村工业规模，重要的原因在于工业化与城镇化没有同步进行。如果说，乡镇企业改制前农村工业的发展是农民在既有体制机制下的被动选择，那么乡镇企业改制后时期农村工业的发展则是地方政府经济成本最小化情况下的最优选择。

一　工业生产与城镇要素逐渐脱离

计划时期工业生产集中在城镇。城镇为工业提供了劳动力和土地，工业保障了城镇居民就业。然而，随着市场经济体系的建立，工业生产与城镇体系捆绑的必要性逐渐消失，二者分道扬镳，渐行渐远。

首先，从土地供给来看，城市国有土地实行有偿使用制度以来，城区土地成本日益高涨。随着城市建设用地尤其是房地产价格的一再攀升，提高了城市工业用地的机会成本，使在城市办企业变得昂贵。实际上，城镇仅土地价格高昂这一项，就阻断了新建工业企业在城镇选址的可能。

其次，市场化导向的改革使得企业不再承担解决城镇居民就业的责任。计划经济时期和改革开放初期，城镇国有企业和集体企业担负着解决城镇劳动力就业的责任，形成了城镇工人阶级。20世纪90年代末，国有企业和集体企业改制，大批工人下岗，仅1998年就比1997年减少了1800万名城镇国有工业企业职工。改制后，以有限责任公司和私营企业为主的城镇企业可从社会自主招工，城镇工人阶级越来越少，农民工群体越来越庞大。

二　地方政府主导工业集聚区发展模式

由于工业生产与城镇要素的"脱钩",工业生产空间的选择便是"去城区化"。对于地方政府来说,无论是地级、县级还是镇级政府,招商引资发展工业经济是提升本地财政收入和促进经济增长的撒手锏。既然在政府行政管辖范围内的企业都会列入本地的税收和经济增长核算范围,那么政府的最优选择就是把企业安排在一个经济成本最低的地点。

由于城区已经不可能提供企业所能承受的工业用地。新的工业用地只能来自城区以外。农用地供给成本远低于城镇建设用地,地方政府往往征用农用地,把工业集聚区安排在城镇周边的农村地域。通常的做法是,对于省级及以上开发区,政府将属于农民集体的农用地征为国有,再通过出让方式转给企业。省级以下开发区和乡镇企业园区的情况比较复杂,大部分都是集体经济的建设用地。总之,地方政府之所以出得起工业用地的低价,是因为工业用地位于远离城区的"农村"。因此,地方政府的土地招商模式对农村地区的工业发展起到了重要作用。

三　工业生产向城镇以外转移

在地方政府"有意"安排之下,招商引资而来的企业在各级工业集聚区开展生产活动。科技含量较高的企业选择国家级高新技术产业园,一般的大项目入驻国家级经济技术开发区,小一些的项目可以进入省级开发区。省级及以上开发区一般距离城市或县城较近,市政基础设施较好。省级以下开发区和乡镇企业园区数量最多,情况也最为复杂。作为县级政府和镇政府主导的开发区模式,这些工业集聚区的土地基本上是村集体所有,企业建在村庄之内或附近,难以享受到城镇的市政基础设施与公共产品服务供给。

在农村地域的工业集聚区内,有一类企业是城镇国有工业企业搬迁而来。近些年,随着中国在环境保护方面的力度加大,尤其是为了治理灰霾,污染企业退城搬迁成为治理城市大气污染的一个手段。地方政府为了吸引大型国有企业,会在远离城区的地方划出大片土地,围绕该企业设立园区,在大企业周边形成一批生产配套企业,从而形成一个以国有大型企业为主导的工业集聚区。

四 农村土地用途的改变与城镇化建制相脱节

对于工业集聚区周边的村庄而言，土地被征用，所在地区农民户籍不变，行政管理不变，依旧属于农村；但是被征土地的用途发生改变，农用地变为建设用地。有些发育较好的省级及以上开发区会与周边城区连成一片，成为城市新区，但是也有很多开发区仅仅具有经济功能，社会功能薄弱，土地用途的转变并没有伴随着城镇化建设，周边的"农村"既没有得到工业化带来的城市文明，类似"飞地"的开发区也难以发挥社会集聚。

对于省级以下开发区和乡镇企业园区来说，城镇化建制的困难更大。在乡镇企业改制前时期，长三角和珠三角就有一批村庄依靠非农产业起家，土地和人口都已经非农化，完成了自然城镇化过程。但是，中国现有的城镇体系中没有镇辖镇或镇辖市，这些行政村并没有完成城镇建制。乡镇企业改制后，工业集聚区的情况与此类似。工业集聚区所在村庄的土地被征用，农民不再以农业为生，土地和人口都非农化，但是村庄依然实行农村行政管理方式。在学理上，我们可以称之为"小城镇"，但实际上，这些行政村并没有城镇建制。

在中国，城镇建制意味着政府对城镇市政建设、基础设施和公共服务进行投资。即使是对于城镇体系的最底端的建制镇而言，也需要保障镇区有市政道路、供水和排水设施、园林绿化和环境卫生。根据 2017 年的统计，每个建制镇建成区平均市政公用设施建设投入为 1031 万元，人均投入为 1200 元，而每个行政村市政公用设施建设投入为 46 万元，人均投入为 330 元，镇区和行政村的市政投入相差悬殊。所以，完成自然城镇化的村庄和那些工业集聚区的村庄，要达到当前建制镇的市政公用设施水平，至少每年投入 1000 万元建设资金。

根据 2004 年的统计，平均每个半城市化村庄的工业企业交纳税金 2300 万元，实现利润 2800 万元[①]。2004 年，平均每个建制镇建成区市政公用设施建设投入为 247 万元。平均每个行政村市政公用设施建设投入为 5.3 万元。完成自然城镇化的半城市化村庄的工业企业缴纳的税金和实现利润共计 5100 万元，而建制镇的建设投入仅占 5%。从这些数字来看，如果政府和企业能够拿出税收和利润的 5% 作为村庄的市政公用设施投入，

---

① 李玉红：《乡村半城市化地区的工业化与城镇化》，《城市发展研究》2017 年第 3 期。

半城市化村庄的城镇化质量将达到建制镇镇区水平。

从政府的角度讲，招商引资、征地和"三通一平"都投入了大量资金。政府最优决策就是尽量减少非生产性支出的社会支出。由于半城市化村庄建制要大幅度增加市政公用设施建设投入，地方政府没有任何动力来推动村庄的建制。从这个角度说，"农村工业"庞大的规模是地方政府的人为造成的。"农村"状态意味着减少公共支出，意味着大量的工业集聚区仅承担经济功能而不承担社会功能。农村工业越庞大，地方政府从农村汲取的经济收益就越多，同时不必负担应有的社会功能建设。

对于农村地域来说，农村工业的庞大，恰好说明了中国工业化超前发展而建制城镇化滞后。这种工业化和城镇化模式，保证了中国以较低的经济成本保持经济高速增长，但也产生了污染治理滞后、公共产品和服务不足等社会问题。

第四节　展望

习近平同志指出，坚持良好生态环境是最普惠的民生福祉。对于城镇地域来说，城区与工业的"脱钩"，有利于城镇地域环境质量的改善。可以预见，今后像北京这样的大城市城区，随着污染企业的搬迁，工业污染源将越来越少，大城市城区环境质量将趋于好转。这条产业转移的道路曾经也是发达国家走过的道路：通过国际投资将本国工业搬迁到发展中国家，本国环境质量实现了改善。

那么，大城市与工业的脱钩真的能实现环境质量的改善吗？这要取决于农村地域工业企业的污染治理状况。如果农村被污染，那么环境污染就是农村包围城市，城市是不可能独善其身的。京津冀灰霾的大面积出现已经将大城市和农村绑在一条船上。

2008年，中国农村尚有60万个行政村，其中，40%的行政村内有工业企业，除了2万个城郊村会随着城镇化扩张而可能成为新的城镇外，还有37%的行政村有工业企业、20%的行政村内有污染密集型企业。基于农村地区存在众多工业集聚区和地方政府急于实现税收增长的现实情况，即使每一个企业都安装了在线污染监测设备，地方环保部门也难以有足够的能力进行监督和监管。

那么，有没有更为根本的方法？

　　农村工业污染治理必须与新型城镇化和乡村振兴战略相结合。在发达国家工业化初期阶段，大机器工业引发工人集聚，从而产生了新的工业城镇。这些工业城镇经过上百年的发展，形成了现代化的城市。中国乡镇企业发展的 20 年和改制后时期工业集聚区发展的 20 年，已经孕育了大量没有建制的"小城镇"。给予这些"小城镇"建制的"名分"，在经济收益的分配上向这些"小城镇"倾斜，吸纳更多的外来农民工就业、定居。通过"小城镇"建设来促进工业集聚区社会功能的培育，在环境污染治理、公共产品服务方面逐步达到高质量水平，促使"小城镇"经济功能与社会功能相匹配，成为真正的国家城镇体系的组成部分。

　　如此一来，那些非农人口和产业集聚的村庄将成为建制城镇，"农村工业"规模将大幅度减少，工业污染得到有效监管和控制。地方政府要守住"生态保护红线、环境质量底线和资源利用上线"，农村真正定位于农产品加工业，真正与农民的生产生活紧密结合，农村一二三产业融合发展，实现乡村振兴。

　　这将是一个长期的过程，笔者拭目以待。

主要参考文献

方如康主编:《环境学词典》,科学出版社 2007 年版。

高岩、浦善新主编:《中华人民共和国行政区划手册》,光明日报出版社 1986 年版。

李启家:《中国环境法规》,转引自郑易生编《中国环境与发展评论》第 1 卷,社会科学文献出版社 2000 年版。

李青:《国土规划、区域发展与农村生态环境》,转引自张晓编《中国环境与发展评论(第五卷)——中国农村生态环境安全》,中国社会科学出版社 2012 年版。

李挚萍、陈春生等:《农村环境管制与农民环境权保护》,北京大学出版社 2009 年版。

林青松:《民办乡镇企业的兴起及其面临的问题》,转引自林青松、威廉·伯德主编《中国农村工业:结构、发展与改革》,经济科学出版社 1989 年版。

陆学艺:《"三农"新论——当前中国农业、农村、农民问题研究》,社会科学文献出版社 2005 年版。

毛泽东:《在郑州会议上的讲话》,转引自《建国以来毛泽东文稿》第 8 册,中央文献出版社 1993 年版。

农业部乡镇企业局等编:《中国乡镇企业 30 年》,中国农业出版社 2008 年版。

潘维:《农民与市场》,商务印书馆 2003 年版。

屈小娥:《我国环境规制的规制效应研究》,经济科学出版社 2019 年版。

任浩等:《园区不惑——中国产业园区改革开放 40 年进程》,上海人民出版社 2018 年版。

孙丽欣、丁欣、张汝飞、于振英:《农村生态环境建设的政策和制度研究——以河北为例》，经济科学出版社 2017 年版。

汤鹏主：《中国乡镇企业兴衰变迁》，北京理工大学出版社 2013 年版。

滕葳等：《重金属污染对农产品的危害与风险评估》，化学工业出版社 2010 年版。

汪海波：《中华人民共和国工业经济史》，山西经济出版社 1998 年版。

王芳：《环境社会学新视野——行动者、公共空间与城市环境问题》，上海人民出版社 2007 年版。

王桥、厉青、高健等：《PM2.5 卫星遥感技术及其应用》，中国环境科学出版社 2017 年版。

熊艳：《中国工业环境规制的效果评价及其经济增长效应》，中国社会科学出版社 2014 年版。

于立、于左等：《中国乡镇企业产权治理结构研究》，经济管理出版社 2003 年版。

张红凤、张细松等：《环境规制理论研究》，北京大学出版社 2012 年版。

张毅、张颂颂编著：《中国乡镇企业简史》，中国农业出版社 2001 年版。

赵细康：《环境保护与产业国际竞争力——理论与实证分析》，中国社会科学出版社 2003 年版。

折晓叶：《村庄的再造：一个"超级村庄"的社会变迁》，中国社会科学出版社 1997 年版。

郑国璋：《农业土壤重金属污染研究的理论与实践》，中国环境科学出版社 2007 年版。

郑玉歆：《我国土壤污染形势严峻，防治工作步伐急需加快》，转引自张晓编《中国环境与发展评论（第五卷）——中国农村生态环境安全》，中国社会科学出版社 2012 年版。

中共中央文献研究室：《建国以来重要文献选编》第 15 册，中央文献出版社 1995 年版。

［美］刘易斯·芒福德：《城市发展史——起源、演变和前景》，倪文彦、宋俊岭译，中国建筑工业出版社 2005 年版。

伯鑫、徐峻、杜晓惠等：《京津冀地区钢铁企业大气污染影响评估》，《中国环境科学》2017 年第 5 期。

卜风贤、李冠杰：《发展壮大中的县域工业特点与集体中毒事件频发的对应性》，《社会科学家》2011 年第 1 期。

蔡昉：《乡镇企业产权制度改革的逻辑与成功的条件——兼与国有企业改革比较》，《经济研究》1995 年第 10 期。

陈贝贝：《半城市化地区的识别方法及其驱动机制研究进展》，《地理科学进展》2012 年第 31 卷第 2 期。

陈剑波：《制度变迁与乡村非正规制度——中国乡镇企业的财产形成与控制》，《经济研究》2000 年第 1 期。

陈宗良、葛苏、张晶：《北京大气气溶胶小颗粒的测量与解析》，《环境科学研究》1994 年第 3 期。

成德宁、郝扬：《城市化背景下我国农村工业的困境及发展的新思路》，《学习与实践》2014 年第 3 期。

程都、李钢：《环境规制强度测算的现状及趋势》，《经济与管理研究》2017 年第 8 期。

楚义芳：《论城市化进程和区域经济发展的关系——以天津为例》，《南开经济研究》1994 年第 1 期。

党国英：《城乡界定及其政策含义》，《学术月刊》2015 年第 6 期。

邓英淘：《城市化与中国农村发展》，《中国农村经济》1993 年第 1 期。

丁悦、杨振山、蔡建明、王兰英：《国家级经济技术开发区经济规模时空演化及机制》，《地域研究与开发》2016 年第 1 期。

董广霞、景立新、周冏等：《监测数据法在工业污染核算中的若干问题探讨》，《环境监测管理与技术》2011 年第 4 期。

杜鹰：《乡镇企业的形态特征与制度创新》，《中国农村观察》1995 年第 4 期。

杜志雄、张兴华：《从国外农村工业化模式看中国农村工业化之路》，《经济研究参考》2006 年第 73 期。

范剑勇、来明敏：《浙江农村工业废水污染现状及其防治对策》，《管理世界》1999 年第 2 期。

范引琪、李二杰、范增禄：《河北省 1960—2002 年城市大气能见度的变化趋势》，《大气科学》2005 年第 4 期。

费孝通：《我看到的中国农村工业化和城市化道路》，《浙江社会科学》1998 年第 4 期。

冯阔、林发勤、陈珊珊：《我国城市雾霾污染、工业企业偷排与政府污染治理》，《经济科学》2019 年第 5 期。

付桂琴、张迎新、谷永利等：《河北省霾日变化及成因》，《气象与环境学报》2014 年第 1 期。

傅京燕、李丽莎：《环境规制、要素禀赋与产业国际竞争力的实证研究——基于中国制造业的面板数据》，《管理世界》2010 年第 10 期。

傅帅雄、张可云、张文斌：《环境规制与中国工业区域布局的"污染天堂"效应》，《山西财经大学学报》2011 年第 7 期。

高伟玮：《泰州市工业园区发展现状分析及对策建议》，《现代商贸工业》2018 年第 13 期。

葛察忠、王金南：《利用市场手段削减污染：排污收费、环境税和排污交易》，《经济研究参考》2001 年第 2 期。

耿海清：《我国开发区建设存在的问题及对策》，《地域研究与开发》2013 年第 1 期。

龚胜生、张涛：《中国"癌症村"时空分布变迁研究》，《中国人口·资源与环境》2013 年第 9 期。

古冰、朱方明：《我国污染密集型产业区域转移动机及区位选择的影响因素研究》，《云南社会科学》2013 年第 3 期。

郭炎、李志刚、王国恩等：《集体土地资本化中的"乡乡公平"及其对城市包容性的影响——珠三角南海模式的再认识》，《城市发展研究》2016 年第 4 期。

何龙斌：《国内污染密集型产业区际转移路径及引申——基于 2000—2011 年相关工业产品产量面板数据》，《经济学家》2013 年第 6 期。

何为、黄贤金：《半城市化：中国城市化进程中的两类异化现象研究》，《城市规划学刊》2012 年第 2 期。

贺雪峰：《浙江农村与珠三角农村的比较——以浙江宁海与广东东莞作为对象》，《云南大学学报》（社会科学版）2017 年第 6 期。

洪大用：《我国城乡二元控制体系与环境问题》，《中国人民大学学报》2000 年第 1 期。

洪银兴、袁国良：《乡镇企业高效率的产权解释——与国有企业的比较研究》，《管理世界》1997 年第 4 期。

侯伟丽、方浪、刘硕：《"污染避难所"在中国是否存在？——环境管制与污染密集型产业区际转移的实证研究》，《经济评论》2013 年第 4 期。

黄季焜、刘莹：《农村环境污染情况及影响因素分析——来自全国百村的实证分析》，《管理学报》2010 年第 10 期。

黄中、钱亚畅等：《城乡划分标准的变迁》，《中国统计》2004 年第 2 期。

贾若祥、刘毅：《中国半城市化问题初探》，《城市发展研究》2002 年第
　2 期。

姜百臣、李周：《农村工业化的环境影响与对策研究》，《管理世界》1994
　年第 5 期。

姜春海：《乡镇企业内涵特征的变革及其法律思考》，《经济问题探索》
　2003 年第 8 期。

蒋省三、刘守英、李青：《土地制度改革与国民经济成长》，《管理世界》
　2007 年第 9 期。

孔翔、顾子恒：《中国开发区"产城分离"的机理研究》，《城市发展研
　究》2017 年第 3 期。

李钢、李颖：《环境规制强度测度理论与实证进展》，《经济管理》2012 年
　第 12 期。

李钢、马岩、姚磊磊：《中国工业环境规制强度与提升路线——基于中国
　工业环境保护成本与效益的实证研究》，《中国工业经济》2010 年第
　3 期。

李国武：《中国省级开发区的区位分布、增长历程及产业定位研究》，《城
　市发展研究》2009 年第 5 期。

李皎：《对农村固定资产投资和新城乡划分代码情况的思考》，《中国统
　计》2007 年第 10 期。

李瑞、蔡军：《河北工业结构、能源消耗与灰霾关系探讨》，《宏观经济管
　理》2014 年第 5 期。

李小平、李小克：《中国工业环境规制强度的行业差异及收敛性研究》，
　《中国人口·资源与环境》2017 年第 10 期。

李玉红：《城市化的逻辑起点及中国存在半城镇化的原因》，《城市问题》
　2017 年第 2 期。

李玉红：《农村工业源重金属污染，现状、动因与对策——来自企业层面
　的证据》，《农业经济问题》2015 年第 1 期。

李玉红：《铅酸电池行业环保专项行动的环境与经济影响研究》，《中国环
　境管理》2016 年第 5 期。

李玉红：《违法排污视角下京津冀工业颗粒物排放研究》，《城市与环境研

究》2019 年第 1 期。

李玉红：《乡村半城市化地区的工业化与城镇化》，《城市发展研究》2017
　　年第 3 期。

李玉红：《中国工业污染的空间分布与治理研究》，《经济学家》2018 年第
　　9 期。

李玉红：《中国农村污染工业发展机制研究》，《农业经济问题》2017 年第
　　5 期。

李玉红：《中国乡村半城市化地区的识别——基于第一、二次全国经济普
　　查企业数据的估算》，《城市与环境研究》2015 年第 4 期。

李云燕、王立华、王静等：《京津冀地区灰霾成因与综合治理对策研究》，
　　《工业技术经济》2016 年第 7 期。

李周、尹晓青、包晓斌：《乡镇企业与环境污染》，《中国农村观察》1999
　　年第 3 期。

林汉川：《中国乡镇企业发展的历史透视》，《中国乡镇企业》2002 年第 10
　　期。

刘爱霞、韩素芹、蔡子颖等：《天津地区能见度变化特征及影响因素研
　　究》，《生态环境学报》2012 年第 11 期。

刘海猛、方创琳、黄解军等：《京津冀城市群大气污染的时空特征与影响
　　因素解析》，《地理学报》2018 年第 1 期。

刘强、李平：《大范围严重雾霾现象的成因分析与对策建议》，《中国社会
　　科学院研究生院学报》2014 年第 5 期。

刘生龙、胡鞍钢：《基础设施的外部性在中国的检验（1988—2007）》，
　　《经济研究》2012 年第 3 期。

刘小玄：《国有企业与非国有企业的产权结构及其对效率的影响》，《经济
　　研究》1995 年第 7 期。

罗毅、邓琼飞、杨昆等：《近 20 年来中国典型区域 PM2.5 时空演变过
　　程》，《环境科学》2018 年第 7 期。

马丽梅、张晓：《中国灰霾污染的空间效应及经济、能源结构影响》，《中
　　国工业经济》2014 年第 4 期。

毛节泰、张军华、王美华：《中国大气气溶胶研究综述》，《气象学报》
　　2002 年第 5 期。

孟金平、杨璐、赵晨等：《近 50 年大兴区雾、霾气候特征及影响因素分

析》，《环境科学与技术》2016 年第 S2 期。

缪育聪、郑亦佳、王姝等：《京津冀地区霾成因机制研究进展与展望》，《气候与环境研究》2015 年第 3 期。

牛雷、王玉华、陈琛：《中国农村工业集体企业空间结构演变特征》，《世界地理研究》2015 年第 3 期。

潘慧峰、王鑫、张书宇：《灰霾污染的持续性及空间溢出效应分析——来自京津冀地区的证据》，《中国软科学》2015 年第 12 期。

潘家华：《新中国 70 年生态环境建设发展的艰难历程与辉煌成就》，《中国环境管理》2019 年第 4 期。

彭向刚、向俊杰：《论生态文明建设视野下农村环保政策的执行力——对"癌症村"现象的反思》，《中国人口·资源与环境》2013 年第 7 期。

蒲善新：《县改市冻结十年反思》，《决策》2007 年第 2 期。

钤伟妙、陈静、王晓敏等：《1970—2013 年石家庄地区霾变化特征》，《气象与环境学报》2016 年第 4 期。

乔晓春：《户籍制度、城镇化与中国人口大流动》，《人口与经济》2019 年第 5 期。

石敏俊、李元杰、张晓玲等：《基于环境承载力的京津冀灰霾治理政策效果评估》，《中国人口·资源与环境》2017 年第 9 期。

石庆玲、郭峰、陈诗一：《灰霾治理中的"政治性蓝天"——来自中国地方"两会"的证据》，《中国工业经济》2016 年第 5 期。

苏杨、马宙宙：《我国农村现代化进程中的环境污染问题及对策研究》，《中国人口·资源与环境》2006 年第 2 期。

唐宜西、张小玲、徐敬等：《北京城区和郊区本底站大气污染物浓度的多时间尺度变化特征》，《环境科学学报》2016 年第 8 期。

田光辉、苗长虹、胡志强等：《环境规制、地方保护与中国污染密集型产业布局》，《地理学报》2018 年第 10 期。

汪旭颖、燕丽、雷宇等：《我国钢铁工业一次颗粒物排放量估算》，《环境科学学报》2016 年第 8 期。

王成新、刘洪颜、史佳璐、刘凯：《山东省省级以上开发区土地集约利用评价研究》，《中国人口·资源与环境》2014 年第 6 期。

王桂林、杨昆、杨扬：《京津冀地区不透水表面扩张对 PM2.5 污染的影响研究》，《中国环境科学》2017 年第 7 期。

王国平:《中国农村环境劣化的历史过程与因质》,《河北学刊》2010 年第
　4 期。

王浩、高健、李慧等:《2007—2014 年北京地区 PM2.5 质量浓度变化特
　征》,《环境科学研究》2016 年第 6 期。

王金良、孟良荣、胡信国:《我国铅蓄电池产业现状与发展趋势——铅蓄
　电池用于电动汽车的可行性分析(1)》,《电池工业》2011 年第 2 期。

王金南、董战峰、蒋洪强、陆军:《中国环境保护战略政策 70 年历史变迁
　与改革方向》,《环境科学研究》2019 年第 10 期。

王京丽、谢庄、张远航等:《北京市大气细粒子的质量浓度特征研究》,
　《气象学报》2004 年第 1 期。

王学渊、周翼翔:《经济增长背景下浙江省城乡工业污染转移特征及动
　因》,《技术经济》2012 年第 10 期。

王岩松、梁流涛、梅艳:《农村工业结构时空演进及其环境污染效应评
　价——基于行业污染程度视角》,《河南大学学报》(自然科学版)2014
　年第 4 期。

王勇、李建民:《环境规制强度衡量的主要方法、潜在问题及其修正》,
　《财经论丛》2015 年第 5 期。

王占山、李云婷、陈添等:《2013 年北京市 PM2.5 的时空分布》,《地理学
　报》2015 年第 1 期。

魏后凯:《对中国乡村工业化问题的探讨》,《经济学家》1994 年第 5 期。

魏后凯、王颂吉:《中国"过度去工业化"现象剖析与理论反思》,《中国
　工业经济》2019 年第 1 期。

魏文秀:《河北省霾时空分布特征分析》,《气象》2010 年第 3 期。

温铁军:《乡镇企业资产的来源及其改制中的相关原则》,《浙江社会科
　学》1998 年第 3 期。

吴兑:《近十年中国灰霾天气研究综述》,《环境科学学报》2012 年第
　2 期。

吴兑、陈慧忠、吴蒙等:《三种霾日统计方法的比较分析——以环首都圈
　京津冀晋为例》,《中国环境科学》2014 年第 3 期。

吴兑、廖碧婷、吴蒙等:《环首都圈霾和雾的长期变化特征与典型个例的
　近地层输送条件》,《环境科学学报》2014 年第 1 期。

吴兑、吴晓京、李菲等:《1951—2005 年中国大陆霾的时空变化》,《气象

学报》2010 年第 5 期。

吴舜泽、孙宁、卢然等：《重金属污染综合防治实施进展与经验分析》，《中国环境管理》2015 年第 1 期。

吴晓青：《污染农村影响"美丽乡村"建设》，《西部大开发》2012 年第 11 期。

吴雁、王荣英、李江波等：《1960—2013 年河北省灰霾天气变化特征》，《干旱气象》2017 年第 3 期。

夏友富：《外商投资中国污染密集产业现状、后果及其对策研究》，《管理世界》1999 年第 3 期。

徐俊忠：《探索基于中国国情的组织化农治战略——毛泽东农治思想与实践探索再思考》，《毛泽东邓小平理论研究》2019 年第 1 期。

薛文博、武卫玲、王金南等：《中国气溶胶光学厚度时空演变特征分析》，《环境与可持续发展》2013 年第 4 期。

杨畅：《乡镇工业园区土地资源二次开发的实证研究——以上海 55 家乡镇工业园区为例》，《上海经济研究》2015 年第 1 期。

杨复沫、贺克斌、马永亮等：《北京 PM2.5 浓度的变化特征及其与 PM10、TSP 的关系》，《中国环境科学》2002 年第 6 期。

杨帅、温铁军：《经济波动、财税体制变迁与土地资源资本化——对中国改革开放以来"三次圈地"相关问题的实证分析》，《管理世界》2010 年第 4 期。

叶东升、浦爱军、乔光兵等：《江苏省沭阳县乡镇工业园区发展存在的问题及对策研究》，《经济师》2017 年第 8 期。

于建华、虞统、魏强等：《北京地区 PM10 和 PM2.5 质量浓度的变化特征》，《环境科学研究》2004 年第 1 期。

于娜、魏永杰、胡敏等：《北京城区和郊区大气细粒子有机物污染特征及来源解析》，《环境科学学报》2009 年第 2 期。

曾贤刚：《环境规制、外商直接投资与"污染避难所"假说——基于中国 30 个省份面板数据的实证研究》，《经济理论与经济管理》2010 年第 11 期。

张成、于同申、郭路：《环境规制影响了中国工业的生产率吗——基于 DEA 与协整分析的实证检验》，《经济理论与经济管理》2010 年第 3 期。

张可云、傅帅雄、张文彬：《产业结构差异下各省份环境规治强度量化研究》，《江淮论坛》2009 年第 6 期。

张力军：《深入开展环保专项行动 让人民群众远离污染危害——在 2011 年
　　环保专项行动电视电话会议上的讲话》，《环境保护》2011 年第 8 期。

张立：《城镇化新形势下的城乡（人口）划分标准探讨》，《城市规划学
　　刊》2011 年第 2 期。

张沛、段瀚、蔡春杰、杨甜：《县域工业集中区产城融合发展路径及规划
　　策略研究——以陕西蒲城工业集中区为例》，《现代城市研究》2016 年
　　第 8 期。

张秋蕾：《国务院九部门联合召开 2012 年全国整治违法排污企业保障群众
　　健康环保专项行动电视电话会议》，《中国环境科学》2012 年第 4 期。

张世秋、万薇、何平：《区域大气环境质量管理的合作机制与政策讨论》，
　　《中国环境管理》2015 年第 2 期。

张小曳、孙俊英、王亚强等：《我国雾—霾成因及其治理的思考》，《科学
　　通报》2013 年第 13 期。

张晓：《中国水污染趋势与治理制度》，《中国软科学》2014 年第 10 期。

张学良：《中国交通基础设施促进了区域经济增长吗?》，《中国社会科学》
　　2012 年第 3 期。

张友国：《新时代生态文明建设的新作为》，《红旗文稿》2019 年第 5 期。

赵红：《环境规制对中国产业技术创新的影响》，《经济管理》2007 年第 21
　　期。

赵普生、徐晓峰、孟伟等：《京津冀区域霾天气特征》，《中国环境科学》
　　2012 年第 1 期。

赵祥、谭锐：《土地财政与我国城市“去工业化”》，《江汉论坛》2016 年
　　第 1 期。

赵妤希、陈义珍、杨欣等：《北京市中心城区 PM2.5 长期变化趋势和特
　　征》，《生态环境学报》2016 年第 9 期。

赵玉民、朱方明、贺立龙：《环境规制的界定、分类与演进研究》，《中国
　　人口·资源与环境》2009 年第 6 期。

折晓叶、陈婴婴：《超级村庄的基本特征及“中间形态”》，《社会学研究》
　　1997 年第 6 期。

郑艳婷、刘盛和、陈田：《试论半城市化现象及其特征——以广东省东莞
　　市为例》，《地理研究》2003 年第 6 期。

郑易生：《环境污染转移现象对社会经济的影响》，《中国农村经济》2002
　　年第 2 期。

支兆华：《乡镇企业改制的另一种解释》，《经济研究》2001 年第 3 期。

中国科学院国情分析研究小组：《城市与乡村——中国城乡矛盾与协调发
　　展研究（续）》，《资源节约和综合利用》1995 年第 3 期。

中新社：《从严审核省级以下开发区四项要求必须达到》，《城市规划通
　　讯》2004 年第 17 期。

钟宁桦：《农村工业还能走多远》，《经济研究》2011 年第 1 期。

周冰、谭庆刚：《社区性组织与过渡性制度安排——中国乡镇企业的制度
　　属性探讨》，《南开经济研究》2006 年第 6 期。

周飞舟：《生财有道：土地开发和转让中的政府和农民》，《社会学研究》
　　2007 年第 1 期。

周健民：《我国耕地资源保护与地力提升》，《中国科学院院刊》2013 年第
　　2 期。

周其仁、胡庄君：《中国乡镇工业企业的资产形成、营运特征及其宏观效
　　应——对 10 省大型乡镇工业企业抽样调查的分析》，《中国社会科学》
　　1987 年第 6 期。

周伟林、周雨潇、柯淑强：《基于开发区形成、发展、转型内在逻辑的综
　　述》，《城市发展研究》2017 年第 1 期。

周一星、史育龙：《建立中国城市的实体地域概念》，《地理学报》1995 年
　　第 4 期。

朱爱娟：《关于加快欠发达地区乡镇工业集中区发展的思考》，《中国集体
　　经济》2016 年第 3 期。

朱先磊、张远航、曾立民等：《北京市大气细颗粒物 PM2.5 的来源研究》，
　　《环境科学研究》2005 年第 5 期。

国家环境保护局、农业部、财政部、国家统计局：《全国乡镇工业污染源
　　调查公报》。

寇江泽：《零容忍整治"散乱污"》，《人民日报》2017 年 7 月 29 日第
　　9 版。

李维：《专访吴舜泽：新型城镇化要坚守环境底线》，《中国环境报》2014
　　年 8 月 25 日第 6 版。

邢飞龙：《强化督查催生发展新动能》，《中国环境报》2017 年 10 月 12 日

第 1 版。

姜长云：《体制转型时期的乡镇企业融资问题研究》，博士学位论文，中国社会科学院研究生院，2000 年。

孙洪慧：《洪泽区乡镇工业集中区发展存在的问题与对策探讨》，硕士学位论文，江西财经大学，2017 年。

Becker, R. and V. Henderson, "Effects of Air Quality Regulations on Polluting Industries", *Journal of Political Economy*, Vol. 108, No. 2, 2000.

Berman, E. and L. T. M. Bui, "Environmental Regulation and Productivity: Evidence from Oil Refineries", *Review of Economics and Statistics*, Vol. 83, No. 3, 2001.

Chan, C. Y., Xu, X. D., Li, Y. S. et al., "Characteristics of Vertical Profiles andSources of PM2. 5, PM10 and Carbonaceous Aerosols in Beijing", *Atmospheric Environment*, Vol. 39, 2005.

Chang, Chun and Wang, Yijiang, "The Nature of the Township-Village Enterprise", *Journal of Comparative Economics*, Vol. 19, 1994.

Che, Jiahua, and QianYingyi, "Institutional Environment, Community Government, and Corporate Governance: Understanding China's Township-Village Enterprises", *Journal of Law, Economics, and Organization*, Vol. 14, No. 1, 1998.

Chen, Y., Schleicher N. Chen, Y. et al., "The Influence of Governmental Mitigation Measures on Contamination Characteristics of PM2. 5 in Beijing", *Sci. Total Environ.* Vol. 490, 2014.

Copeland, B. R. and M. S. Taylor, "Trade, Growth, and the Environment", *Journal of Economic Literature*, Vol. 42, No. 1, 2004.

Duan F K, He K B, Ma Y L, et al., "Concentration and Chemical Characteristics of PM2. 5 in Beijing, China: 2001 – 2002", *Science of Total Environment*, Vol. 355, 2006.

Grossman, G. and Alan Krueger, "Environmental Impacts of A North American Free Trade Agreement", *NBER working paper*, No. 3914, 1991.

G. Michael, "The Impacts of Environmental Regulations on Industrial Activity: Evidence from the 1970 and 1977 Clean Air Act Amendments and the Census of Manufactures", *Journal of Political Economy*, Vol. 110, No. 6, 2002.

He, K., Yang F., Ma Y., et al., "The Characteristics of PM2. 5 in Beijing, China", *Atmospheric Environment*, Vol. 35, 2001.

Jaffe, A. B., K. Palmer, "Environmental Regulation and Innovation: a Panel Data Study", *Review of Economics and Statistics*, Vol. 79, No. 4, 1997.

Levinson, A. S. Taylor, "Unmasking the Pollution Haven Effect", *International Economic Review*, Vol. 49, No. 1, 2008.

List, J. A. and C. Y. Co., "The Effects of Environmental Regulations on Foreign Direct Investment", *Journal of Environmental Economics and Management*, Vol. 40, No. 1, 2000.

Low, P. and A. Yeats, "Do 'Dirty' Industries Migrate? "in Patrick Low, ed. *International Trade and the Environment*. Washington, DC: *World Bank Discuss paper*, No. 159, 1992.

Lv Baolei, Zhang Bin, Bai Yuqi, "A Systematic Analysis of PM2. 5 in Beijing and Its Sources from 2000 to 2012", *Atmospheric Environment*, Vol. 124, Part B, 2016.

Mani, M and D. Wheeler, "In Search of Pollution Havens? Dirty Industry Migration in the World Economy", *World Bank working paper*, No. 16, 1997.

McGee, T. G., "The Emergence of Desakota Regions in Asia: Expanding a Hypothesis", In: N. Ginsburg, B. Koppel and T. G. McGee (eds.). *The Extended Metropolis: Settlement Transition in Asia*, University of Hawaii Press, 1991.

Michael G., "The Impacts of Environmental Regulations on Industrial Activity: Evidence from the 1970 and 1977 Clean Air Act Amendments and the Census of Manufactures", *Journal of Political Economy*, Vol. 110, No. 6, 2002.

Panayotou, T., "Empirical Tests and Policy Analysis of Environmental Degradation at Different Stages of Economic Development", Working Paper WP238, Technology and Employment Programme (Geneva: International Labor Office), 1993.

Pei L, Yan Z, Sun Z, et al., "Increasing Persistent Haze in Beijing: Potential Impacts ofWeakening East Asian Winter Monsoons Associated with Northwestern Pacific Sea Surface Temperature Trends", *Atmos. Chem. Phys.*, Vol. 18, 2018.

Pethig, R. , "Pollution, Welfare, and Environmental Policy in the Theory of Comparative Advantage", *Journal of Environmental Economics and Management*, Vol. 2, No. 3, 1976.

Porter, M. E and C. van der Linde, "Toward a New Conception of the Environment-Competitiveness Relationship", *Journal of Economic Perspectives*, Vol. 9, No. 4, 1995.

Quan J. , Zhang Q. , He H. et al. , "Analysis of the Formation of Fog And Haze in North China Plain (NCP)", *Atmos. Chem. Phys.*, No. 11, 2011.

Siebert, H. , "Environmental Quality and the Gains from Trade", *Kyklos*, Vol. 30, No. 4, 1977.

Tiebout, C. , "A Pure Theory of Local Expenditures", *Journal of Political Economy*, Vol. 64, No. 5, 1956.

Tobey, J. A. , "The Effects of Domestic Environmental Policies on Patterns of World Trade: An Empirical Test", *Kyklos*, Vol. 43, No. 2, 1990.

U. S. Dept. of Commerce, Bureau of the Census. *Historical statistics of the United States, colonial times to* 1970. Kraus International Publications, 1989.

van Donkelaar, A. , R. V Martin, M. Brauer. et al. , "Global Estimates of Fine Particulate Matter using a Combined Geophysical-Statistical Method with Information from Satellites, Models, and Monitors", *Environ. Sci. Technol*, Vol. 50, No. 7, 2016.

Vernon Henderson, "Effects of Air Quality Regulation", *American Economic Review*, Vol. 86, No. 4, 1996.

Winchester J W, Lü Weixiu, Ren Lixin, et al. , "Fine and Coarse Aerosol Composition from a Rural Area in North China", *Atmospheric Environment*, Vol. 15, No. 6, 1981.

Yang F, Tan J, Zhao Q, et al. , "Characteristics of PM2. 5 Speciation in Representative Megacities and across China", *Atmos. Chem. Phys.*, Vol. 11, 2011.

Yohe, G. W. , "The Backward Incidence of Pollution Control-Some Comparative Statics in General Equilibrium", *Journal of Environmental Economics and Management*, Vol. 6, No. 3, 1979.

Zhang, R. , Jing, J. , Tao, J. et al. , "Chemical Characterization and Source

Apportionment of PM2. 5 in Beijing：Seasonal Perspective", *Atmos. Chem. Phys.*, Vol. 13, 2013.

Zhao, X. , Zhang X. , Xu X. , et al. , "Seasonal and Diurnal Variations ofAmbient PM2. 5 Concentration in Urban and Rural Environments in Beijing". *Atmos. Environ*, Vol. 43, 2009.

Zheng, M. , Salmon L. G. , Schauer J. J. et al. , "Seasonal Trends in PM2. 5 Source Contributions in Beijing, China", *Atmos. Environ*, Vol. 39, 2005.

后　记

　　写作这本书，断断续续有五六年的时间。从最初的构思来说，我想做的是中国城乡工业格局的政治经济学分析，内容宏大，有关城乡工业分布的环境影响、城镇化效果和收入分配作用。开始写作后，对一些特别感兴趣的问题触发了写作的灵感，单独形成了若干篇论文，但还没有形成体系。

　　2020 年春节前后的新冠肺炎疫情暴发，要求居家办公。这恰好提供了一个写作时间，利用这段时间我将原来分散的各个章节串在一起，完成了原来计划的一部分，作为一个阶段性总结。已发表的论文内容有所删减或调整，从而使得本书的结构相对完整。

　　本书在写作过程中得到很多专家和同事的帮助。首先要感谢我所在的中国社会科学院环境与发展研究中心（环境技术经济研究室）的老师们。各位前辈严谨治学，独立思考，和而不同，提掖后学。郑玉歆研究员、郑易生研究员和李青研究员等就书中多个章节的内容提出了宝贵的建议。郑易生研究员几乎通读了书稿，既有肯定也有疑问，这些交流给予了我莫大的帮助。研究室前后两位主任张晓研究员和张友国研究员对本书的研究提供了鼎力支持。

　　感谢中国社会科学院数量经济与技术经济研究所的李平研究员、张友国研究员和蒋金荷研究员邀请，我相继参与了中国社会科学院重大国情调研项目和上海研究院等课题研究，赴浙江、贵州、四川、广东、安徽、上海及河南等地实地调研。调研素材虽然没有在本书中呈现，但是调研过程加深了我对城乡工业和污染问题的认识。书中铅蓄电池企业数据由研究生曾琳泉搜集，他认真细致地整理了环保专项行动中所有铅蓄电池企业的原始数据，对本书研究很有帮助。

　　本书的出版，离不开中国社会科学院数量经济与技术经济研究所、中